AutoCAD 中文版基础教程

靳晓宏　编著

U0361106

清华大学出版社
北京

内 容 简 介

AutoCAD 作为一款优秀的 CAD 图形设计软件，其应用范围之广泛已经远远超过其他同类软件。本书针对较新的版本 AutoCAD 2024 的各项设计功能，从 AutoCAD 使用入门开始讲解，详细介绍了其绘图基础知识，基本二维图形绘制，编辑图形，复杂二维图形绘制，文字与表格设计，精确绘图设置，尺寸和公差标注，图层与块、设计中心，打印输出、三维图形绘制与编辑及渲染等内容。本书共分为 12 章，每一章除了基础知识讲解外，还设置了相关的进阶设计范例，最后针对 AutoCAD 实际应用给出了常用领域的专业设计范例，并介绍了多种技术和技巧。本书还配备了多媒体教学网络资源。

本书结构严谨、内容翔实，知识体系全面，可读性强，书中提供的设计实例专业性强，步骤明确，主要针对使用 AutoCAD 进行设计的广大初、中级用户，是广大读者快速掌握 AutoCAD 2024 的自学实用指导书，也可作为职业培训机构和大专院校计算机辅助设计课程的指导教材。

图书在版编目(CIP)数据

AutoCAD 中文版基础教程 / 靳晓宏编著. -- 北京：清华大学出版社，2025. 5.

ISBN 978-7-302-68691-0

Ⅰ. TP391.72

中国国家版本馆 CIP 数据核字第 20252QB228 号

责任编辑：张彦青
装帧设计：李　坤
责任校对：李玉萍
责任印制：曹婉颖

出版发行：清华大学出版社

网　　　址：https://www.tup.com.cn, https://www.wqxuetang.com
地　　　址：北京清华大学学研大厦 A 座　　　邮　　编：100084
社 总 机：010-83470000　　　邮　　购：010-62786544
投稿与读者服务：010-62776969, c-service@tup.tsinghua.edu.cn
质量反馈：010-62772015, zhiliang@tup.tsinghua.edu.cn

印 装 者：三河市科茂嘉荣印务有限公司
经　　销：全国新华书店
开　　本：185mm×260mm　　　印　张：22.5　　　字　数：548 千字
版　　次：2025 年 5 月第 1 版　　　印　次：2025 年 5 月第 1 次印刷
定　　价：78.00 元

产品编号：102962-01

前　言

AutoCAD 的英文全称是 Auto Computer Aided Design，其中文意思是计算机辅助设计，它是由美国 Autodesk 公司开发的用于计算机辅助绘图和设计的软件，自问世以来，已从简单的二维绘图软件发展成一个庞大的计算机辅助设计系统，它具有易掌握、使用方便和体系结构开放等优点，深受广大工程技术人员的欢迎。如今，AutoCAD 已广泛应用于机械、建筑、电子、航天、造船、石油化工、土木工程、冶金、地质、气象、纺织、轻工和商业等领域。AutoCAD 2024 是该软件的最新版本，代表了当今 CAD 软件的最新潮流和未来发展趋势。

为了使读者更好地学习，并尽快熟悉 AutoCAD 2024 的设计功能，云杰漫步科技 CAX教研室根据多年在该领域的设计和教学经验精心编写了本书。本书以 AutoCAD 2024 版为基础，根据用户的实际需求，从学习的角度由浅入深、循序渐进地详细讲解了该软件的各项设计功能。本书共分为 12 章，从 AutoCAD 使用入门开始讲解，详细介绍了其绘图基础知识，基本二维图形绘制，编辑图形，复杂二维图形绘制，文字与表格设计，精确绘图设置，尺寸和公差标注，图层与块、设计中心，外部参照，打印输出，三维图形绘制与编辑及渲染等内容，每一章除了基础知识讲解外，还设置了相关的进阶设计范例，最后针对AutoCAD 实际应用给出了常用领域的专业设计范例，包括多种技术和技巧。

笔者的 CAX 教研室长期从事 AutoCAD 的专业设计和教学，数年来承接了大量的设计项目，并参与 AutoCAD 的教学和培训工作，积累了丰富的实践经验。本书就像一位专业设计师，针对使用 AutoCAD 2024 的广大初、中级用户，将设计项目时的思路、流程、方法和技巧以及操作步骤面对面地与读者交流，是广大读者快速掌握 AutoCAD 2024 的实用指导书，同时本书还适合作为职业培训机构和大专院校计算机辅助设计课程的指导教材。

本书配有交互式多媒体教学演示资源，将案例设计过程制作成多媒体视频进行讲解，由从教多年的专业讲师全程多媒体语音视频跟踪教学，以面对面的形式讲解，便于读者学习使用，同时还提供了所有实例的源文件，以便读者练习使用。读者可以关注"云杰漫步科技"微信公众号，查看关于多媒体教学资源的使用方法和下载方法。另外，本书还提供了网络的免费技术支持，欢迎大家关注微信公众号"云杰漫步科技"和今日头条号"云杰漫步智能科技"进行交流，可以为读者提供技术支持和解答。

范例文件

本书由云杰漫步科技 CAX 教研室的靳晓宏编著，参与编写工作的还有张云杰、尚蕾、张云静等。书中的案例均由云杰漫步多媒体科技公司 CAX 教研室设计制作，多媒体教学由云杰漫步多媒体科技公司技术支持，同时要感谢清华大学出版社的编辑和老师们的大力协助。

由于编者水平有限，本书在编写过程中难免存在疏漏之处，望广大读者批评指正。

编　者

目　录

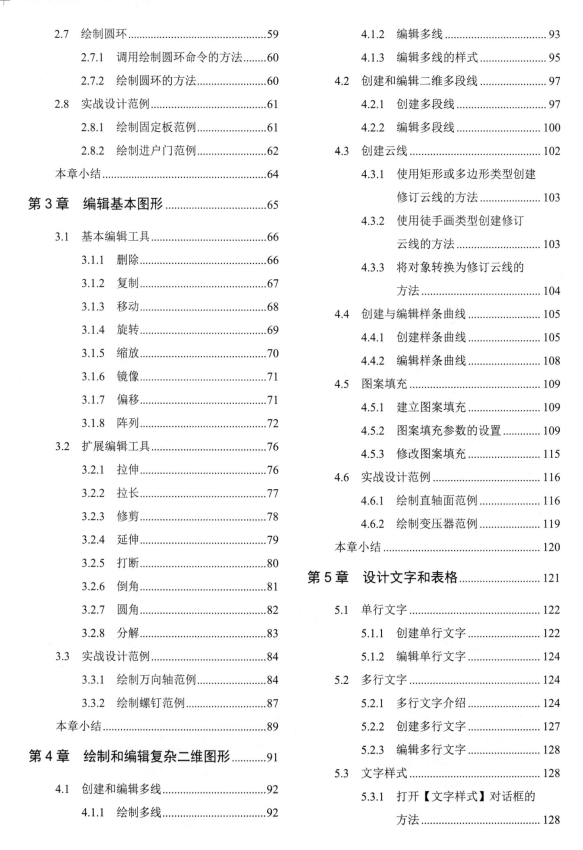

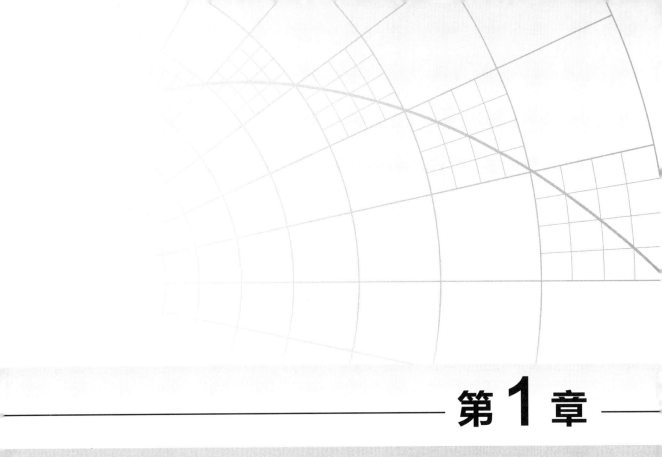

第1章

AutoCAD 2024 绘图基础

本章导言

计算机辅助设计(Computer Aided Design，CAD)，是指利用计算机的计算功能和高效的图形处理能力，对产品进行辅助设计分析、修改和优化。它综合了计算机知识和工程设计知识的成果，能够绘制二维图形与三维图形、标注尺寸、渲染图形以及打印输出图纸，并且随着计算机硬件性能和软件功能的不断提高而逐渐完善。

为了使读者能够更好地理解和应用 AutoCAD 2024，本章主要讲解有关基础知识和基本操作；另外，在绘图之前，首先要设置绘制图形的环境。绘图环境包括参数选项、鼠标、线型和线宽、图形单位、图形界限等。在绘制图形的过程中，经常需要对视图进行操作，如放大、缩小、平移，或者将视图调整在某一特定模式下显示等。这些是绘制图形的基础，本章将详细讲解这部分基础绘图知识，为读者后续进行深入学习提供支持。

1.1 AutoCAD 2024 简介

AutoCAD 是美国 Autodesk 公司开发研制的一种通用计算机辅助设计软件包，在设计、绘图和相互协作方面拥有强大的技术实力。AutoCAD 具有易学习、使用方便、体系结构开放等优点，因而深受广大工程技术人员的喜爱，成为人们熟知的通用软件。

自 1982 年 Autodesk 公司推出 AutoCAD 的第一个版本 V1.0，经由 V2.6、R9、R10、R12、R13、R14、R2000、2004、2008、2010、2012、2014、2016、2018、2020、2022 等典型版本，在编写本书时已经发展到 AutoCAD 2024。在这 40 多年的时间里，AutoCAD 产品在不断适应计算机软硬件发展的同时，自身功能也在不断发展和完善。

1.1.1 发展简史

AutoCAD 最初推出时，其功能和操作非常有限，它只是绘制二维图形的简单工具，而且画图过程也非常缓慢，因此它的推出并没有引起业界的广泛关注。

可以说 AutoCAD 2.5 是 AutoCAD 发展史上的一个转折点。在推出此版本之前，CAD 已经开始流行，CAD 软件也有数十种。AutoCAD 2.5 以前版本的 AutoCAD 与同时期的 CAD 软件相比还处于劣势，在计算机辅助设计领域的影响还不是很大。随着 AutoCAD 2.5 版本的推出，这种情况得到了很大的改变。该版本引入 AutoLisp，对扩大 AutoCAD 的影响起到了极大的推动作用。引入 AutoLisp 以后，有许多 CAD 开发商针对汽车、机械和建筑开发了以 AutoCAD 为平台的各种专业软件，实际上这是 AutoLisp 程序集的应用，AutoCAD 因此得以大范围推广和应用。

从 AutoCAD R14 版开始，AutoCAD 已经完全摆脱了以前版本的窠臼，达到了一种全新的境界。它完全适合标准的 Windows、UNIX 和 DOS 操作系统，极大地方便了用户的使用。如今，AutoCAD 的操作界面已经成为 CAD 操作界面的楷模。它在功能上集平面制图、三维造型、数据库管理、渲染着色、互联网等于一体，并提供了丰富的工具集。所有这些使用户能够轻松快捷地进行设计工作，还能方便地复用各种已有的数据，从而极大地提高了设计效率。

总之，最新推出的 AutoCAD 2024 与先前的版本相比，在性能和功能方面都有较大的增强，并且与低版本完全兼容，如图 1-1 所示。

1.1.2 AutoCAD 软件特点

AutoCAD 与其他 CAD 产品相比，具有以下特点。
- 直观的用户界面、下拉菜单、图标，以及易于使用的对话框等。
- 丰富的二维绘图、编辑命令，以及建模方式新颖的三维造型功能，如图 1-2 所示为 AutoCAD 三维造型。
- 多样的绘图方式，可以通过交互方式绘图，也可通过编程自动绘图。
- 能够对光栅图像和矢量图形进行混合编辑。

图 1-1　AutoCAD 2024 的启动界面

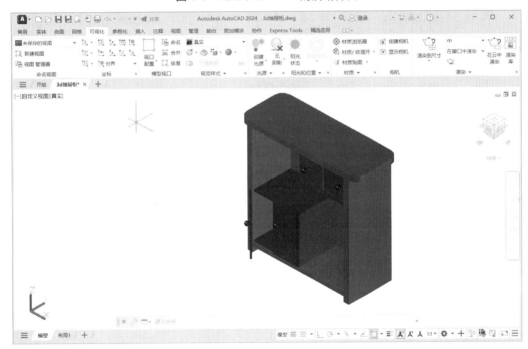

图 1-2　AutoCAD 三维造型

- 产生具有照片真实感(Phong 或 Gourand 光照模型)的着色，且渲染速度快、质量高。
- 多行文字编辑器与标准的 Windows 系统下的文字处理软件工作方式相同，并支持 Windows 系统的 TrueType 字体。
- 数据库操作方便且功能完善。
- 强大的文件兼容性，可以通过标准的或专用的数据格式与其他 CAD、CAM 系统交换数据。
- 提供了许多 Internet 工具，使用户可以通过 AutoCAD 在 Web 上打开、插入或保存图形。

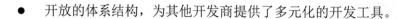

● 开放的体系结构，为其他开发商提供了多元化的开发工具。

1.1.3　功能及应用范围

近十几年来，美国 Autodesk 公司开发的 AutoCAD 软件一直占据着 CAD 市场的重要地位，其市场份额颇为可观，主要应用于二维图形绘制、三维建模造型的计算机设计领域，其具有的开放型结构，既方便了用户的使用，又保证了系统本身不断地扩充与完善，而且为用户提供了应用开发的良好环境。AutoCAD 系列软件功能日趋完善，无论在图形的生成、编辑、人机对话、编程和图形交换，还是与其他高级语言的接口方面均具有非常完善的功能。作为一个功能强大、易学易用、便于二次开发的 CAD 软件，AutoCAD 几乎成为计算机辅助设计的标准，在我国的各行各业中产生了强大的促进作用。

如今，AutoCAD 已广泛应用于机械、建筑、电子、航天、造船、石油化工、土木工程、冶金、地质、气象、纺织、轻工和商业等领域。如图 1-3 所示为 AutoCAD 建筑图纸。

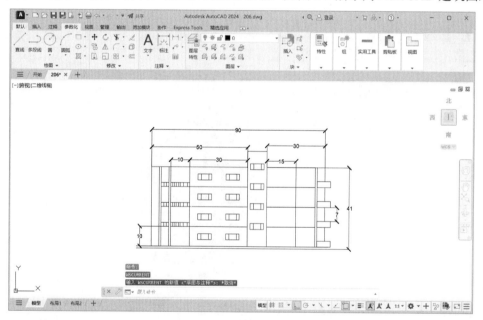

图 1-3　AutoCAD 建筑图纸

1.1.4　AutoCAD 2024 的新增功能

AutoCAD 2024 版本与旧版本相比，增添了许多新功能，下面将分别对这些新功能进行介绍。

1．"活动见解"功能

"活动见解"功能可以使用户了解自己或其他人过去针对图形所做的操作。只要在 AutoCAD 中打开并处理图形文件时，"活动见解"功能就会跟踪事件。它还可以跟踪 AutoCAD 之外的一些事件，例如，在 Windows 资源管理器中重命名或复制图形。打开图形时，将在"活动见解"数据库中读取在图形中执行的过去事件，并将这些事件按时间顺序显示在"活动见解"选项板中。同时，当用户处理图形时，事件会写入数据库，这将使选项板的内容保持最新。

2. 智能块的"放置"和"替换"功能

新的智能块"放置"功能可以根据用户之前在图形中放置该块的位置提供放置建议。块放置引擎会学习现有块实例在图形中的放置方式，以推断相同块的下次放置方式。插入块时，该引擎会提供接近于用户之前放置该块的类似几何图形的放置建议。

"替换"功能主要是通过从类似建议块的选项板中进行选择，来替换指定的块参照。选择要替换的块参照时，产品会为用户提供从中选择的类似建议块。替换块参照后，将保留原始块的比例、旋转和属性值。

3."标记辅助"功能

早期的 AutoCAD 版本包括"标记输入"和"标记辅助"功能，它们使用机器学习来识别标记，并提供一种以较少的手动操作查看和插入图形修订的方法。AutoCAD 2024 版本包括对"标记辅助"所做的改进，从而可更轻松地将标记输入到图形中。

4."跟踪更新"功能

AutoCAD 2024 版本的跟踪环境不断改进，现在其工具栏上包含了新的 COPY FROM TRACE(跟踪复制)命令和新的设置控件。

5. 其他增强和改进功能

- 改进的 DWG 比较工具：可快速比较和标记两个版本的 DWG 文件中的差异。
- 性能改进：后台发布和图案填充边界检测将充分利用多核处理器。
- 改进的图形性能：改进的实体渲染速度、图形视觉效果和响应时间。
- 改进的图形设计工具：新的 XREF 和图像对齐命令，以及改进的块工具和用户界面操作。
- 其他改进：DWG 历史记录管理、改进的对象选择和命令窗口搜索等。

1.2　AutoCAD 2024 的界面结构

双击桌面上的"AutoCAD 2024-简体中文 (Simplified Chinese)"快捷图标，启动 AutoCAD 2024 中文版系统。第一次启动 AutoCAD 2024 中文版系统时会自动弹出如图 1-4 所示的【开始】界面。用户可以直接在【开始】界面中新建一个文件，也可以打开所需要的已有文件。

新建或打开一个文件后，就是 AutoCAD 2024 中文版的操作窗口。它是一个标准的 Windows 应用程序窗口，包括标题栏、菜单栏、工具栏、状态栏和绘图窗口等。操作窗口中还包含命令输入行和文本窗口，通过它们用户可以和 AutoCAD 系统之间进行人机交互。启动 AutoCAD 2024 以后，系统将自动创建一个新的图形文件，并将该图形文件命名为"Drawing1.dwg"。

图 1-4 【开始】界面

　　AutoCAD 2024 中文版为用户提供了 "草图与注释"、"三维基础" 和 "三维建模" 3 种工作空间模式。对于 AutoCAD 一般用户来说，可以采用 "草图与注释" 工作空间。AutoCAD 2024 二维草图与注释操作界面的主要组成元素有：标题栏、菜单浏览器、快速访问工具栏、绘图窗口、选项卡、面板、工具选项板、命令输入行、工具栏、坐标系图标和状态栏，如图 1-5 所示。

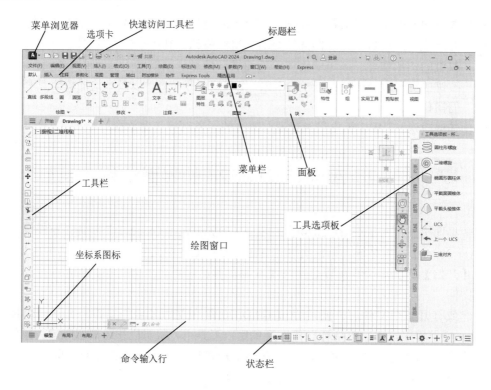

图 1-5 基本操作界面

　　AutoCAD 2024 还有两个操作界面，可以通过单击状态栏中的【切换工作空间】按钮进行切换，两个界面分别是"三维基础"和"三维建模"，分别如图 1-6 和图 1-7 所示。

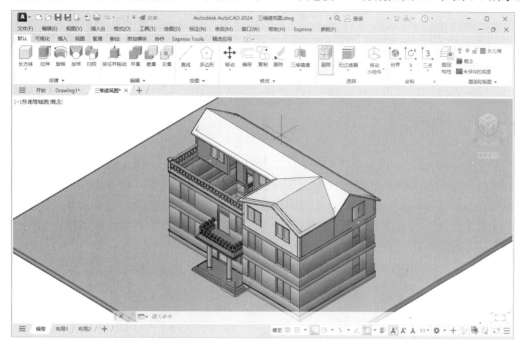

图 1-6　"三维基础"界面

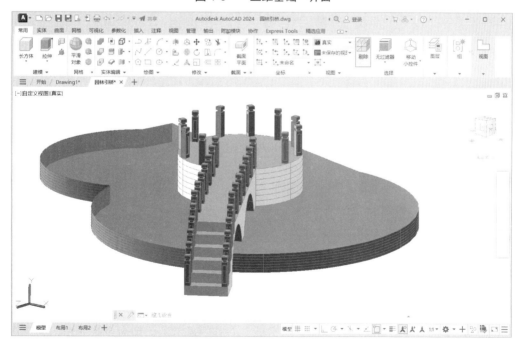

图 1-7　"三维建模"界面

　　下面详细介绍 AutoCAD 2024 的用户界面。

1.2.1 应用程序窗口

应用程序窗口在 AutoCAD 2024 中已得到增强，用户可以在其中轻松地访问常用工具，如菜单浏览器、快速访问工具栏和信息中心，还可以快速搜索各种信息来源、访问产品更新和通告，以及在信息中心保存主题。在状态栏中可轻松地访问绘图工具、导航工具，并可以快速地查看和注释比例工具。

1.2.2 工具提示

在 AutoCAD 2024 的用户界面中，工具提示也得到了增强。光标最初悬停在命令或控件上时，将显示基本提示，其中包含对该命令或控件的概括说明、命令名、快捷键和命令标记。当光标在命令或控件上的悬停时间累计超过某一特定数值时，将显示补充提示。用户可以在【选项】对话框中设置累积时间。补充工具提示提供了有关命令或控件的附加信息，并且可以显示图示说明，如图 1-8 所示。

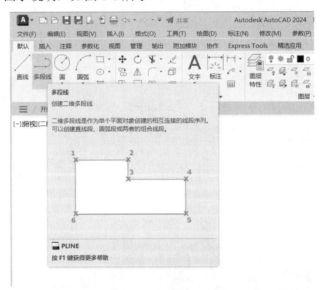

图 1-8　显示基本工具提示和补充工具提示

1.2.3 快速访问工具栏

快速访问工具栏中包括【新建】、【打开】、【保存】、【另存为】、【打印】、【放弃】和【重做】命令等，如图 1-9 所示，还可以存储经常使用的命令。在快速访问工具栏上单击右侧的三角形图标，然后在弹出的下拉菜单中选择【更多命令】命令，将打开如图 1-10 所示的【自定义用户界面】对话框，在其中显示了可用命令的列表。用户将想要添加的命令从命令列表框中拖动到快速访问工具栏、工具栏或者工具选项板中即可。

图 1-9　快速访问工具栏下拉菜单　　　　图 1-10　【自定义用户界面】对话框

1.2.4　菜单浏览器与菜单栏

1. 菜单浏览器

单击【菜单浏览器】按钮 ，所有可用的菜单命令都将显示在一个名为"菜单浏览器"的窗口。用户在其中可以搜索可用的菜单命令，也可以标记常用命令以便日后查找。用户还可以在菜单浏览器中查看最近使用过的文件和命令，查看打开文件的列表，如图 1-11 所示。

图 1-11　菜单浏览器

2. 菜单栏

初次打开 AutoCAD 2024 时，菜单栏并不显示在初始界面中。在快速访问工具栏中单击右侧的三角形图标，在弹出的下拉菜单中选择【显示菜单栏】命令，则菜单栏将显示在操作界面中，如图 1-12 所示。

图 1-12　菜单栏

AutoCAD 2024 使用的大多数命令均可在菜单栏中找到，包含【文件】、【编辑】、【绘图】以及【帮助】等菜单。菜单的配置可通过典型的 Windows 方式实现。用户在命令输入行中输入 menu(菜单)命令，即可打开如图 1-13 所示的【选择自定义文件】对话框，可以从中选择一项作为菜单文件进行设置。

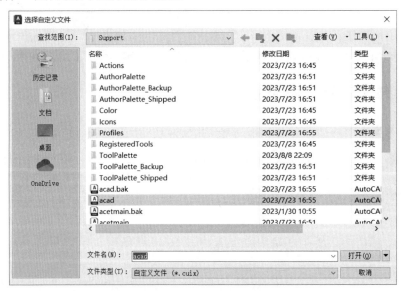

图 1-13　【选择自定义文件】对话框

1.2.5　功能区

1. 使用功能区组织工具

功能区为与当前工作空间相关的操作提供了一个单一简洁的放置区域。使用功能区时无须显示多个工具栏，这使得应用程序窗口变得更加简洁有序。通过使用单一简洁的界面，功能区可以将可用的工作区域最大化。

2. 自定义功能区方向

功能区可以水平显示或者显示为浮动选项板，分别如图 1-14、图 1-15 所示。创建或打开图形时，在默认情况下，图形窗口的顶部将显示水平的功能区。

图 1-14　功能区水平显示

图 1-15　功能区显示为浮动选项板

1.2.6　选项卡和面板

功能区由许多面板组成，这些面板被组织到依任务进行标记的选项卡中。选项卡可控制面板在功能区中的显示和顺序。用户可以在【自定义用户界面】对话框中将选项卡添加至工作空间，以控制在功能区中显示哪些选项卡。

单击不同的标签可以打开相应的选项卡，选项卡中包含的很多工具和控件与工具栏和对话框中的相同。图 1-16~图 1-22 所示为不同的选项卡及面板。选项卡和面板的运用将在后面的章节中分别进行详尽的讲解，这里不再赘述。

图 1-16　【默认】选项卡

图 1-17　【插入】选项卡

图 1-18　【注释】选项卡

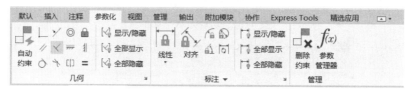

图 1-19　【参数化】选项卡

图 1-20　【视图】选项卡

图 1-21　【管理】选项卡

图 1-22　【输出】选项卡

1.2.7　绘图区

绘图区主要是进行图形绘制和编制的区域，当光标在该区域中移动时，便会形成一个十字游标的形式，用来定位。在某些特定情况下，光标也会变成方框光标或其他形式的光标。

1.2.8　命令行

命令行用来接收用户输入的命令或数据，同时显示命令、系统变量、选项、信息，以引导用户进行下一步操作，如更正或重复命令等。初学者往往忽略命令行中的提示，实际上只有时刻关注命令行中的提示，才能真正灵活快速地进行操作。另外，当光标在绘图区中时，用户从键盘输入的字符或数字也会作为命令或数据反映到命令行中，因此当输入命令或数据时，并不需要刻意地去单击命令行；如果光标既不在绘图区中，又不在命令行上，则用户的输入有可能不被 AutoCAD 接受，或被理解为其他用途，如果发现 AutoCAD

对键盘输入没有反应，则需要用户单击命令行或绘图区。

AutoCAD 仅仅是一个辅助设计软件，图纸上的任何图形，都必须由用户发出相应的绘图指令，输入正确的数据，才能绘制出来。在 AutoCAD 中的操作总是按输入指令→输入数据→产生图形的顺序不断地循环反复，因此必须掌握 AutoCAD 中输入命令的方法。

(1) 命令窗口(键盘)输入：当光标位于绘图区或者命令行时，且命令行中的提示是"命令："时，表示 AutoCAD 已经准备好接收命令，这时可以从键盘上输入命令，如输入"line"，然后再按 Enter 键。在这里，要切记任何从键盘上输入命令或数据后，一定要按 Enter 键，否则 AutoCAD 会一直处于等待状态。从键盘上输入命令是提高绘图速度的一条必经之路。另外，在 AutoCAD 中，大小写是没有区别的，所以在输入命令时不用考虑大小写。

(2) 从菜单栏或菜单浏览器(鼠标)输入：在菜单栏或菜单浏览器中找到需要的命令，并单击此命令，便发出了相应的指令。

(3) 从面板(鼠标)输入：在面板中找到所需要的命令对应的按钮，并单击此按钮，便发出了相应的指令，这是初学者学习 AutoCAD 的一种简单的办法。

(4) 从下拉菜单(鼠标)输入：AutoCAD 中几乎所有的命令都可以从菜单中找到，但除非是极不常用的命令，否则每个命令都要从菜单中选择。

(5) 重复命令：如果刚使用过一个命令，接下来再次执行这个命令，那么只需在command:后按 Enter 键，让 AutoCAD 重复执行这个命令即可。

提示　仅仅是重复启动了刚才的命令，接下来仍然需要用户输入数据才能进行具体的操作。

(6) 中断命令：在命令执行的任何阶段，都可以按 Esc 键，以中断命令的执行。

1.2.9　状态栏

状态栏主要是显示当前 AutoCAD 2024 所处的状态，其左边显示当前光标的三维坐标值，右边为定义绘图时的状态，可以通过单击相关选项打开或关闭绘图状态，包括打开应用程序状态栏和图形状态栏。

(1) 应用程序状态栏显示光标的坐标值、绘图工具、导航工具以及用于快速查看和注释缩放的工具，如图 1-23 所示。

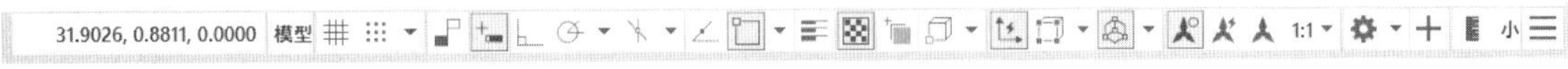

图 1-23　应用程序状态栏

- 绘图工具：用户可以以图标或文字的形式查看图形工具按钮。通过捕捉工具、极轴工具、对象捕捉工具和对象追踪工具的快捷菜单，轻松地更改这些绘图工具的设置，如图 1-24 所示。
- 快速查看工具：用户可以通过快速查看工具预览打开的图形和图形中的布局，并在其间进行切换。
- 导航工具：用户可以使用导航工具在打开的图形之间切换和查看图形中的模型。
- 注释工具：可以显示用于注释缩放的工具。

用户可以通过【切换工作空间】按钮 ⚙ 来切换工作空间。通过【解锁】按钮 🔲 和【锁定】按钮 🔒 来锁定工具栏和窗口的当前位置，防止它们意外移动。单击【全屏显示】按钮 🔳 则可以展开图形显示区域。

我们还可以通过状态栏中的快捷菜单向应用程序状态栏中添加按钮或从中删除按钮。

👉 **注意** 应用程序状态栏关闭后，屏幕上将不再显示【全屏显示】按钮。

(2) 图形状态栏显示缩放注释的若干工具，如图 1-25 所示。

图形状态栏被打开后，它将显示在绘图区域的底部。图形状态栏被关闭后，其上的工具将移至应用程序状态栏。

图形状态栏被打开后，可以在图形状态栏菜单中选择要显示在状态栏上的工具。

图 1-24　查看或设置绘图工具

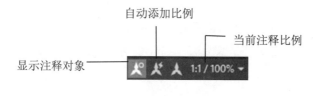

图 1-25　图形状态栏

1.2.10　工具选项板

工具选项板是【工具选项板】窗口中的选项卡形式区域，它们提供了一种用来组织、共享和放置块、图案填充及其他工具的有效方法。工具选项板还可以包含由第三方开发人员提供的自定义工具。

1.3　AutoCAD 2024 的基本操作

使用 AutoCAD 2024 绘制图形时，管理图形文件是一个基本的操作。本节主要介绍图形文件管理操作，包括如何建立新文件、打开文件、保存文件以及关闭文件和退出程序等。

1.3.1　建立新文件

在 AutoCAD 2024 中建立新文件有以下几种方法。

- 在快速访问工具栏中单击【新建】按钮 🗋。
- 在菜单栏中选择【文件】|【新建】命令。
- 在命令输入行中直接输入"new"命令后按 Enter 键。

- 按 Ctrl+N 快捷键。
- 调出标准工具栏，单击其中的【新建】按钮 。

通过使用以上任意一种方式，系统都会打开如图 1-26 所示的【选择样板】对话框，从其列表中选择一个样板后单击【打开】按钮或直接双击选中的样板，即可建立一个新文件。

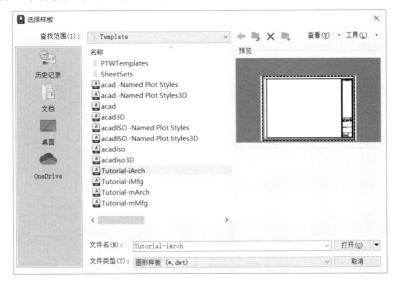

图 1-26　【选择样板】对话框

如果不想通过样板文件创建新图形文件，可以单击【打开】按钮旁边的下三角按钮，在其下拉菜单中选择【无样板打开-公制】命令或【无样板打开-英制】命令。

☞ 注意　要打开【选择样板】对话框，需要在进行上述操作前将 STARTUP 系统变量设置为 0(关)，将 FILEDIA 系统变量设置为 1(开)。

1.3.2　打开文件

在 AutoCAD 2024 中打开文件有以下几种方法。

- 单击快速访问工具栏中的【打开】按钮 。
- 在菜单栏中选择【文件】|【打开】命令。
- 在命令输入行中直接输入"open"命令后按 Enter 键。
- 按 Ctrl+O 快捷键。
- 调出标准工具栏，单击其中的【打开】按钮 。

通过使用以上任意一种方式，系统都会打开如图 1-27 所示的【选择文件】对话框，从其列表中选择一个用户想要打开的现有文件后单击【打开】按钮或直接双击想要打开的文件。

如果用户想要打开某个文件，只需在【选择文件】对话框的列表中双击该文件或选择该文件后单击【打开】按钮，即可打开文件。

有时在单个任务中打开多个图形，可以方便地在它们之间传输信息。这时可以通过水平平铺或垂直平铺的方式来排列图形窗口，以便操作。

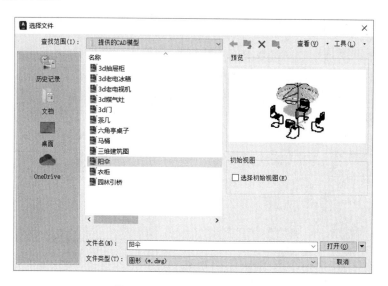

图 1-27　【选择文件】对话框

(1) 水平平铺。

水平平铺是以水平、不重叠的方式排列窗口。选择【窗口】|【水平平铺】菜单命令，或者在【视图】选项卡的【窗口】面板中单击【水平平铺】按钮▤，排列的窗口如图 1-28 所示。

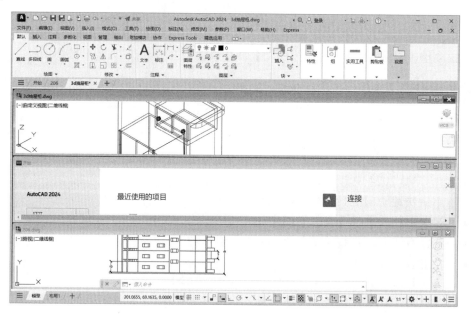

图 1-28　水平平铺的窗口

(2) 垂直平铺。

垂直平铺是以垂直、不重叠的方式排列窗口。选择【窗口】|【垂直平铺】菜单命令，或者在【视图】选项卡的【窗口】面板中单击【垂直平铺】按钮▥，排列的窗口如图 1-29 所示。

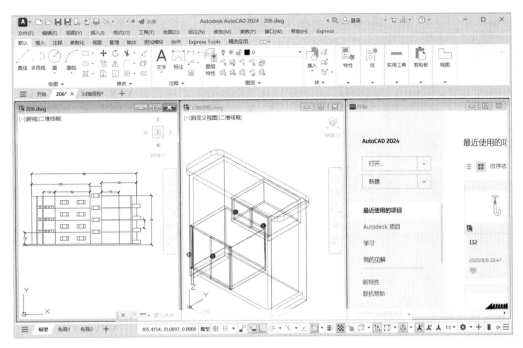

图 1-29　垂直平铺的窗口

1.3.3　保存文件

下面介绍在 AutoCAD 2024 中保存文件的方法。主要有直接保存文件和使用【另存为】命令保存文件两种方法。

1. 直接保存文件

在 AutoCAD 2024 中保存现有文件有以下几种方法。

- 单击快速访问工具栏中的【保存】按钮 。
- 在菜单栏中选择【文件】|【保存】命令。
- 在命令输入行中直接输入 "save" 命令后按 Enter 键。
- 按 Ctrl+S 快捷键。
- 调出标准工具栏，单击其中的【保存】按钮 。

通过使用以上任意一种方式进行操作后，系统都会自动对文件进行保存。

2. 使用【另存为】命令保存文件

使用【另存为】命令保存文件有以下几种方法。

- 单击快速访问工具栏中的【另存为】按钮 。
- 在菜单栏中选择【文件】|【另存为】命令。
- 在命令输入行中直接输入 "saveas" 命令后按 Enter 键。
- 按 Ctrl+Shift+S 组合键。
- 调出标准工具栏，单击其中的【另存为】按钮 。

通过使用以上任意一种方式进行操作后，系统都会打开如图 1-30 所示的【图形另存为】对话框，在【保存于】下拉列表框中选择保存位置后单击【保存】按钮，即可完成保存文件的操作。

图 1-30　【图形另存为】对话框

AutoCAD 中图形文件后缀除了 dwg 外，还使用了以下一些文件类型，其对应的后缀分别为：图形标准 dws、图形样板 dwt、dxf 等。

1.3.4　关闭文件和退出程序

1. 关闭文件

在 AutoCAD 2024 中关闭图形文件有以下几种方法。

- 在菜单栏中选择【文件】|【关闭】命令。
- 在命令输入行中直接输入"close"命令后按 Enter 键。
- 按 Ctrl+C 快捷键。
- 单击工作窗口右上角的【关闭】按钮×。

2. 退出程序

退出 AutoCAD 2024 有以下几种方法。

- 选择【文件】|【退出】菜单命令。
- 在命令输入行中直接输入"quit"命令后按 Enter 键。
- 单击 AutoCAD 2024 系统窗口右上角的【关闭】按钮×。
- 按 Ctrl+Q 快捷键。

执行以上任意一种操作后，都会退出 AutoCAD 2024，若当前文件未保存，则系统会自动弹出如图 1-31 所示的提示对话框。如果此时还有命令未执行完毕，系统会要求用户先结束命令。

图 1-31　AutoCAD 对话框

1.4　坐标系与坐标

要想在 AutoCAD 中准确、高效地绘制图形，就必须充分利用坐标系并掌握各坐标系的概念以及输入方法，它是确定对象位置的最基本的手段。

1.4.1　坐标系

AutoCAD 中的坐标系按定制对象的不同，可分为世界坐标系(WCS)和用户坐标系(UCS)两种。

1. 世界坐标系

根据笛卡儿坐标系的习惯，沿 X 轴正方向向右为水平距离增加的方向，沿 Y 轴正方向向上为竖直距离增加的方向，垂直于 XY 平面，沿 Z 轴正方向从所视方向向外为距离增加的方向。这一套坐标轴确定了世界坐标系，简称 WCS。该坐标系的特点是：它总是存在于一个设计图形之中，并且不可更改。

2. 用户坐标系

相对于世界坐标系 WCS，用户可以创建无限多的坐标系，这些坐标系通常称为用户坐标系(UCS)，并且可以通过调用 UCS 命令去创建用户坐标。尽管世界坐标系 WCS 是固定不变的，但可以从任意角度、任意方向来观察或旋转世界坐标系 WCS，而不用改变其他坐标系。AutoCAD 提供的坐标系图标，可以在同一图纸不同坐标系中保持同样的视觉效果。这种图标将通过指定 X 轴、Y 轴的正方向来显示当前 UCS 的方位。

用户坐标系 UCS 是一种可自定义的坐标系，我们可以修改坐标系的原点和轴方向，即 X、Y、Z 轴以及原点方向都可以移动和旋转，这在绘制三维对象时非常有用。

调用用户坐标系首先需要执行用户坐标系命令，其方法有以下几种。

- 在菜单栏中选择【工具】|【新建 UCS】|【三点】命令，执行用户坐标系命令。
- 调出 UCS 工具栏，单击其中的【三点】按钮，执行用户坐标系命令。
- 在命令行中输入 UCS 命令，执行用户坐标系命令。

1.4.2　坐标的表示方法

在使用 AutoCAD 进行绘图的过程中，绘图区中的任何一个图形都有属于自己的坐标位置。当用户在绘图过程中需要指定点位置时，便需要使用指定点的坐标位置来确定点，从而精确、有效地完成绘图。

常用的坐标表示方法有：绝对直角坐标、相对直角坐标、绝对极坐标和相对极坐标几种。

1. 绝对直角坐标

绝对直角坐标以坐标原点(0, 0, 0)为基点定位所有的点。用户可以通过输入(X, Y, Z)坐标的方式来定义一个点的位置。

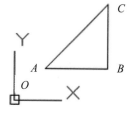

如图 1-32 所示，O 点的绝对坐标为(0, 0, 0)，A 点的绝对坐标为(4, 4, 0)，B 点的绝对坐标为(12, 4, 0)，C 点的绝对坐标为(12, 12, 0)。

图 1-32　绝对直角坐标

如果 Z 方向坐标为 0，则可省略，则 A 点的绝对坐标为(4, 4)，B 点的绝对坐标为(12, 4)，C 点的绝对坐标为(12, 12)。

2. 相对直角坐标

相对直角坐标是以某点相对于另一特定点的相对位置定义一个点的位置。相对特定坐标点(X, Y, Z)增量为(ΔX, ΔY, ΔZ)的坐标点的输入格式为"@ΔX, ΔY, ΔZ"。"@"字符的使用相当于输入一个相对坐标值"@0, 0"或极坐标"@0<任意角度"，它指定与前一个点的偏移量为 0。

在图 1-32 所示绝对直角坐标图形中，O 点的绝对坐标为(0, 0, 0)，A 点相对于 O 点的坐标为"@4, 4"，B 点相对于 O 点的坐标为"@12, 4"，B 点相对于 A 点的坐标为"@8, 0"，C 点相对于 O 点的坐标为"@12, 12"，C 点相对于 A 点的坐标为"@8, 8"，C 点相对于 B 点的坐标为"@0, 8"。

3. 绝对极坐标

绝对极坐标以坐标原点(0, 0, 0)为极点定位所有的点，通过输入相对于极点的距离和角度的方式来定义一个点的位置。AutoCAD 2024 的默认角度正方向是逆时针方向。起始 0 为 X 正向，用户输入极线距离再加一个角度即可指明一个点的位置。其使用格式为"距离<角度"。如要指定相对于原点距离为100、角度为45°的点，输入"100<45"即可。

其中，角度按逆时针方向增大，按顺时针方向减小。如果要向顺时针方向移动，应输入负的角度值，如输入 10<-70 等价于输入 10<290。

4. 相对极坐标

相对极坐标以某一特定点为参考极点，输入相对于极点的距离和角度来定义一个点的位置。其使用格式为"@距离<角度"。如要指定相对于前一点距离为 60、角度为 45°的点，输入"@60<45"即可。在绘图时，多种坐标输入方式配合使用会使绘图更加灵活，再配合目标捕捉、夹点编辑等方式，将使绘图更快捷。

1.5　视　图　控　制

与其他图形图像软件一样，使用 AutoCAD 绘制图形时，也可以自由地控制视图的显示比例。例如，需要对图形进行细微观察时，可适当放大视图比例以显示图形中的细节部分；而需要观察全部图形时，可适当缩小视图比例显示图形的全貌。

在绘制较大的图形或者放大了视图显示比例时，还可以随意移动视图的位置，以显示要查看的部位。

1.5.1　平移视图

在编辑图形对象时，如果当前视口不能显示全部图形，我们可以适当平移视图，以显示被隐藏部分的图形。就像日常生活中平移相机一样，执行平移操作不会改变图形中对象的位置或视图比例，它只改变当前视图中显示的内容。

1. 实时平移视图

需要实时平移视图时，可以选择【视图】|【平移】|【实时】菜单命令；也可以调出【标准】工具栏，单击【实时平移】按钮🖐；还可以在【视图】选项卡的【导航】面板(或【二维导航】面板，这种面板在某些资料中也被称为选项组)中单击【平移】按钮🖐；或在命令输入行中输入"pan"命令后按 Enter 键，当十字光标变为手形标志🖐后，再按住鼠标左键进行拖动，以显示需要查看的区域，图形显示将随光标向同一方向移动，如图 1-33 所示。

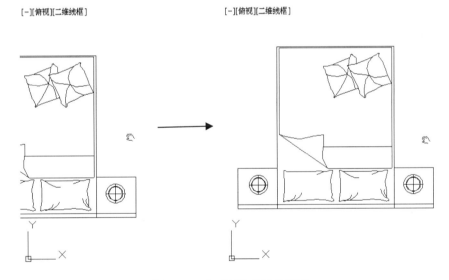

图 1-33　实时平移前后的视图

当释放鼠标左键之后将停止平移操作。如果要结束平移视图的任务，可按 Esc 键或 Enter 键，或者单击鼠标右键，在弹出的快捷菜单中选择【退出】命令，光标即可恢复至原来的状态。

👉 提示 用户也可以在绘图区的任意位置单击鼠标右键，然后在弹出的快捷菜单中选择【平移】命令。

2. 定点平移视图

需要通过指定点平移视图时，可以选择【视图】|【平移】|【点】菜单命令，当十字光

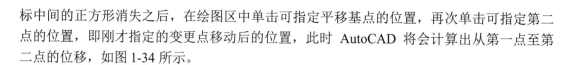

标中间的正方形消失之后，在绘图区中单击可指定平移基点的位置，再次单击可指定第二点的位置，即刚才指定的变更点移动后的位置，此时 AutoCAD 将会计算出从第一点至第二点的位移，如图 1-34 所示。

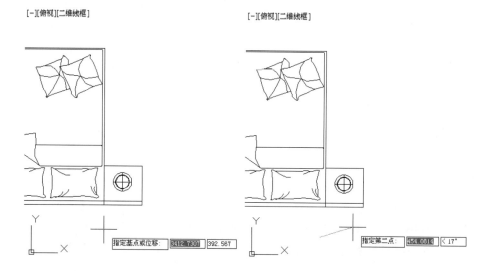

图 1-34　指定基点和第二点位置

另外，选择【视图】|【平移】|【左】或【右】或【上】或【下】菜单命令，可使视图向左(或向右或向上或向下)移动固定的距离。

1.5.2　缩放视图

在绘图时，有时需要放大或缩小视图的显示比例。对视图进行缩放不会改变对象的绝对大小，改变的只是视图的显示比例。

1. 实时缩放视图

实时缩放视图是指向上或向下移动鼠标对视图进行动态的缩放。选择【视图】|【缩放】|【实时】菜单命令，或在【标准】工具栏中单击【实时缩放】按钮，或在功能区的【视图】选项卡的【导航】面板中单击【实时】按钮，当十字光标变成放大镜标志之后，按住鼠标左键垂直拖动，即可放大或缩小视图，如图 1-35 所示。当缩放到适合的尺寸后，按 Esc 键或 Enter 键，或者单击鼠标右键，在弹出的快捷菜单中选择【退出】命令，光标即可恢复至原来的状态，结束该操作。

> **提示** 用户也可以在绘图区的任意位置单击鼠标右键，在弹出的快捷菜单中选择【缩放】命令。

2. 上一个

当需要恢复到上一个设置的视图比例和位置时，可以选择【视图】|【缩放】|【上一个】菜单命令，或在【标准】工具栏中单击【缩放上一个】按钮，或在功能区的【视图】选项卡的【导航】面板中单击【上一个】按钮，但它不能恢复到以前编辑图形的内容。

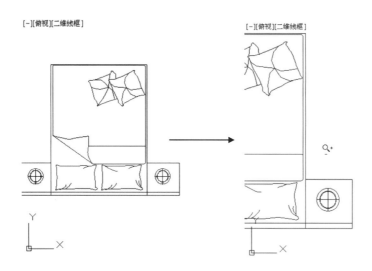

图 1-35　实时缩放前后的视图

3. 窗口缩放视图

当需要查看特定区域的图形时，可采用窗口缩放的方式，选择【视图】|【缩放】|【窗口】菜单命令，或在【标准】工具栏中单击【窗口缩放】按钮，也可以在功能区的【视图】选项卡的【导航】面板中单击【窗口】按钮，用鼠标在图形中圈定要查看的区域，释放鼠标后在整个绘图区中就会显示出要查看的内容，如图 1-36 所示。

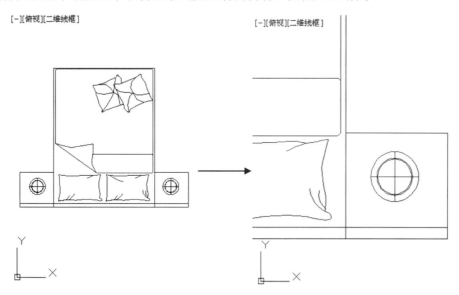

图 1-36　窗口缩放视图前后的效果

> **提示** 当采用窗口缩放方式时，指定缩放区域的形状无须严格地符合新视图，但新视图必须符合视口的形状。

4. 动态缩放视图

进行动态缩放视图时，用户可以选择【视图】|【缩放】|【动态】菜单命令，或在【视

图】选项卡的【导航】面板中单击【动态】按钮 ，这时绘图区将出现颜色不同的线框，蓝色的虚线框表示图纸的范围，即图形实际占用的区域，黑色的实线框为选取视图框，在未执行缩放操作前，中间有一个×型符号，在其中按住鼠标左键进行拖动，视图框右侧会出现一个箭头。用户可根据需要调整该视图框至合适的位置后单击鼠标，在重新出现×型符号后按 Enter 键，则绘图区只显示视图框的内容。

5. 缩放比例视图

选择【视图】|【缩放】|【比例】菜单命令，或在功能区的【视图】选项卡的【导航】面板中单击【缩放】按钮 ，表示以指定的比例缩放视图显示。当输入具体的数值时，图形就会按照该数值比例实现绝对缩放；当在比例系数后面加 X 时，图形将实现相对缩放；若在数值后面添加 XP，则图形会相对于图纸空间进行缩放。

6. 圆心缩放视图

选择【视图】|【缩放】|【圆心】菜单命令，或在功能区的【视图】选项卡的【导航】面板中单击【圆心】按钮 ，可以将图形中的指定点移动到绘图区的中心。

7. 对象缩放视图

选择【视图】|【缩放】|【对象】菜单命令，或在功能区的【视图】选项卡的【导航】面板中单击【对象】按钮 ，可以尽可能大地显示一个或多个选定的对象并使其位于绘图区域的中心。

8. 放大、缩小视图

选择【视图】|【缩放】|【放大】(【缩小】)菜单命令，或在功能区的【视图】选项卡的【导航】面板中单击【放大】按钮 或【缩小】按钮 ，可以将视图放大或缩小一定的比例。

9. 全部缩放视图

选择【视图】|【缩放】|【全部】菜单命令，或在功能区的【视图】选项卡的【导航】面板中单击【全部】按钮 ，可以显示栅格区域界限，图形栅格界限将填充当前视口或图形区域，若栅格外有对象，也将显示这些对象。

10. 范围缩放视图

选择【视图】|【缩放】|【范围】菜单命令，或在功能区的【视图】选项卡的【导航】面板中单击【范围】按钮 ，将尽可能地放大显示当前绘图区的所有对象，并且仍在当前视口或当前图形区域中全部显示这些对象。

另外，需要缩放视图时还可以在命令输入行中输入"zoom"命令后按 Enter 键，则命令输入行提示如下：

```
命令：zoom
指定窗口的角点，输入比例因子 (nX 或 nXP)，或者[全部(A)/中心(C)/动态(D)/范围(E)/上一
个(P)/比例(S)/窗口(W)/对象(O)] <实时>：
```

用户可以按照提示选择需要的命令输入后按 Enter 键，完成缩放操作。

1.5.3　命名视图

按一定比例、位置和方向显示的图形称为视图。按名称保存特定视图后，可以在布局和打印或者需要参考特定的细节时恢复它们。在每一个图形任务中，可以恢复每个视口中显示的最后一个视图，最多可恢复前 10 个视图。命名视图随图形一起保存并可以随时使用。在构造布局时，可以将命名视图恢复到布局的视口中。下面具体介绍保存、恢复、删除命名视图的操作步骤。

1. 保存命名视图

选择【视图】|【命名视图】菜单命令，或者调出【视图】工具栏，在其中单击【命名视图】按钮 ，将打开【视图管理器】对话框，如图 1-37 所示。

图 1-37　【视图管理器】对话框

在【视图管理器】对话框中单击【新建】按钮，将打开如图 1-38 所示的【新建视图/快照特性】对话框。在该对话框中可以为视图输入名称、类别(可选)等。

用户可以选择以下选项来定义视图区域。

- 【当前显示】：包括当前可见的所有图形。
- 【定义窗口】：保存部分当前显示。使用定点设备指定视图的对角点时，该对话框将关闭。单击【定义视图窗口】按钮 ，则可以重定义该窗口。

单击【确定】按钮，将保存新视图并返回【视图管理器】对话框，然后单击【确定】按钮。

2. 恢复命名视图

选择【视图】|【命名视图】菜单命令，或者在【视图】工具栏中单击【命名视图】按钮 ，将打开保存过的【视图管理器】对话框。在该对话框中选择想要恢复的视图后，单击【置为当前】按钮，如图 1-39 所示。最后单击【确定】按钮，将恢复视图并关闭所有对话框。

图 1-38　【新建视图/快照特性】对话框

图 1-39　单击【置为当前】按钮

3．删除命名视图

选择【视图】|【命名视图】菜单命令，或者在【视图】工具栏中单击【命名视图】按钮，将打开保存过的【视图管理器】对话框。在该对话框中选择想要删除的视图后，单击【删除】按钮。最后单击【确定】按钮将删除视图并关闭所有对话框。

1.6　设置绘图环境

应用 AutoCAD 绘制图形时，需要先设置符合要求的绘图环境，如设置绘图测量单位、绘图区域大小、图形界限、图层、尺寸和文本标注方式、坐标系统、对象捕捉、极轴

跟踪等，这样不仅可以方便修改，还可以实现与团队的沟通和协调。本节将具体介绍绘图
环境的设置。

1.6.1　设置参数选项

如果想提高绘图的速度和质量，就必须要有一个合理的、适合自己绘图习惯的参数
配置。

选择【工具】|【选项】菜单命令，或在命令输入行中输入"options"后按 Enter 键，
可打开【选项】对话框。该对话框包括【文件】、【显示】、【打开和保存】、【打印和
发布】、【系统】、【用户系统配置】、【绘图】、【三维建模】、【选择集】和【配
置】共 10 个选项卡，如图 1-40 所示。

图 1-40　【选项】对话框

1.6.2　设置鼠标

在绘制图形时，灵活使用鼠标右键可使操作更加方便快捷，在【选项】对话框中可以
自定义鼠标右键的功能。

在【选项】对话框中单击【用户系统配置】标签，打开【用户系统配置】选项卡，如
图 1-41 所示。

单击【Windows 标准操作】选项组中的【自定义右键单击】按钮，将弹出【自定义右
键单击】对话框，如图 1-42 所示。用户可以在该对话框中根据需要进行参数设置。

【打开计时右键单击】复选框：该复选框用来控制右键的单击操作。快速单击与按
Enter 键的作用相同。缓慢单击将弹出快捷菜单。我们可以用毫秒来设置慢速单击的持续
时间。

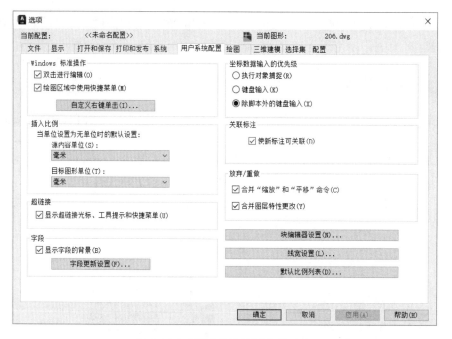

图 1-41　【用户系统配置】选项卡

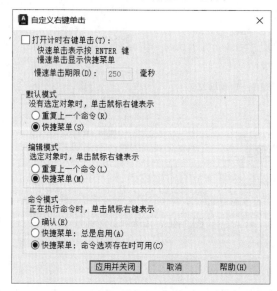

图 1-42　【自定义右键单击】对话框

　　【默认模式】选项组：用来确定未选中对象且没有命令在运行时，在绘图区域中单击鼠标右键所产生的结果。其中【重复上一个命令】单选按钮被选中将禁用默认快捷菜单，当没有选择任何对象并且没有任何命令运行时，在绘图区域中单击鼠标右键与按 Enter 键的作用相同，即重复上一次使用的命令。【快捷菜单】单选按钮被选中将启用默认快捷菜单。

　　【编辑模式】选项组：用来确定当选中了一个或多个对象且没有命令在运行时，在绘图区域中单击鼠标右键所产生的结果。

　　【命令模式】选项组：用来确定当命令正在运行时，在绘图区域中单击鼠标右键所产生的结果。其中【确认】单选按钮被选中将禁用命令快捷菜单，当某个命令正在运行时，在绘图区域中单击鼠标右键与按 Enter 键的作用相同。【快捷菜单：总是启用】单选按钮被选中将启用命令快捷菜单。【快捷菜单：命令选项存在时可用】单选按钮被选中将仅在命令提示下选项当前可用时，启用命令快捷菜单。

1.6.3　更改图形窗口的颜色

在【选项】对话框中单击【显示】标签，可打开【显示】选项卡，单击【颜色】按钮，将打开【图形窗口颜色】对话框，如图 1-43 所示。

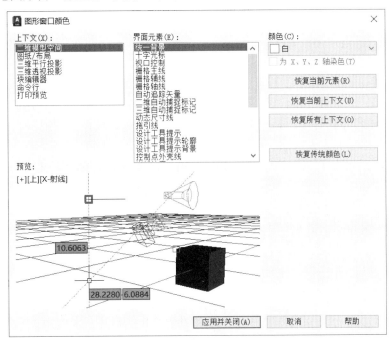

图 1-43　【图形窗口颜色】对话框

通过【图形窗口颜色】对话框可以方便地更改各种操作环境下各要素的显示颜色，各主要选项的含义如下。

(1)【上下文】列表框：显示程序中所有上下文的列表选项。上下文是指一种操作环境，如模型空间。可以根据上下文为界面元素指定不同的颜色。

(2)【界面元素】列表框：显示选定的上下文中所有界面元素的列表选项。界面元素是指一个上下文中的可见项，如背景色。

(3)【颜色】下拉列表框：列出应用于选定界面元素的可用颜色设置。可以从其下拉列表中选择一种颜色，或选择【选择颜色】选项，将打开【选择颜色】对话框，如图 1-44 所示。用户可以从【AutoCAD 颜色索引(ACI)】、【真彩色】和【配色系统】选项卡的颜色中进行选择来定义界面元素的颜色。如果为界面元素选择了新的颜色，新的设置将显示在【预览】区域中。在图 1-44 中，就将颜色设置成了白色，改变了绘图区的背景颜色，以便进行绘制。

图 1-44　【选择颜色】对话框

（4）【为 X、Y、Z 轴染色】复选框：控制是否将 X 轴、Y 轴和 Z 轴的染色应用于以下界面元素：十字光标指针、自动追踪矢量、地平面栅格线和设计工具提示。将颜色饱和度增加 50% 时，色彩将使用用户指定的颜色亮度应用纯红色、纯蓝色和纯绿色色调。

（5）【恢复当前元素】按钮：单击此按钮，将当前选定的界面元素恢复为其默认颜色。

（6）【恢复当前上下文】按钮：单击此按钮，将当前选定的上下文中的所有界面元素恢复为其默认颜色。

（7）【恢复所有上下文】按钮：单击此按钮，将所有界面元素恢复为其默认颜色设置。

（8）【恢复传统颜色】按钮：单击此按钮，将所有界面元素恢复为 AutoCAD 2024 经典颜色设置。

1.6.4　设置图形单位

在新建文档时，需要进行相应的绘图单位设置，以满足使用的要求。

在菜单栏中选择【格式】|【单位】命令或在命令输入行中输入"units"后按 Enter键，可打开【图形单位】对话框，如图 1-45 所示。

图 1-45　【图形单位】对话框

【图形单位】对话框中各主要选项的介绍如下。

(1) 【长度】选项组：用来指定测量当前单位及当前单位的精度。

在【类型】下拉列表框中有 5 个选项，包括【建筑】、【小数】、【工程】、【分数】和【科学】，该下拉列表框用于设置测量单位的当前格式。其中，【工程】和【建筑】选项提供英尺和英寸显示并假定每个图形单位表示 1 英寸，【分数】和【科学】选项因不符合我国的制图标准，所以我们通常选择【小数】选项。

在【精度】下拉列表框中有 9 个选项，用来设置线性测量值显示的小数位数或分数大小。

(2) 【角度】选项组：用来指定当前角度格式和当前角度显示的精度。

在【类型】下拉列表框中有 5 个选项，包括【百分度】、【度/分/秒】、【弧度】、【勘测单位】和【十进制度数】，该下拉列表框用于设置当前角度格式。通常选择符合我国制图规范的【十进制度数】选项。

在【精度】下拉列表框中有 9 个选项，用来设置当前角度显示的精度。以下惯例用于各种角度测量。

【十进制度数】以十进制度数表示，【百分度】附带一个小写 g 后缀，【弧度】附带一个小写 r 后缀，【度/分/秒】用 d 表示度，用 "'" 表示分，用 "″" 表示秒，如 23d45'56.7″。

【勘测单位】以方位表示角度，其中 N 表示正北，S 表示正南，【度/分/秒】表示从正北或正南开始的偏角的大小，E 表示正东，W 表示正西，如 N 45d0'0″ E。此形式只使用【度/分/秒】格式来表示角度大小，且角度值始终小于 90°。如果角度正好是正北、正南、正东或正西，则只显示表示方向的单个字母。

【顺时针】复选框用来确定角度的正方向，当选中该复选框时，则表示角度的正方向为顺时针方向，反之则为逆时针方向。

(3) 【插入时的缩放单位】选项组：用来控制插入当前图形中的块和图形的测量单位，有多个选项可供选择。如果块或图形创建时使用的单位与该选项指定的单位不同，则在插入这些块或图形时，将对其按比例进行缩放。如果插入块时不按指定单位缩放，则选择【无单位】选项。

> 📖 **注意**　当源块或目标图形中的【插入时的缩放单位】设置为【无单位】时，将使用【用户系统配置】选项卡中的【源内容单位】和【目标图形单位】设置。

(4) 【输出样例】选项组：当单位设置完成后，该选项组中将会显示出当前设置下的输出单位样式。单击【确定】按钮，就设定了这个文件的图形单位。

(5) 【方向】按钮：单击该按钮将打开【方向控制】对话框，如图 1-46 所示。

在【基准角度】选项组中选中【东】(默认方向)、【北】、【西】、【南】或【其他】中的任何一个单选按钮都可以设置角度的零度方向。当选中【其他】单选按钮时，可以通过输入值来指定角度。

图 1-46　【方向控制】对话框

【角度】按钮 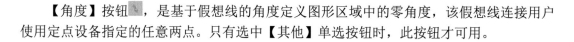，是基于假想线的角度定义图形区域中的零角度，该假想线连接用户使用定点设备指定的任意两点。只有选中【其他】单选按钮时，此按钮才可用。

1.6.5 设置图形界限

图形界限是世界坐标系中的几个二维点，表示图形范围的左下基准线和右上基准线。如果设置了图形界限，就可以把输入的坐标限制在矩形区域范围内。图形界限还可以限制显示网格点的图形范围，另外还可以指定图形界限作为打印区域，将其应用到图纸的打印输出中。

选择【格式】|【图形界限】菜单命令，命令输入行会提示输入图形界限的左下角和右上角位置，命令输入行提示如下：

```
命令：'_limits
重新设置模型空间界限：
指定左下角点或 [开(ON)/关(OFF)] <0.0000,0.0000>: 0,0      // 输入左下角位置(0,0)后
                                                         // 按 Enter 键
指定右上角点 <420.0000,297.0000>: 420,297                // 输入右上角位置(420,297)
                                                         // 后按 Enter 键
```

这样，所设置的绘图面积为 420×297，相当于 A3 图纸的大小。

1.6.6 设置线型

选择【格式】|【线型】菜单命令，将打开【线型管理器】对话框，如图 1-47 所示。

图 1-47 【线型管理器】对话框

单击【加载】按钮，将打开【加载或重载线型】对话框，如图 1-48 所示。

用户可以在【加载或重载线型】对话框中选择绘制图形需要用到的线型，如虚线、中心线等。

本节对基本的绘图环境的设置方法就介绍到此，对于图层、文本、尺寸标注、坐标系统、对象捕捉、极轴跟踪的设置方法，将在后面的章节中进行详尽的讲解。

图 1-48　【加载或重载线型】对话框

提示　在绘图过程中，用户仍然可以根据需要对图形单位、线型、图层等内容进行重新设置，以免因设置不合理影响绘图效率。

1.7　实战设计范例

1.7.1　软件操作和绘图环境范例

本范例完成文件：范例文件/第 1 章/1-1.dwg

范例操作

step 01　单击快速访问工具栏中的【打开】按钮，在弹出的【选择文件】对话框中，选择"1-1.dwg"文件，如图 1-49 所示，单击【打开】按钮。

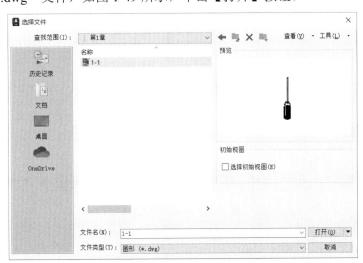

图 1-49　【选择文件】对话框

step 02　单击 UCS 工具栏中的 UCS 按钮，在绘图区中放置坐标系，如图 1-50 所示。

step 03　选择【工具】|【选项】菜单命令，打开【选项】对话框，在其中进行参数设置，如图 1-51 所示。最后单击【确定】按钮，这样就设置好了绘图环境。

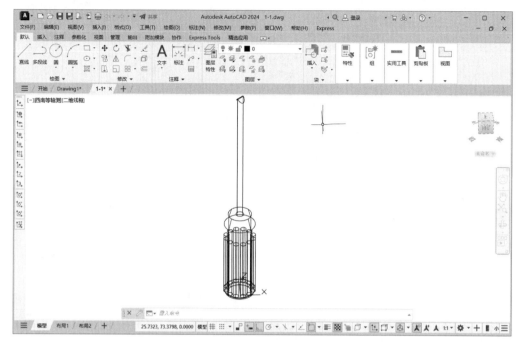

图 1-50　创建 UCS

图 1-51　设置绘图环境

1.7.2　视图控制范例

📂 本范例完成文件：范例文件/第 1 章/1-2.dwg

⚙️ **范例操作**

step 01　打开上一小节的范例文件后，单击【视图】工具栏中的【平移】按钮，使用

平移工具平移视图，如图 1-52 所示。

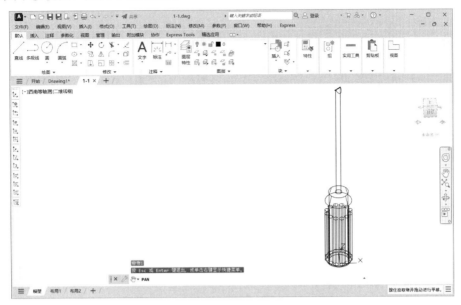

图 1-52　平移视图

step 02　单击【视图】工具栏中的【实时缩放】按钮，使用实时缩放工具缩放视图，如图 1-53 所示。

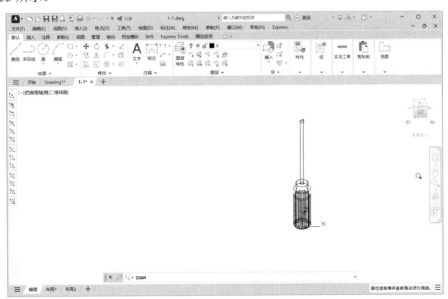

图 1-53　缩放视图

step 03　单击快速访问工具栏中的【另存为】按钮📄，在弹出的【图形另存为】对话框中设置文件名，如图 1-54 所示。

step 04　在【图形另存为】对话框中单击【保存】按钮，完成范例的制作。范例最终效果如图 1-55 所示。

图 1-54　【图形另存为】对话框

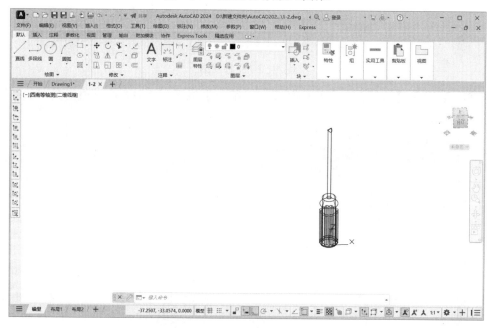

图 1-55　范例的最终效果

1.8　本　章　小　结

　　本章首先介绍 AutoCAD 的发展历史、特点、功能和应用范围；其次介绍了 AutoCAD 2024 的新增功能与界面结构，使读者更详细地了解 AutoCAD 2024 的操作界面，为绘制图形时灵活运用各功能按钮提供了方便；再次讲解了图形文件的基本操作方法；最后讲解了 AutoCAD 的视图控制和坐标系的概念，使读者熟悉操作界面与绘图环境的设置，为后续使用 AutoCAD 2024 软件绘图打下坚实的基础。同时，本章还通过两个实际的操作范例，练习了文件操作、坐标系操作、绘图环境设置和视图控制的方法。

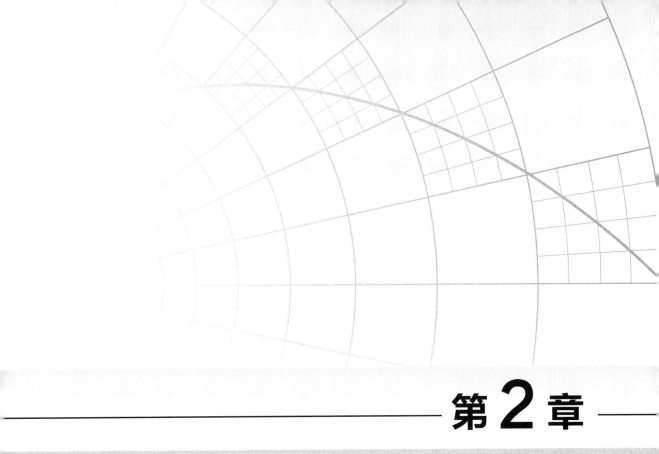

第 2 章

绘制基本二维图形

本章导言

　　图形是由一些基本的元素组成，如圆、直线和多边形等，而这些元素是绘制复杂图形的基础。本章的目标就是使读者学会如何绘制一些基本图形并掌握一些基本的绘图技巧，为以后进一步学习绘图打下坚实的基础。

2.1 绘 制 点

点是构成图形的最基本元素之一，下面来介绍绘制点的方法。

2.1.1 绘制点的方法

AutoCAD 2024 提供的绘制点的方法有以下几种。

(1) 在菜单栏中选择【绘图】|【点】命令，将显示绘制点的命令，可以从中进行选择。

☞ 提示 选择【多点】命令也可进行单点的绘制。

(2) 在命令输入行中输入"point"后，按 Enter 键。

(3) 在功能区的【默认】选项卡中单击【绘图】面板中的相应按钮 ⁙ ⁙ ⁚ ⁘。

2.1.2 绘制点的方式

绘制点的方式有以下几种。

1. 单点

确定了点的位置后，绘图区将出现一个点，如图 2-1 所示。

图 2-1 单点命令绘制的图形

2. 多点

用户可以同时画多个点，如图 2-2 所示。

图 2-2 多点命令绘制的图形

☞ 提示 可以按 Esc 键结束绘制点的操作。

3. 定数等分画点

用户可以指定一个实体，然后输入该实体被等分后的数目，AutoCAD 2024 会自动在相应的位置上画出点，如图 2-3 所示。

图 2-3　定数等分画点命令绘制的图形

4. 定距等分画点

　　用户选择一个实体，输入每一段的长度值后，AutoCAD 2024 会自动在相应的位置上画出点，如图 2-4 所示。

图 2-4　定距等分画点命令绘制的图形

　提示　输入的长度值即为最后的点与点之间的距离。

2.1.3　设置点

　　在绘制点的过程中，用户可以改变点的形状和大小。

　　选择【格式】|【点样式】命令，将打开如图 2-5 所示的【点样式】对话框。在此对话框中，可以先选取点的形状，然后选中【相对于屏幕设置大小】或【按绝对单位设置大小】单选按钮，最后在【点大小】文本框中输入所需的数字。当选中【相对于屏幕设置大小】单选按钮时，在【点大小】文本框中输入的是点相对于屏幕大小的百分比的数值，当选中【按绝对单位设置大小】单选按钮时，在【点大小】文本框中输入的是像素点的绝对大小。

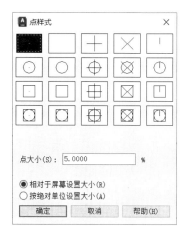

图 2-5　【点样式】对话框

2.2 绘 制 线

AutoCAD 2024 中常用的直线类型有直线、射线、构造线等，下面将分别介绍这几种线型的绘制。

2.2.1 绘制直线

下面介绍绘制直线的具体方法。

1. 调用绘制直线命令的方法

调用绘制直线命令的方法有以下几种。

● 在功能区的【默认】选项卡中单击【绘图】面板中的【直线】按钮 。
● 在命令输入行中输入"line"命令后按 Enter 键。
● 在菜单栏中选择【绘图】|【直线】命令。

2. 绘制直线的方法

执行绘制直线命令后，命令输入行将提示用户指定第一点的坐标值。

命令：_line 指定第一点：

指定第一点后绘图区如图 2-6 所示。
输入第一点后，命令输入行将提示用户指定下一点的坐标值或放弃。

指定下一点或 [放弃(U)]：

指定第二点后绘图区如图 2-7 所示。

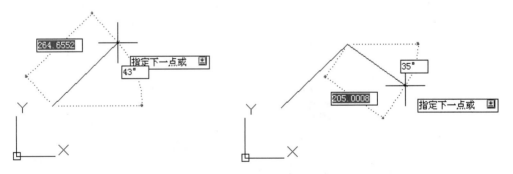

图 2-6　指定第一点后绘图区所显示的图形　　图 2-7　指定第二点后绘图区所显示的图形

输入第二点后，命令输入行将提示用户再次指定下一点的坐标值或放弃。

指定下一点或 [放弃(U)]：

指定第三点后绘图区如图 2-8 所示。

完成以上操作后，命令输入行将提示用户指定下一点或闭合/放弃，在此输入"c"后按 Enter 键。

指定下一点或 [闭合(C)/放弃(U)]：c

用 line 命令绘制的直线如图 2-9 所示。

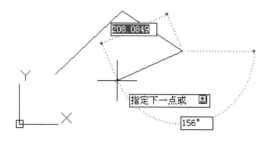

图 2-8 指定第三点后绘图区所显示的图形

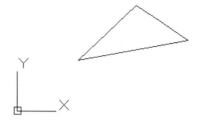

图 2-9 用 line 命令绘制的直线

命令提示的含义如下。

● 【放弃】：取消最后绘制的直线。
● 【闭合】：由当前点和起始点生成的封闭线。

2.2.2 绘制射线

射线是一种单向无限延伸的直线，在机械图形绘制中它常用作绘图辅助线来确定一些特殊点或边界。

1. 调用绘制射线命令的方法

调用绘制射线命令的方法如下。

● 在功能区的【默认】选项卡中单击【绘图】面板中的【射线】按钮。
● 在命令输入行中输入"ray"命令后按 Enter 键。
● 在菜单栏中，选择【绘图】|【射线】命令。

2. 绘制射线的方法

选择【射线】命令后，命令输入行将提示用户指定起点，输入射线的起点坐标值。

命令：_ray 指定起点：

指定起点后绘图区如图 2-10 所示。

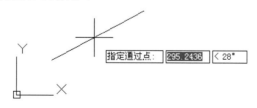

图 2-10 指定起点后绘图区所显示的图形

在输入起点后，命令输入行将提示用户指定通过点。

指定通过点：

指定通过点后绘图区如图 2-11 所示。

在 ray 命令下，AutoCAD 会默认用户画第 2 条射线，在此为了演示，故只画一条射线后，单击鼠标右键或按 Enter 键结束。图 2-11 所示即为用 ray 命令绘制图形，可以看出，射线从起点沿射线方向一直延伸到无限远处。

用 ray 命令绘制的射线如图 2-12 所示。

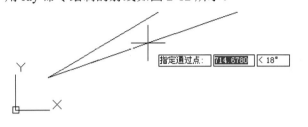
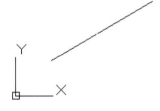

图 2-11　指定通过点后绘图区所显示的图形　　　　图 2-12　用 ray 命令绘制的射线

2.2.3　绘制构造线

构造线是一种双向无限延伸的直线，在机械图形绘制中它也常用作绘图辅助线，来确定一些特殊点或边界。

1. 调用绘制构造线命令的方法

调用绘制构造线命令的方法如下。
- 在功能区的【默认】选项卡中单击【绘图】面板中的【构造线】按钮 。
- 在命令输入行中输入"xline"命令后按 Enter 键。
- 在菜单栏中选择【绘图】|【构造线】命令。

2. 绘制构造线的方法

选择【构造线】命令后，命令输入行将提示用户指定点或[水平(H)/垂直(V)/角度(A)/二等分(B)/偏移(O)]：

命令：_xline 指定点或 [水平(H)/垂直(V)/角度(A)/二等分(B)/偏移(O)]：

指定点后绘图区如图 2-13 所示。

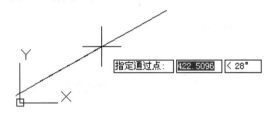

图 2-13　指定点后绘图区所显示的图形

输入第一点的坐标值后，命令输入行将提示用户指定通过点。

指定通过点：

指定通过点后绘图区如图 2-14 所示。
输入通过点的坐标值后，命令输入行将再次提示用户指定通过点。

指定通过点：

单击鼠标右键或按 Enter 键后结束。

用 xline 命令绘制的构造线如图 2-15 所示。

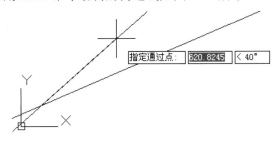

图 2-14 指定通过点后绘图区所显示的图形 图 2-15 用 xline 命令绘制的构造线

在执行【构造线】命令时，会出现部分让用户选择的选项，这些选项的含义如下。

- 【水平】：放置水平构造线。
- 【垂直】：放置垂直构造线。
- 【角度】：在某一个角度上放置构造线。
- 【二等分】：用构造线平分一个角度。
- 【偏移】：放置平行于另一个对象的构造线。

2.3 绘制矩形和正多边形

下面介绍绘制矩形和正多边形的方法。

2.3.1 绘制矩形

绘制矩形时，需要指定矩形的两个对角点。

1. 调用绘制矩形命令的方法

调用绘制矩形命令的方法如下。

- 在功能区的【默认】选项卡中单击【绘图】面板中的【矩形】按钮 □。
- 在命令输入行中输入"rectang"命令后按 Enter 键。
- 在菜单栏中选择【绘图】|【矩形】命令。

2. 绘制矩形的方法

选择【矩形】命令后，命令输入行将提示用户指定第一个角点或 [倒角(C)/标高(E)/圆角(F)/厚度(T)/宽度(W)]：

```
命令：_rectang
指定第一个角点或 [倒角(C)/标高(E)/圆角(F)/厚度(T)/宽度(W)]：
```

指定第一个角点后绘图区如图 2-16 所示。

输入第一个角点值后，命令输入行将提示用户指定另一个角点或 [面积(A)/尺寸(D)/旋

转(R)]:

指定另一个角点或 [面积(A)/尺寸(D)/旋转(R)]:

用 rectang 命令绘制的矩形如图 2-17 所示。

图 2-16　指定第一个角点后绘图区所显示的图形　　图 2-17　用 rectang 命令绘制的矩形

2.3.2　绘制正多边形

正多边形是指有 3~1024 条等长边的闭合多段线，创建多边形是绘制等边三角形、正方形、六边形等的简便快速方法。

1. 调用绘制多边形命令的方法

调用绘制多边形命令的方法如下。

- 在功能区的【默认】选项卡中单击【绘图】面板中的【多边形】按钮 ⬠。
- 在命令输入行中输入"polygon"命令后按 Enter 键。
- 在菜单栏中选择【绘图】|【多边形】命令。

2. 绘制多边形的方法

选择【多边形】命令后，命令输入行将提示用户输入侧面数：

命令: _polygon 输入侧面数 <4>: 8

输入侧面数后绘图区如图 2-18 所示。
输入侧面数后，命令输入行将提示用户指定正多边形的中心点或[边(E)]:

指定正多边形的中心点或 [边(E)]:

指定正多边形的中心点后绘图区如图 2-19 所示。

图 2-18　输入侧面数后绘图区所显示的图形　　图 2-19　指定正多边形的中心点后绘图区所显示的图形

输入数值后，命令输入行将提示用户输入选项 [内接于圆(I)/外切于圆(C)] <I>:

输入选项 [内接于圆(I)/外切于圆(C)] <I>: I

选择内接于圆(I)选项后绘图区如图 2-20 所示。

选择内接于圆(I)选项后，命令输入行将提示用户指定圆的半径：

指定圆的半径：

用 polygon 命令绘制的正多边形如图 2-21 所示。

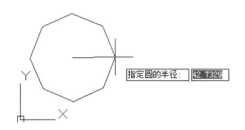
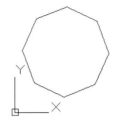

图 2-20　选择【内接于圆】选项后绘图区所显示的图形　　　图 2-21　用 polygon 命令绘制的正多边形

在执行【多边形】命令时，会出现部分让用户选择的选项，其含义如下。

- 【内接于圆】：指定外接圆的半径，正多边形的所有顶点都在此圆周上。
- 【外切于圆】：指定内切圆的半径，正多边形与此圆相切。

2.4　绘　　制　　圆

圆是构成图形的基本元素之一，它的绘制方法有多种。

2.4.1　调用绘制圆命令的方法

调用绘制圆命令的方法如下。

- 在功能区的【默认】选项卡中单击【绘图】面板中的【圆】按钮 ⊙。
- 在命令输入行中输入"circle"命令后按 Enter 键。
- 在菜单栏中选择【绘图】|【圆】命令。

2.4.2　绘制圆的方法

绘制圆的方法有多种，下面来分别介绍。

1. 圆心、半径画圆

圆心、半径画圆是 AutoCAD 默认的画圆方式。选择圆心、半径命令后，命令输入行将提示用户指定圆的圆心或 [三点(3P)/两点(2P)/切点、切点、半径(T)]：

命令：_circle 指定圆的圆心或 [三点(3P)/两点(2P)/切点、切点、半径(T)]：

指定圆的圆心后绘图区如图 2-22 所示。

输入圆心坐标值后，命令输入行将提示用户指定圆的半径或 [直径(D)]：

指定圆的半径或 [直径(D)]：

用圆心、半径命令绘制的圆如图 2-23 所示。

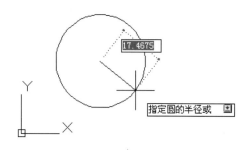

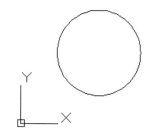

图 2-22　指定圆的圆心后绘图区所显示的图形　　　图 2-23　用圆心、半径命令绘制的圆

在执行圆命令时，会出现部分让用户选择的选项，各选项含义如下。

● 【圆心】：基于圆心和直径(或半径)绘制圆。

● 【三点】：指定圆周上的 3 点绘制圆。

● 【两点】：指定直径的两点绘制圆。

● 【切点、切点、半径】：根据与两个对象相切的指定半径绘制圆。

2．圆心、直径画圆

选择圆心、直径命令后，命令输入行将提示用户指定圆的圆心或 [三点(3P)/两点(2P)/切点、切点、半径(T)]：

命令：_circle 指定圆的圆心或 [三点(3P)/两点(2P)/切点、切点、半径(T)]：

指定圆的圆心后绘图区如图 2-24 所示。

输入圆心坐标值后，命令输入行将提示用户指定圆的半径或 [直径(D)] <100.0000>：_d 指定圆的直径 <200.0000>：

指定圆的半径或 [直径(D)] <100.0000>：_d 指定圆的直径 <200.0000>：160

用圆心、直径命令绘制的圆如图 2-25 所示。

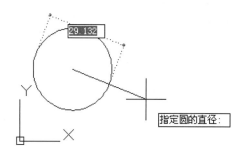

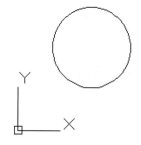

图 2-24　指定圆的圆心后绘图区所显示的图形　　　图 2-25　用圆心、直径命令绘制的圆

3．两点画圆

选择两点命令后，命令输入行将提示用户指定圆的圆心或 [三点(3P)/两点(2P)/切点、切点、半径(T)]：_2p 指定圆直径的第一个端点：

命令：_circle 指定圆的圆心或 [三点(3P)/两点(2P)/切点、切点、半径(T)]：_2p 指定圆直径的第一个端点：

指定圆直径的第一个端点后绘图区如图 2-26 所示。

输入第一个端点的数值后，命令输入行将提示用户指定圆直径的第二个端点(在此 AutoCAD 认为首末两点的距离为直径)：

指定圆直径的第二个端点：

用两点命令绘制的圆如图 2-27 所示。

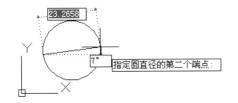
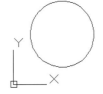

图 2-26　指定圆直径的第一个端点后绘图区所显示的图形　　　图 2-27　用两点命令绘制的圆

4. 三点画圆

选择三点命令后，命令输入行将提示用户指定圆的圆心或 [三点(3P)/两点(2P)/切点、切点、半径(T)]：_3p 指定圆上的第一个点：

命令：_circle 指定圆的圆心或 [三点(3P)/两点(2P)/切点、切点、半径(T)]：_3p 指定圆上的第一个点：

指定圆上的第一个点后绘图区如图 2-28 所示。

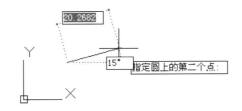

图 2-28　指定圆上的第一个点后绘图区所显示的图形

指定第一个点的坐标值后，命令输入行将提示用户指定圆上的第二个点：

指定圆上的第二个点：

指定圆上的第二个点后绘图区如图 2-29 所示。

指定第二个点的坐标值后，命令输入行将提示用户指定圆上的第三个点：

指定圆上的第三个点：

用三点命令绘制的圆如图 2-30 所示。

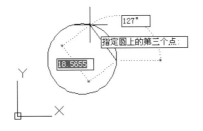
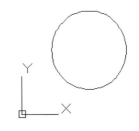

图 2-29　指定圆上的第二个点后绘图区所显示的图形　　　图 2-30　用三点命令绘制的圆

5. 相切、相切、半径画圆

选择相切、相切、半径命令后，命令输入行将提示用户指定圆的圆心或 [三点(3P)/两点(2P)/切点、切点、半径(T)]:

命令：_circle 指定圆的圆心或 [三点(3P)/两点(2P)/切点、切点、半径(T)]: _ttr

选取与之相切的实体。命令输入行将提示用户指定对象与圆的第一个切点：

指定对象与圆的第一个切点：

指定第一个切点时绘图区如图 2-31 所示。

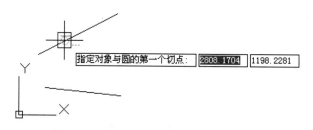

图 2-31　指定第一个切点时绘图区所显示的图形

指定第一个切点后，命令输入行将提示如下：

指定对象与圆的第二个切点：

指定第二个切点时绘图区如图 2-32 所示。

图 2-32　指定第二个切点时绘图区所显示的图形

指定两个切点后，命令输入行将提示用户指定圆的半径 <100.0000>:

指定圆的半径 <100.0000>:

指定圆的半径和第二点时绘图区如图 2-33 所示。

用相切、相切、半径命令绘制的圆如图 2-34 所示。

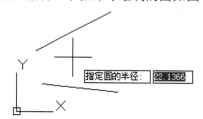
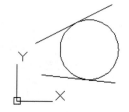

图 2-33　指定圆的半径和第二点时绘图区所显示的图形　　图 2-34　用相切、相切、半径命令绘制的圆

6. 相切、相切、相切画圆

选择相切、相切、相切命令后，选取与之相切的实体，命令输入行提示如下：

命令：_circle 指定圆的圆心或 [三点(3P)/两点(2P)/切点、切点、半径(T)]：_3p 指定圆上的第一个点：_tan 到

指定圆上的第一个点时绘图区如图 2-35 所示。

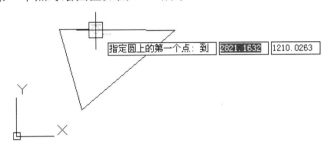

图 2-35　指定圆上的第一个点时绘图区所显示的图形

指定圆上的第一个点后，命令输入行提示如下：

指定圆上的第二个点：_tan 到

指定圆上的第二个点时绘图区如图 2-36 所示。

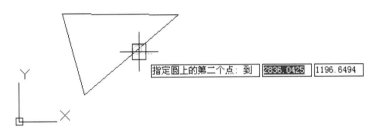

图 2-36　指定圆上的第二个点时绘图区所显示的图形

指定圆上的第二个点后，命令输入行提示如下：

指定圆上的第三个点：_tan 到

指定圆上的第三个点时绘图区如图 2-37 所示。

图 2-37　指定圆上的第三个点时绘图区所显示的图形

用相切、相切、相切命令绘制的圆如图 2-38 所示。

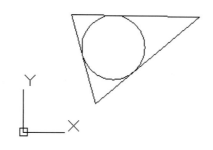

图 2-38　用相切、相切、相切命令绘制的圆

2.5　绘　制　圆　弧

绘制圆弧的方法有很多，下面将详细介绍。

2.5.1　调用绘制圆弧命令的方法

调用绘制圆弧命令的方法如下。

- 在功能区的【默认】选项卡中单击【绘图】面板中的【圆弧】按钮。
- 在命令输入行中输入"arc"命令后按 Enter 键。
- 在菜单栏中选择【绘图】|【圆弧】命令。

2.5.2　绘制圆弧的方法

绘制圆弧的方法有多种，下面来分别介绍。

1．三点画弧

选择三点命令后，AutoCAD 提示用户输入起点、第二个点和端点，顺时针或逆时针绘制圆弧，绘图区显示的图形如图 2-39 所示。用三点命令绘制的圆弧如图 2-40 所示。

(a) 指定圆弧的起点时绘图区所显示的图形

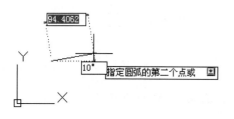

(b) 指定圆弧的第二个点时绘图区所显示的图形

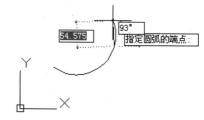

(c) 指定圆弧的端点时绘图区所显示的图形

图 2-39　三点命令画弧的绘制步骤

2. 起点、圆心、端点画弧

选择起点、圆心、端点命令后，AutoCAD 提示用户输入起点、圆心、端点，绘图区所显示的图形如图 2-41～图 2-43 所示。在给出圆弧的起点和圆心后，弧的半径就确定了，端点只是用来决定弧长，因此，圆弧不一定通过终点。用起点、圆心、端点命令绘制的圆弧如图 2-44 所示。

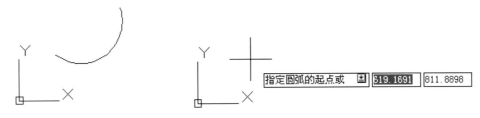

图 2-40　用三点命令绘制的圆弧　　　　图 2-41　指定圆弧的起点时绘图区所显示的图形

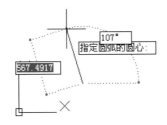

图 2-42　指定圆弧的圆心时绘图区所显示的图形

图 2-43　指定圆弧的端点时绘图区所显示的图形　　图 2-44　用起点、圆心、端点命令绘制的圆弧

3. 起点、圆心、角度画弧

选择起点、圆心、角度命令后，AutoCAD 提示用户输入起点、圆心、角度(此处的角度为包含角，即圆弧的中心到两个端点的两条射线之间的夹角，若夹角为正值，按顺时针方向画弧，若夹角为负值，则按逆时针方向画弧)，绘图区所显示的图形如图 2-45～图 2-47 所示。用起点、圆心、角度命令绘制的圆弧如图 2-48 所示。

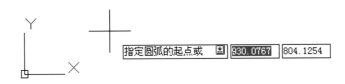

图 2-45　指定圆弧的起点时绘图区所显示的图形

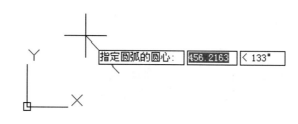

图 2-46　指定圆弧的圆心时绘图区所显示的图形

图 2-47　指定包含角时绘图区所显示的图形　　图 2-48　用起点、圆心、角度命令绘制的圆弧

4. 起点、圆心、长度画弧

选择起点、圆心、长度命令后，AutoCAD 提示用户输入起点、圆心、弦长。绘图区所显示的图形如图 2-49～图 2-51 所示。当逆时针画弧时，如果弦长为正值，则绘制的是与给定弦长相对应的最小圆弧，如果弦长为负值，则绘制的是与给定弦长相对应的最大圆弧；顺时针画弧则相反。用起点、圆心、长度命令绘制的圆弧如图 2-52 所示。

图 2-49　指定圆弧的起点时绘图区所显示的图形

图 2-50　指定圆弧的圆心时绘图区所显示的图形

图 2-51　指定弦长时绘图区所显示的图形　　图 2-52　用起点、圆心、长度命令绘制的圆弧

5. 起点、端点、角度画弧

选择起点、端点、角度命令后，AutoCAD 提示用户输入起点、端点、角度(此角度也为包含角)，绘图区所显示的图形如图 2-53～图 2-55 所示。当角度为正值时，按逆时针画弧，否则按顺时针画弧。用起点、端点、角度命令绘制的圆弧如图 2-56 所示。

图 2-53　指定圆弧的起点时绘图区所显示的图形

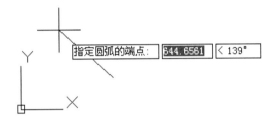

图 2-54　指定圆弧的端点时绘图区所显示的图形

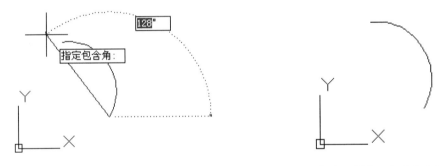

图 2-55　指定包含角时绘图区所显示的图形　　图 2-56　用起点、端点、角度命令绘制的圆弧

6. 起点、端点、方向画弧

选择起点、端点、方向命令后，AutoCAD 提示用户输入起点、端点、方向(所谓方向，是指圆弧的起点切线方向，以度数来表示)，绘图区所显示的图形如图 2-57～图 2-59 所示。用起点、端点、方向命令绘制的圆弧如图 2-60 所示。

图 2-57　指定圆弧的起点时绘图区所显示的图形

图 2-58　指定圆弧的端点时绘图区所显示的图形

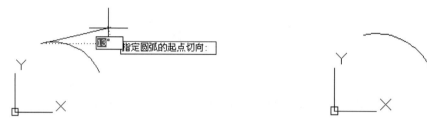

图 2-59　指定圆弧的起点切向时绘图区所显示的图形　　图 2-60　用起点、端点、方向命令绘制的圆弧

7. 起点、端点、半径画弧

选择起点、端点、半径命令后，AutoCAD 提示用户输入起点、端点、半径，绘图区所显示的图形如图 2-61～图 2-63 所示。用起点、端点、半径命令绘制的圆弧如图 2-64 所示。

图 2-61　指定圆弧的起点时绘图区所显示的图形

图 2-62　指定圆弧的端点时绘图区所显示的图形

图 2-63　指定圆弧的半径时绘图区所显示的图形　　图 2-64　用起点、端点、半径命令绘制的圆弧

提示　在此情况下，用户只能沿逆时针方向画弧，如果半径是正值，则绘制的是起点与
终点之间的短弧，否则为长弧。

8. 圆心、起点、端点画弧

选择圆心、起点、端点命令后，AutoCAD 提示用户输入圆心、起点、端点，绘图区所显示的图形如图 2-65～图 2-67 所示。用圆心、起点、端点命令绘制的圆弧如图 2-68 所示。

图 2-65　指定圆弧的圆心时绘图区所显示的图形　图 2-66　指定圆弧的起点时绘图区所显示的图形

图 2-67　指定圆弧的端点时绘图区所显示的图形　图 2-68　用圆心、起点、端点命令绘制的圆弧

9. 圆心、起点、角度画弧

选择圆心、起点、角度命令后，AutoCAD 提示用户输入圆心、起点、角度，绘图区所显示的图形如图 2-69～图 2-71 所示。用圆心、起点、角度命令绘制的圆弧如图 2-72 所示。

图 2-69　指定圆弧的圆心时绘图区所显示的图形

图 2-70　指定圆弧的起点时绘图区所显示的图形

图 2-71　指定包含角时绘图区所显示的图形　图 2-72　用圆心、起点、角度命令绘制的圆弧

10. 圆心、起点、长度画弧

选择圆心、起点、长度命令后，AutoCAD 提示用户输入圆心、起点、长度(此长度也为弦长)，绘图区所显示的图形如图 2-73～图 2-75 所示。用圆心、起点、长度命令绘制的圆弧如图 2-76 所示。

图 2-73　指定圆弧的圆心时绘图区所显示的图形

图 2-74　指定圆弧的起点时绘图区所显示的图形

图 2-75　指定弦长时绘图区所显示的图形　　图 2-76　用圆心、起点、长度命令绘制的圆弧

11. 连续方式画弧

在这种方式下，用户可从以前绘制的圆弧的终点开始继续绘制下一段圆弧。在此方式下画弧时，每段圆弧都与以前的圆弧相切。以前圆弧或直线的终点和方向就是此圆弧的起点和方向。

> 提示　在 AutoCAD 2024 的圆弧绘制中，按住 Ctrl 键可切换所绘制圆弧的方向。

2.6　绘　制　椭　圆

椭圆的形状由长轴和宽轴确定，AutoCAD 2024 为绘制椭圆提供了以下几种方法。

2.6.1　调用绘制椭圆命令的方法

调用绘制椭圆命令的方法如下。

- 在功能区的【默认】选项卡中单击【绘图】面板中的【椭圆】按钮 ⊙。

- 在命令输入行中输入"ellipse"命令后按 Enter 键。
- 在菜单栏中选择【绘图】|【椭圆】命令。

2.6.2　绘制椭圆的方法

绘制椭圆的方法有多种，下面来分别介绍。

1. 圆心画椭圆

选择圆心命令后，命令输入行将提示用户指定椭圆的中心点：

```
命令：_ellipse
指定椭圆的轴端点或 [圆弧(A)/中心点(C)]：_c
指定椭圆的中心点：
```

指定椭圆的中心点后绘图区如图 2-77 所示。

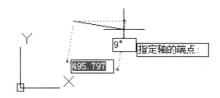

图 2-77　指定椭圆的中心点后绘图区所显示的图形

指定椭圆的中心点后，命令输入行将提示用户指定轴的端点：

```
指定轴的端点：
```

指定轴的端点后绘图区如图 2-78 所示。

指定轴的端点后，命令输入行将提示用户指定另一条半轴长度或[旋转(R)]：

```
指定另一条半轴长度或 [旋转(R)]：
```

用中心点命令绘制的椭圆如图 2-79 所示。

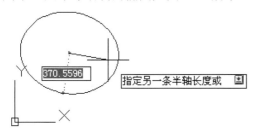

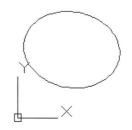

图 2-78　指定轴的端点后绘图区所显示的图形　　　　图 2-79　用中心点命令绘制的椭圆

2. 轴、端点画椭圆

选择轴、端点命令后，命令输入行将提示用户指定椭圆的轴端点或[圆弧(A)/中心点(C)]：

```
命令：_ellipse
指定椭圆的轴端点或 [圆弧(A)/中心点(C)]：
```

指定椭圆的轴端点后绘图区如图 2-80 所示。

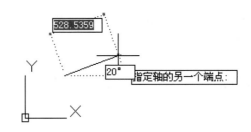

图 2-80 指定椭圆的轴端点后绘图区所显示的图形

指定轴端点后，命令输入行将提示用户指定轴的另一个端点：

指定轴的另一个端点：

指定轴的另一个端点后绘图区如图 2-81 所示。

指定轴的另一个端点后，命令输入行将提示用户指定另一条半轴长度或[旋转(R)]：

指定另一条半轴长度或 [旋转(R)]：

用轴、端点命令绘制的椭圆如图 2-82 所示。

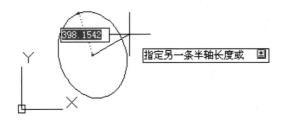
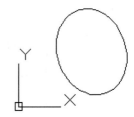

图 2-81   指定轴的另一个端点后绘图区所显示的图形   图 2-82   用轴、端点命令绘制的椭圆

3．绘制椭圆弧

选择圆弧命令后，命令输入行将提示用户指定椭圆弧的轴端点或[中心点(C)]：

```
命令：_ellipse
指定椭圆的轴端点或 [圆弧(A)/中心点(C)]：_a
指定椭圆弧的轴端点或 [中心点(C)]：
```

指定椭圆的圆弧(A)后绘图区如图 2-83 所示。

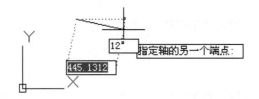

图 2-83   指定椭圆的圆弧(A)后绘图区所显示的图形

指定椭圆的圆弧(A)后，命令输入行将提示用户指定轴的另一个端点：

指定轴的另一个端点：

指定轴的另一个端点后绘图区如图 2-84 所示。

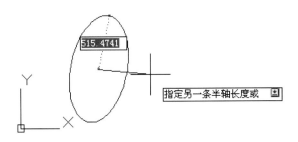

图 2-84 指定轴的另一个端点后绘图区所显示的图形

指定轴的另一个端点后，命令输入行将提示用户指定另一条半轴长度或[旋转(R)]:

指定另一条半轴长度或 [旋转(R)]:

指定另一条半轴长度后绘图区如图 2-85 所示。

图 2-85 指定另一条半轴长度后绘图区所显示的图形

指定另一条半轴长度后，命令输入行将提示用户指定起始角度或[参数(P)]:

指定起始角度或 [参数(P)]:

指定起始角度后绘图区如图 2-86 所示。

指定起始角度后，命令输入行将提示用户指定终止角度或[参数(P)/包含角度(I)]:

指定终止角度或 [参数(P)/包含角度(I)]:

用圆弧命令绘制的椭圆如图 2-87 所示。

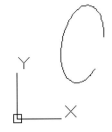

图 2-86 指定起始角度后绘图区所显示的图形　　　图 2-87 用圆弧命令绘制的椭圆

2.7 绘 制 圆 环

圆环是经过实体填充的环，要绘制圆环，需要指定圆环的内外直径和圆心。

2.7.1 调用绘制圆环命令的方法

调用绘制圆环命令的方法如下。

● 在功能区的【默认】选项卡中单击【绘图】面板中的【圆环】按钮◎。
● 在命令输入行中输入"donut"命令后按 Enter 键。
● 在菜单栏中选择【绘图】|【圆环】命令。

2.7.2 绘制圆环的方法

选择圆环命令后，命令输入行将提示用户指定圆环的内径：

命令：_donut
指定圆环的内径 <50.0000>:

指定圆环的内径后绘图区如图 2-88 所示。

图 2-88　指定圆环的内径后绘图区所显示的图形

指定圆环的内径后，命令输入行将提示用户指定圆环的外径：

指定圆环的外径 <60.0000>:

指定圆环的外径后绘图区如图 2-89 所示。

图 2-89　指定圆环的外径后绘图区所显示的图形

指定圆环的外径后，命令输入行将提示用户指定圆环的中心点或<退出>：

指定圆环的中心点或 <退出>:

指定圆环的中心点后绘图区如图 2-90 所示。
用圆环命令绘制的图形如图 2-91 所示。

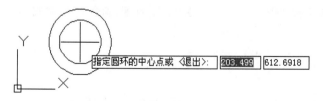 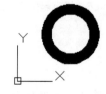

图 2-90　指定圆环的中心点后绘图区所显示的图形　　　图 2-91　用圆环命令绘制的图形

2.8 实战设计范例

2.8.1 绘制固定板范例

📖 本范例完成文件：范例文件/第 2 章/2-1.dwg

⚙️ **范例操作**

step 01 ▶ 新建一个图形文件，在功能区的【默认】选项卡中(为了简洁起见，下面这类介绍一般从略)单击【绘图】面板中的【矩形】按钮 ▢，绘制尺寸为 4×10 的矩形，然后在左上角再绘制一个小矩形，尺寸为 0.62×2，如图 2-92 所示。

step 02 ▶ 单击【修改】面板中的【移动】按钮 ✛，移动其中的小矩形，如图 2-93 所示。

图 2-92 绘制矩形   图 2-93 移动小矩形

step 03 ▶ 单击【绘图】面板中的【圆】按钮 ⊙，在矩形两端绘制两个圆形，并使用【修剪】工具修剪图形，如图 2-94 所示。

step 04 ▶ 单击【修改】面板中的【镜像】按钮 ◭，镜像图形，如图 2-95 所示。

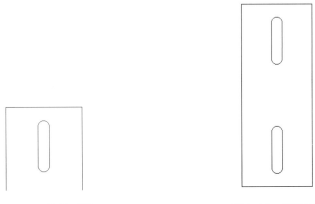

图 2-94 修剪图形   图 2-95 镜像图形

step 05 ▶ 单击【绘图】面板中的【矩形】按钮 ▢，绘制尺寸为 3×1.6 的矩形，如图 2-96 所示。

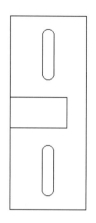

图 2-96　绘制 3×1.6 的矩形

step 06 使用【圆】工具,在矩形一端绘制圆形,然后使用【修剪】工具修剪图形,完成固定板的绘制,最终结果如图 2-97 所示。

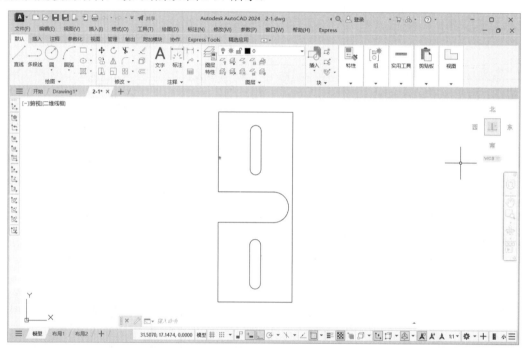

图 2-97　固定板最终结果

2.8.2　绘制进户门范例

 本范例完成文件:范例文件/第 2 章/2-2.dwg

范例操作

step 01 新建一个图形文件,单击【绘图】面板中的【矩形】按钮 □,绘制尺寸为 1×20 的矩形,如图 2-98 所示。

step 02 单击【绘图】面板中的【圆】按钮，以矩形下边中心为圆心，矩形竖直边为半径，绘制圆形，如图 2-99 所示。

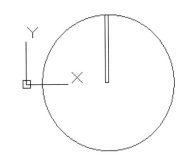

图 2-98　绘制矩形　　　　　　　图 2-99　绘制圆形

step 03 单击【绘图】面板中的【直线】按钮，绘制水平直线，如图 2-100 所示。

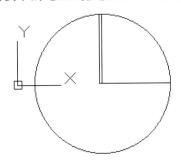

图 2-100　绘制水平直线

step 04 单击【修改】面板中的【修剪】按钮，修剪图形，得到进户门图形，如图 2-101 所示。

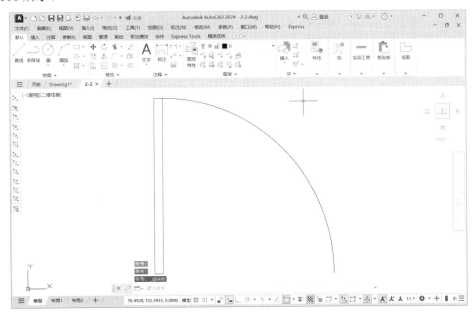

图 2-101　进户门图形

提示 绘制这个图形也可以采用绘制矩形和直线后，用圆弧进行连接的方法。

本 章 小 结

　　本章主要讲解 AutoCAD 2024 绘制图形的基本命令与概念，读者通过本章的学习，可以绘制简单的图形，这些基本命令，在以后的绘图过程中经常会用到，所以要熟练这些命令的使用方法。

第3章

编辑基本图形

本章导言

　　第 2 章介绍了如何绘制基本二维图形。在绘制图形的过程中发现某些图形不是一次就可以绘制出来的，并且不可避免地会出现一些错误操作，这时就要用到编辑命令。本章将介绍一些基本的编辑命令，如删除、移动、旋转、拉伸、缩放、拉长、修剪、分解等。

3.1 基本编辑工具

AutoCAD 2024 编辑工具包含删除、复制、镜像、偏移、阵列、移动、旋转、比例、拉伸、修剪、延伸、拉断于点、打断、合并、倒角、圆角、分解等命令。编辑图形对象的【修改】面板和【修改】工具栏如图 3-1 所示。

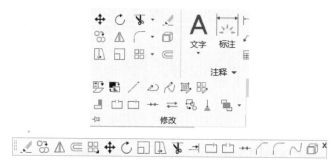

图 3-1 【修改】面板和【修改】工具栏

【修改】面板中的基本编辑命令功能说明如表 3-1 所示，本节将详细介绍较为常用的几种基本编辑命令。

表 3-1 编辑图形的图标及其功能说明

图标	功能说明	图标	功能说明
	删除图形对象		复制图形对象
	镜像图形对象		偏移图形对象
	阵列图形对象		移动图形对象
	旋转图形对象		缩放图形对象
	拉伸图形对象		修剪图形对象
	延伸图形对象		在一点打断选定的对象
	在两点之间打断选定的对象		合并图形对象
	对某图形对象倒角		对某图形对象倒圆
	分解图形对象		在选定的直线或曲线之间创建样条曲线

3.1.1 删除

在绘制图形的过程中，删除一些多余的图形是常见的操作，这时就要用到【删除】命令。

执行【删除】命令的三种方法如下。

- 单击【修改】面板中的【删除】按钮 。
- 在命令输入行中输入"E"后按 Enter 键。
- 在菜单栏中选择【修改】|【删除】命令。

选择上面的任意一种方法后，在编辑区中都会出现 □ 图标，然后将鼠标指针移动到要删除图形对象的位置。单击图形后再单击鼠标右键或按 Enter 键，即可完成删除图形的操作。

3.1.2 复制

AutoCAD 为用户提供了【复制】命令，可以把已绘制好的图形复制到其他地方。

执行【复制】命令的三种方法如下。

- 单击【修改】面板中的【复制】按钮 。
- 在命令输入行中输入"copy"命令后按 Enter 键。
- 在菜单栏中选择【修改】|【复制】命令。

执行【复制】命令后，命令输入行提示如下：

```
命令：_copy
选择对象：
```

在提示下选取实体，如图 3-2 所示，命令输入行也将显示选中一个物体，命令输入行提示如下：

```
选择对象：找到 1 个
```

选取实体后，命令输入行提示如下：

```
选择对象：
```

在 AutoCAD 中，【复制】命令默认用户会继续选择下一个实体，单击鼠标右键或按 Enter 键即可结束选择。

AutoCAD 会提示用户指定基点或位移，在绘图区选择基点。命令输入行提示如下：

```
当前设置：复制模式 = 多个
指定基点或 [位移(D)/模式(O)] <位移>：
```

指定基点后绘图区如图 3-3 所示。

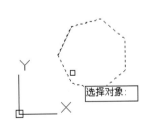

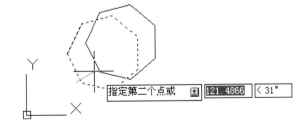

图 3-2　选取实体后绘图区所显示的图形　　图 3-3　指定基点后绘图区所显示的图形

指定基点后，命令输入行提示如下：

```
指定第二个点或 [阵列(A)] <使用第一个点作为位移>：
```

指定第二个点后绘图区如图 3-4 所示。

指定第二个点后，命令输入行提示如下：

指定第二个点或 [阵列(A)/退出(E)/放弃(U)] <退出>:

用【复制】命令绘制的图形如图 3-5 所示。

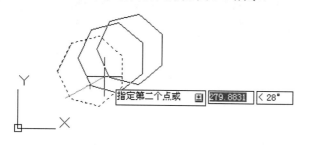
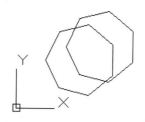

图 3-4 指定第二个点后绘图区所显示的图形   图 3-5   用【复制】命令绘制的图形

3.1.3 移动

移动图形对象是使某一图形沿着基点移动一段距离，使对象到达合适的位置。

执行【移动】命令的三种方法如下。

● 单击【修改】面板中的【移动】按钮 ✛。

● 在命令输入行中输入"M"命令后按 Enter 键。

● 在菜单栏中选择【修改】|【移动】命令。

选择【移动】命令后出现 ▫ 图标，将光标移动到要移动图形对象的位置。单击选择需
要移动的图形对象，然后单击鼠标右键。
AutoCAD 提示用户选择基点，选择基点后移动光
标至相应的位置。命令输入行提示如下：

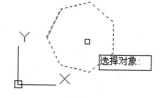

命令: _move
选择对象: 找到 1 个

选取实体后绘图区如图 3-6 所示。

选取实体后，命令输入行提示如下：

图 3-6   选取实体后绘图区所显示的图形

选择对象:
指定基点或 [位移(D)] <位移>:   //选择基点后按 Enter 键
指定第二个点或 <使用第一个点作为位移>:

指定基点后绘图区如图 3-7 所示。

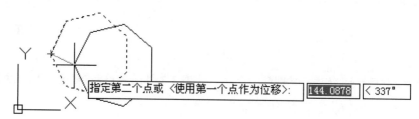

图 3-7   指定基点后绘图区所显示的图形

图形对象移动后如图 3-8 所示。

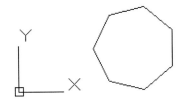

图 3-8 用【移动】命令将图形对象由原来位置移动到需要的位置

3.1.4 旋转

旋转对象是指用户将图形对象旋转一个角度使之符合要求，旋转后的对象与原对象的距离取决于旋转的基点与被旋转对象的距离。

执行【旋转】命令的三种方法如下。

● 单击【修改】面板中的【旋转】按钮 ↻ 。
● 在命令输入行中输入 "rotate" 命令后按 Enter 键。
● 在菜单栏中选择【修改】|【旋转】命令。

执行【旋转】命令后出现 □ 图标，将光标移动到到旋转的图形对象的位置，单击选择需要移动的图形对象，然后单击鼠标右键，AutoCAD 提示用户选择基点，选择基点后移动光标至相应的位置。命令输入行提示如下：

```
命令：_rotate
UCS 当前的正角方向： ANGDIR=逆时针
ANGBASE=0
选择对象：找到 1 个
```

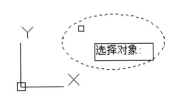

选取实体后，绘图区如图 3-9 所示。

选取实体后，命令输入行提示如下：

```
选择对象：
指定基点：
```

图 3-9 选取实体后绘图区所显示的图形

指定基点后绘图区如图 3-10 所示。

指定基点后，命令输入行提示如下：

```
指定旋转角度，或 [复制(C)/参照(R)] <0>：
```

图形对象旋转后，如图 3-11 所示。

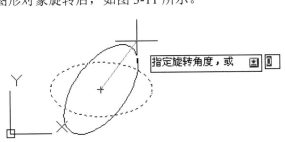

图 3-10 指定基点后绘图区所显示的图形

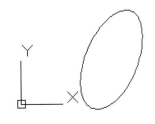

图 3-11 旋转后的图形

3.1.5 缩放

在 AutoCAD 中，用户可以通过【缩放】命令来使实际的图形对象放大或缩小。

执行【缩放】命令的三种方法如下。

● 单击【修改】面板中的【缩放】按钮 □ 。

● 在命令输入行中输入"scale"命令后按 Enter 键。

● 在菜单栏中选择【修改】|【缩放】命令。

执行【缩放】命令后出现 □ 图标，AutoCAD 提示用户选择需要缩放的图形对象后移动光标到要缩放的图形对象位置。单击选择需要缩放的图形对象后单击鼠标右键，AutoCAD 提示用户选择基点。选择基点后在命令输入行中输入缩放比例系数后按 Enter 键，缩放完毕。命令输入行提示如下：

```
命令：_scale
选择对象：找到 1 个
```

选取实体后绘图区如图 3-12 所示。

选取实体后，命令输入行提示如下：

```
选择对象：
指定基点：
```

指定基点后绘图区如图 3-13 所示。

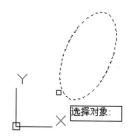

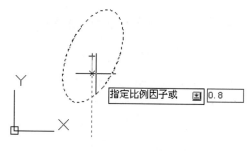

图 3-12　选取实体后绘图区所显示的图形　　　图 3-13　指定基点后绘图区所显示的图形

指定基点后，命令输入行提示如下：

```
指定比例因子或 [复制(C)/参照(R)]：0.8
```

缩小的图形对象如图 3-14 所示。

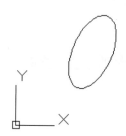

图 3-14　用【缩放】命令将图形对象缩小后的效果

3.1.6 镜像

AutoCAD 为用户提供了【镜像】命令，可以把已绘制好的图形复制到其他地方。
执行【镜像】命令的三种方法如下。

- 单击【修改】面板中的【镜像】按钮 ⚠。
- 在命令输入行中输入"mirror"命令后按 Enter 键。
- 在菜单栏中选择【修改】|【镜像】命令。

命令输入行提示如下：

```
命令: _mirror
选择对象: 找到 1 个
```

选取实体后绘图区如图 3-15 所示。

选取实体后，命令输入行提示如下：

```
选择对象:
```

在 AutoCAD 中，【镜像】命令默认用户会
继续选择下一个实体，单击鼠标右键或按 Enter
键即可结束选择。然后在提示下选取镜像线的第
一点和第二点：

图 3-15　选取实体后绘图区所显示的图形

```
指定镜像线的第一点: 指定镜像线的第二点:
```

指定镜像线的第一点后绘图区如图 3-16 所示。

图 3-16　指定镜像线的第一点后绘图区所显示的图形

指定镜像线的第二点后，AutoCAD 会询问用户
是否要删除源对象，在此输入"N"后按 Enter 键。
命令输入行提示如下：

```
要删除源对象吗? [是(Y)/否(N)] <N>: n
```

用【镜像】命令绘制的图形如图 3-17 所示。

3.1.7 偏移

当两个图形严格相似，只是在位置上有偏差时，

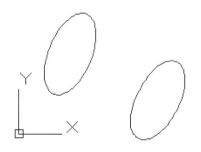

图 3-17　用【镜像】命令绘制的图形

可以用【偏移】命令。AutoCAD 提供了【偏移】命令，使用户可以很方便地绘制此类图形，特别是要绘制许多相似的图形时，【偏移】命令要比【复制】命令快捷。

执行【偏移】命令的三种方法如下。

- 单击【修改】面板中的【偏移】按钮 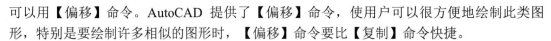。
- 在命令输入行中输入"offset"命令后按 Enter 键。
- 在菜单栏中选择【修改】|【偏移】命令。

命令输入行提示如下：

```
命令: _offset
当前设置: 删除源=否  图层=源  OFFSETGAPTYPE=0
指定偏移距离或 [通过(T)/删除(E)/图层(L)] <通过>: 10
```

指定偏移距离后绘图区如图 3-18 所示。

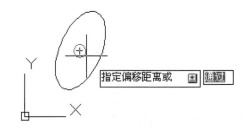

图 3-18　指定偏移距离后绘图区所显示的图形

指定偏移距离后，命令输入行提示如下：

选择要偏移的对象，或 [退出(E)/放弃(U)] <退出>:

选择要偏移的对象后绘图区如图 3-19 所示。

选择要偏移的对象后，命令输入行提示如下：

指定要偏移的那一侧上的点，或 [退出(E)/多个(M)/放弃(U)] <退出>:

指定要偏移的那一侧上的点后绘制的图形如图 3-20 所示。

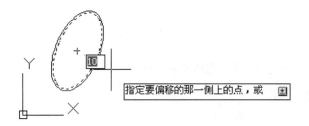
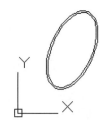

图 3-19　选择要偏移的对象后绘图区所显示的图形　　图 3-20　用【偏移】命令绘制的图形

3.1.8　阵列

AutoCAD 为用户提供了【阵列】命令，可以把已绘制的图形复制到其他地方，包括矩形阵列、路径阵列和环形阵列，下面分别具体介绍。

1. 矩形阵列

执行【矩形阵列】命令的三种方法如下。

- 单击【修改】工具栏或【修改】面板中的【矩形阵列】按钮 ⬚⬚。
- 在命令输入行中输入"arrayrect"命令后按 Enter 键。
- 在菜单栏中选择【修改】|【阵列】|【矩形阵列】命令。

AutoCAD 要求先选择对象，选择对象之后，选择夹点，如图 3-21 所示；选择夹点之后，移动指定目标点，如图 3-22 所示。矩形阵列的参数设置如图 3-23 所示。完成之后单击鼠标右键将弹出快捷菜单，如图 3-24 所示，执行新的命令或者退出。

选择夹点以编辑阵列或　🔲 退出	** 移动 ** 指定目标点：　892.1600　＜ 311°
图 3-21　选择夹点	图 3-22　移动指定目标点

图 3-23　矩形阵列的参数设置

在矩形阵列快捷菜单中的命令含义如下。

- 【行数】：按单位指定行间距。要向下添加行，指定负值。
- 【列数】：按单位指定列间距。要向左边添加列，指定负值。

用【矩形阵列】命令绘制的图形如图 3-25 所示。

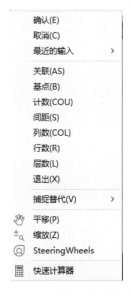

图 3-24　矩形阵列快捷菜单

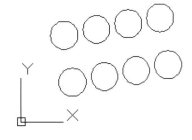

图 3-25　用【矩形阵列】命令绘制的图形

2. 路径阵列

执行【路径阵列】命令的三种方法如下。

- 单击【修改】工具栏或【修改】面板中的【路径阵列】按钮 。
- 在命令输入行中输入 "arraypath" 命令后按 Enter 键。
- 在菜单栏中选择【修改】|【阵列】|【路径阵列】命令。

选择【路径阵列】命令之后，系统要求选择路径，如图 3-26 所示；选择路径之后，选择夹点，如图 3-27 所示。路径阵列的参数设置如图 3-28 所示。

选择路径曲线：   选择夹点以编辑阵列或   退出

图 3-26   选择路径   图 3-27   选择夹点

图 3-28   路径阵列的参数设置

设置完成之后，单击鼠标右键将弹出快捷菜单，执行【退出】命令，如图 3-29 所示。用【路径阵列】命令绘制的图形如图 3-30 所示。

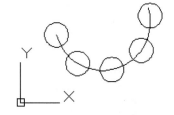

图 3-29   路径阵列快捷菜单   图 3-30   用【路径阵列】命令绘制的图形

3. 环形阵列

执行【环形阵列】命令的三种方法如下。

- 单击【修改】工具栏或【修改】面板中的【环形阵列】按钮 。
- 在命令输入行中输入 "arraypolar" 命令后按 Enter 键。
- 在菜单栏中选择【修改】|【阵列】|【环形阵列】命令。

选择【环形阵列】命令后，选择中心点，如图 3-31 所示，之后选择夹点，如图 3-32 所示。环形阵列的参数设置如图 3-33 所示。

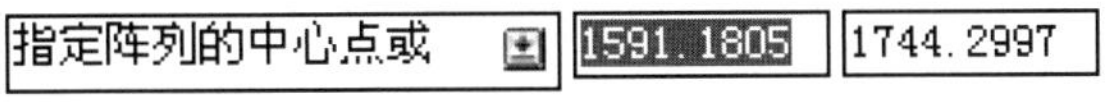

指定阵列的中心点或
1591.1805
1744.2997

图 3-31　选择中心点

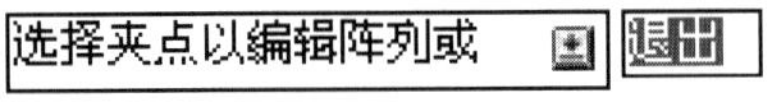

选择夹点以编辑阵列或
退出

图 3-32　选择夹点

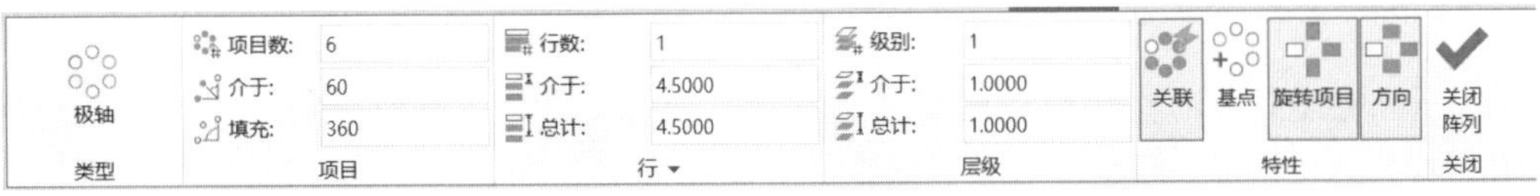

极轴
类型
项目数:
6
介于:
60
填充:
360
项目
行数:
1
介于:
4.5000
总计:
4.5000
行
级别:
1
介于:
1.0000
总计:
1.0000
层级
关联
基点
旋转项目
方向
特性
关闭
阵列
关闭

图 3-33　环形阵列的参数设置

最后单击鼠标右键，将弹出快捷菜单，选择相应的命令，或者退出图形绘制，如图 3-34 所示。

在环形阵列快捷菜单中的部分命令含义如下。

- 【项目】：设置在结果阵列中显示的对象。
- 【填充角度】：通过定义阵列中第一个和最后一个元素的基点之间的包含角来设置阵列大小。正值指定逆时针旋转；负值指定顺时针旋转，默认值为 360，不允许值为 0。
- 【项目间角度】：设置阵列对象的基点和阵列中心之间的包含角。输入一个正值，默认方向值为 90。
- 【基点】：设置新的 *X* 和 *Y* 基点坐标。执行【拾取基点】命令将临时关闭阵列对话框，并要求指定一个点。指定了一个点后，阵列对话框将重新显示。

用【环形阵列】命令绘制的图形如图 3-35 所示。

确认(E)
取消(C)
最近的输入
关联(AS)
基点(B)
项目(I)
项目间角度(A)
填充角度(F)
行(ROW)
层(L)
旋转项目(ROT)
退出(X)
捕捉替代(V)
平移(P)
缩放(Z)
SteeringWheels
快速计算器

图 3-34　环形阵列快捷菜单

Y
X

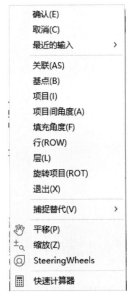

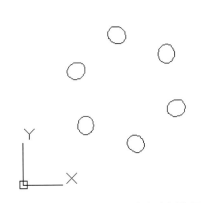

图 3-35　用【环形阵列】命令绘制的图形

3.2 扩展编辑工具

在 AutoCAD 2024 编辑工具中有一部分属于扩展编辑工具，如拉伸、拉长、修剪、延伸、打断、倒角、圆角、分解等。下面将详细介绍这些工具的使用方法。

3.2.1 拉伸

在 AutoCAD 中，允许将对象端点拉伸到不同的位置。当将对象的端点放在交选框的内部时，可以单方向拉伸图形对象，而新的对象与原对象的关系保持不变。

执行【拉伸】命令的三种方法如下。

- 单击【修改】面板中的【拉伸】按钮 。
- 在命令输入行中输入"stretch"命令后按 Enter 键。
- 在菜单栏中选择【修改】|【拉伸】命令。

选择【拉伸】命令后将出现 图标，命令输入行提示如下：

```
命令: _stretch
以交叉窗口或交叉多边形选择要拉伸的对象...
选择对象:
```

选择对象后绘图区如图 3-36 所示。

选取实体后，命令输入行提示如下：

```
指定对角点: 找到 1 个，总计 1 个
```

指定对角点后绘图区如图 3-37 所示。

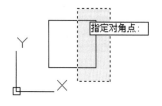

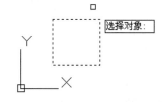

图 3-36　选择对象后绘图区所显示的图形　　　图 3-37　指定对角点后绘图区所显示的图形

指定对角点后，命令输入行提示如下：

```
选择对象:
指定基点或 [位移(D)] <位移>:
```

指定基点后绘图区如图 3-38 所示。

图 3-38　指定基点后绘图区所显示的图形

指定基点后，命令输入行提示如下：

指定第二个点或 <使用第一个点作为位移>：

指定第二个点后绘制的图形如图 3-39 所示。

图 3-39　用【拉伸】命令绘制的图形

提示　选择【拉伸】命令时，圆、点、块以及文字是特例，当基点在圆心、点的中心、块的插入点或文字行的最左边时，只是移动图形对象而不会拉伸。当基点在此中心之外，将不会产生任何影响。

3.2.2　拉长

在已绘制好的图形上，有时用户需要将图形的直线、圆弧的尺寸放大或缩小，或者要知道直线的长度值，则可以用【拉长】命令来改变长度或读出长度值。

执行【拉长】命令的三种方法如下。

● 单击【修改】面板中的【拉长】按钮 。

● 在命令输入行中输入"lengthen"命令后按 Enter 键。

● 在菜单栏中选择【修改】|【拉长】命令。

选择【拉长】命令后将出现 □ 图标，这时命令输入行提示如下：

命令：_lengthen
选择对象或 [增量(DE)/百分数(P)/全部(T)/动态(DY)]：DE
输入长度增量或 [角度(A)] <26.7937>：50

输入长度增量后绘图区如图 3-40 所示。

输入长度增量后，命令输入行提示如下：

选择要修改的对象或 [放弃(U)]：

用鼠标单击要修改的对象后绘制的图形如图 3-41 所示。

　　　　　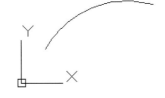

图 3-40　输入长度增量后绘图区所显示的图形　　图 3-41　用【拉长】命令绘制的图形

在执行【拉长】命令时，会出现部分让用户选择的命令。

● 【增量】：是差值(当前长度与拉长后长度的差值)。

● 【百分数】：执行【百分数】命令后，在命令输入行输入大于 100 的数值就会拉长对象，输入小于 100 的数值则会缩短对象。

- 【全部】：是总长(拉长后图形对象的总长)。
- 【动态】：是动态拉长(动态地拉长或缩短图形实体)。

3.2.3 修剪

【修剪】命令的功能是将一个对象以另一个对象或它的投影面作为边界进行精确的修剪编辑。

执行【修剪】命令的三种方法如下。

- 单击【修改】面板中的【修剪】按钮 ⊀。
- 在命令输入行中输入"trim"命令后按 Enter 键。
- 在菜单栏中选择【修改】|【修剪】命令。

选择【修剪】命令后将出现 □ 图标，命令输入行中提示用户选择实体作为将要被修剪实体的边界，这时可选取修剪实体的边界。

命令输入行提示如下：

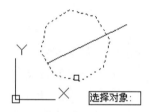

```
命令: _trim
当前设置:投影=UCS, 边=延伸
选择剪切边...
选择对象或 <全部选择>: 找到 1 个
```

选择对象后绘图区如图 3-42 所示。

选取对象后，命令输入行提示如下：

图 3-42　选择对象后绘图区所显示的图形

```
选择对象:
选择要修剪的对象，或按住 Shift 键选择要延伸的对象，或
[栏选(F)/窗交(C)/投影(P)/边(E)/删除(R)/放弃(U)]: e
```

选择边(E)选项后绘图区如图 3-43 所示。

图 3-43　选择边(E)选项后绘图区所显示的图形

选择边(E)选项后，命令输入行提示如下：

```
输入隐含边延伸模式 [延伸(E)/不延伸(N)] <延伸>: N
选择要修剪的对象，或按住 Shift 键选择要延伸的对象，或[栏选(F)/窗交(C)/投影(P)/边(E)/
删除(R)/放弃(U)]:
```

用【修剪】命令绘制的图形如图 3-44 所示。

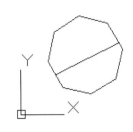

> **提示** 在修剪命令中，AutoCAD 会一直认为用户要
> 修剪实体，直至按下空格键或 Enter 键为止。

3.2.4 延伸

AutoCAD 提供的【延伸】命令正好与【修剪】命
令相反，它是将一个对象或其投影面作为边界进行延长
编辑。

图 3-44 用【修剪】命令绘制的图形

执行【延伸】命令的三种方法如下。

● 单击【修改】面板中的【延伸】按钮 。

● 在命令输入行中输入"extend"命令后按 Enter 键。

● 在菜单栏中选择【修改】|【延伸】命令。

执行【延伸】命令后将出现捕捉按钮图标 ，命令输入行提示用户选择实体作为将要
被延伸的边界，这时可选取延伸实体的边界。

命令输入行提示如下：

```
命令: _extend
当前设置:投影=视图, 边=延伸
选择边界的边...
选择对象或 <全部选择>:  找到 1 个
```

选取对象后绘图区如图 3-45 所示。

选取对象后，命令输入行提示如下：

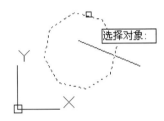

图 3-45 选择对象后绘图区所显示的图形

```
选择对象:
选择要延伸的对象，或按住 Shift 键选择要修剪的对象，或
[栏选(F)/窗交(C)/投影(P)/边(E)/放弃(U)]:  e
```

选择边(E)选项后绘图区如图 3-46 所示。

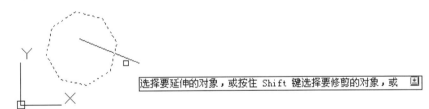

图 3-46 选择边(E)选项后绘图区所显示的图形

选择边(E)选项后，命令输入行提示如下：

```
输入隐含边延伸模式 [延伸(E)/不延伸(N)] <延伸>:e
选择要延伸的对象，或按住 Shift 键选择要修剪的对象，
或[栏选(F)/窗交(C)/投影(P)/边(E)/放弃(U)]:
```

用【延伸】命令绘制的图形如图 3-47 所示。

> **提示** 在【延伸】命令中，AutoCAD 会一直认为用户要
> 延伸实体，直至用户按空格键或 Enter 键为止。

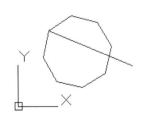

图 3-47 用【延伸】命令绘制的图形

3.2.5 打断

【打断】命令主要用于删除直线、圆或圆弧等实体的一部分，或将一个图形对象分割为两个同类对象。系统则把对象上的由用户指定的两个分点投影到 X、Y 的平面上。其中又有以下两种情况。

1. 打断于点(在某点打断)

执行【打断于点】命令的两种方法如下。

● 单击【修改】面板中的【打断于点】按钮⊡。

● 在命令输入行中输入"break"命令后按 Enter 键。

执行【打断于点】命令将出现 □ 图标，命令输入行中提示用户选择一点作为第一个打断点。

命令输入行提示如下：

```
命令: break 选择对象:
指定第二个打断点 或 [第一点(F)]: _f
指定第一个打断点:
```

指定第一个打断点时绘图区如图 3-48 所示。

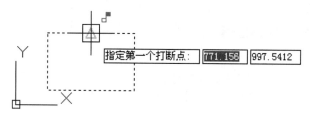

图 3-48　指定第一个打断点时绘图区所显示的图形

指定第一个打断点后，命令输入行提示如下：

```
指定第二个打断点: @
```

用【打断于点】命令绘制的图形如图 3-49 所示。

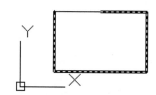

2. 打断(打断并把两点之间的图形对象删除)

执行【打断】命令的三种方法如下。

● 单击【修改】面板中的【打断】按钮⊡。

图 3-49　用【打断于点】命令绘制的图形

● 在命令输入行中输入"break"命令后按 Enter 键。

● 在菜单栏中选择【修改】|【打断】命令。

执行【打断】命令将出现 □ 图标，命令输入行提示如下：

```
命令: _break 选择对象:
指定第二个打断点 或 [第一点(F)]: f
指定第一个打断点:
```

指定第一个打断点时绘图区如图 3-50 所示。

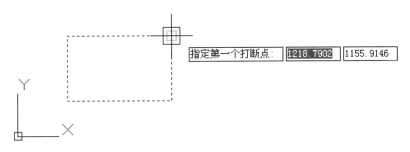

图 3-50　指定第一个打断点时绘图区所显示的图形

指定第一个打断点后，命令输入行提示如下：

指定第二个打断点:

指定第二个打断点时绘图区如图 3-51 所示。

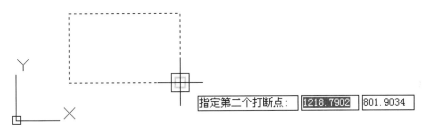

图 3-51　指定第二个打断点时绘图区所显示的图形

用【打断】命令绘制的图形如图 3-52 所示。

> 提示　打断的结果对于不同的图形对象来说是不相
> 同的。对于直线和圆弧等轨迹线而言，将按
> 照用户所指定的两个分点打断；而对于圆而
> 言，将按照第一点向第二点的逆时针方向截
> 去这两点之间的一段圆弧，从而将圆打断为
> 一段圆弧。

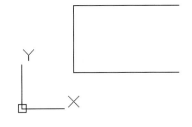

图 3-52　用【打断】命令绘制的图形

3.2.6　倒角

【倒角】命令主要用于两条非平等直线或多段线进行的编辑，或将两条非平等直线进行相交连接。

执行【倒角】命令的三种方法如下。

● 单击【修改】面板中的【倒角】按钮　　。
● 在命令输入行中输入"chamfer"命令后按 Enter 键。
● 在菜单栏中选择【修改】|【倒角】命令。

执行【倒角】命令后将出现 □ 图标。

命令输入行提示如下：

```
命令: _chamfer
("修剪"模式) 当前倒角距离 1 = 30.0000, 距离 2 = 30.0000
```

```
选择第一条直线或 [放弃(U)/多段线(P)/距离(D)/角度(A)/修剪(T)/方式(E)/多个(M)]: t
输入修剪模式选项 [修剪(T)/不修剪(N)] <修剪>: t
选择第一条直线或 [放弃(U)/多段线(P)/距离(D)/角度(A)/修剪(T)/方式(E)/多个(M)]: d
指定第一个倒角距离 <40.0000>:
指定第二个倒角距离 <40.0000>:
选择第一条直线或 [放弃(U)/多段线(P)/距离(D)/角度(A)/修剪(T)/方式(E)/多个(M)]:
```

选择第一条直线后绘图区如图 3-53 所示。

选择第二条直线，或按住 Shift 键选择要应用角点的直线：

图 3-53　选择第一条直线后绘图区所显示的图形

选择第一条直线后，命令输入行提示如下：

选择第二条直线，或按住 Shift 键选择要应用角点的直线：

用【倒角】命令绘制的图形如图 3-54 所示。

在执行【倒角】命令时，会出现部分让用户选择的
选项，其含义如下。

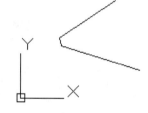

- 【多段线】：表示将要被倒角的线为多段线，
  用户可以在命令输入行中输入 "P" 后按 Enter
  键选择此选项。

- 【距离】：设置倒角顶点到倒角线的距离，用
  户可以在命令输入行中输入 "D" 后按 Enter 键

图 3-54　用倒角命令绘制的图形

  选择此选项，然后在命令输入行中输入一定的数值来进行设置。

- 【角度】：若选择角度，即在命令输入行中输入 "A" 后按 Enter 键。

- 【修剪】：选择此选项时，用户可以在命令输入行中输入 "T" 后按 Enter 键，可
  以设置将要被倒角的位置是否要将多余的线条修剪掉。

- 【方式】：此选项的意义是控制 AutoCAD 使用两个距离，还是一个距离一个角
  度的方式。两个距离方式与【距离】选项的含义一样，一个距离一个角度的方式
  与【角度】选项的含义相同。默认情况下为上一次操作所定义的方式。

- 【多个】：选择此选项，用户可以选择多个非平等直线或多段线进行倒角。

3.2.7　圆角

【圆角】命令是用指定半径决定的一段平滑的圆弧连接两个对象。系统规定可以用圆
角连接一对直线段、非圆弧的多段线段、样条曲线、双向无限长线、射线、圆、圆弧和
椭圆。

执行【圆角】命令的三种方法如下。

- 单击【修改】面板中的【圆角】按钮 。
- 在命令输入行中输入"fillet"命令后按 Enter 键。
- 在菜单栏中选择【修改】|【圆角】命令。

执行【圆角】命令后将出现 □ 图标。

命令输入行提示如下：

```
命令: _fillet
当前设置: 模式 = 修剪, 半径 = 0.0000
选择第一个对象或 [放弃(U)/多段线(P)/半径(R)/修剪(T)/多个(M)]: r
指定圆角半径 <0.0000>: 30
选择第一个对象或 [放弃(U)/多段线(P)/半径(R)/修剪(T)/多个(M)]:
```

选择第一个对象后绘图区如图 3-55 所示。

图 3-55　选择第一个对象后绘图区所显示的图形

选择第一个对象后，命令输入行提示如下：

选择第二个对象，或按住 Shift 键选择要应用角点的对象：

用【圆角】命令绘制的图形如图 3-56 所示。

在执行【圆角】命令时，会出现部分让用户选择的
选项，其含义如下。

- 【多段线】：表示将要被倒圆的线为多段线，
  用户可以在命令输入行中输入"P"后按 Enter
  键选择此选项。
- 【半径】：若用户在命令输入行中输入"R"，
  则表示用户需要设置要倒圆的半径。
- 【修剪】：选择此选项时，用户可以设置将要
  被倒圆的位置是否要将多余的线条修剪掉。
- 【多个】：选择此选项，用户可以选择多个相交的线段倒圆。

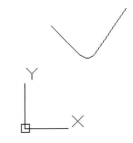

图 3-56　用圆角命令绘制的图形

提示 使用同一个默认值，可以重复操作多次。

3.2.8　分解

图形块是作为一个整体插入图形中的，用户不能对它的单个图形对象进行编辑，当需
要对它进行单个编辑时，就需要用到【分解】命令。【分解】命令用于将块打碎，把块分
解为原始的图形对象，这样用户就可以方便地进行编辑。

执行【分解】命令的三种方法如下。

- 单击【修改】面板中的【分解】按钮 。
- 在命令输入行中输入"explode"命令后按 Enter 键。
- 在菜单栏中选择【修改】|【分解】命令。

命令输入行提示如下：

```
命令: _explode
选择对象: 找到 1 个
```

选择对象后绘图区如图 3-57 所示。

选取对象后，命令输入行提示如下：

```
选择对象:
```

用【分解】命令绘制的图形如图 3-58 所示。

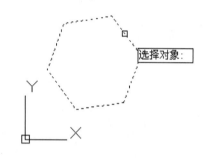
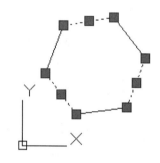

图 3-57　选择对象后绘图区所显示的图形　　　　图 3-58　用【分解】命令绘制的图形

> 提示　严格来说，【分解】命令并不是一个基本的编辑命令，但是【分解】命令在绘制复杂图形时确实给用户带来了极大的方便。

3.3　实战设计范例

3.3.1　绘制万向轴范例

本范例完成文件：范例文件/第 3 章/3-1.dwg

范例操作

step 01 新建图形文件，单击【绘图】面板中的【圆】按钮 ⊘，绘制半径分别为 4 和 5 的同心圆，然后单击【绘图】面板中的【矩形】按钮 □，绘制 4×14 的矩形，如图 3-59 所示。

step 02 单击【绘图】面板中的【直线】按钮 ╱，绘制直线，长为 10，距顶部间距为 1，然后单击【修改】面板中的【镜像】按钮 ⚠，镜像图形，如图 3-60 所示。

step 03 单击【绘图】面板中的【矩形】按钮 □，在左侧绘制 2×14 的矩形，如图 3-61 所示。

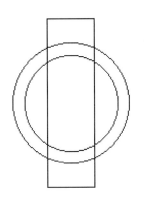

图 3-59　绘制同心圆和矩形

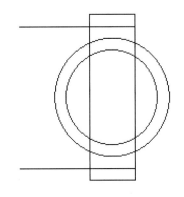

图 3-60　绘制直线并镜像

step 04　单击【绘图】面板中的【圆弧】按钮 ⌒，在右侧绘制圆弧，如图 3-62 所示。

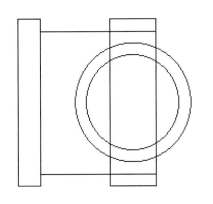

图 3-61　绘制矩形

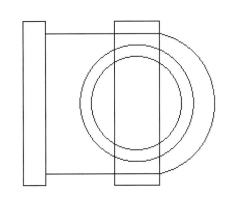

图 3-62　绘制圆弧

step 05　单击【绘图】面板中的【矩形】按钮 □，在上方绘制 6×2 的矩形，然后使用镜像工具镜像图形，如图 3-63 所示。

step 06　单击【绘图】面板中的【圆弧】按钮 ⌒，在右侧绘制圆弧，如图 3-64 所示。

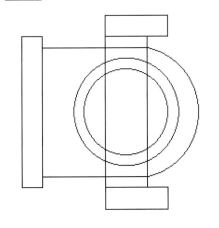

图 3-63　绘制矩形并镜像

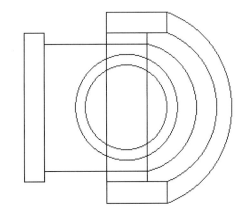

图 3-64　绘制圆弧

step 07　单击【绘图】面板中的【矩形】按钮 □，绘制 8×20 的矩形，然后单击【修改】面板中的【修剪】按钮✂，修剪图形，如图 3-65 所示。

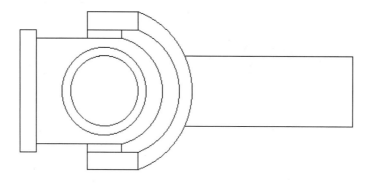

图 3-65　绘制矩形并修剪

step 08 单击【绘图】面板中的【矩形】按钮▢，在最左侧绘制 2×6 的矩形，然后单击【修改】面板中的【复制】按钮％，把左侧图形复制到右边，如图 3-66 所示。

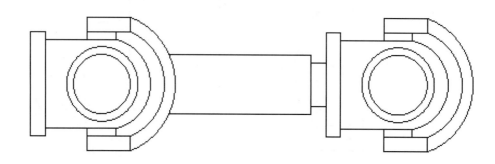

图 3-66　复制图形

step 09 单击【修改】面板中的【旋转】按钮↻，旋转图形，如图 3-67 所示。

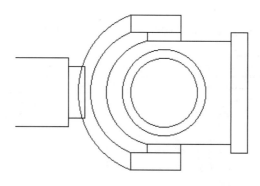

图 3-67　旋转图形

提示 这里的图形绘制也可以使用将左侧图形镜像过来的方法。

step 10 单击【修改】面板中的【修剪】按钮✂，修剪图形，得到万向轴，如图 3-68 所示。

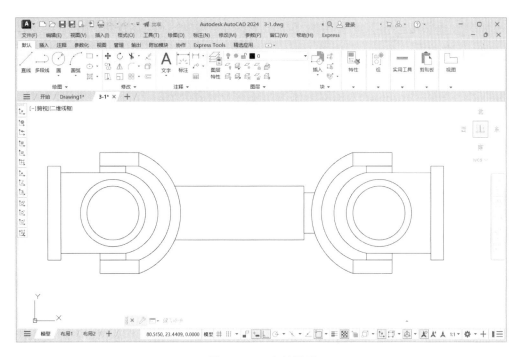

图 3-68　万向轴图形

3.3.2　绘制螺钉范例

本范例完成文件：范例文件/第 3 章/3-2.dwg

范例操作

step 01　新建图形文件，单击【绘图】面板中的【矩形】按钮 □，绘制 2×6 的矩形，然后单击【绘图】面板中的【直线】按钮 ／，绘制竖直直线，距矩形左侧间距为 1，如图 3-69 所示。

step 02　单击【绘图】面板中的【直线】按钮 ／，绘制两条斜线，角度分别为 60°和 120°，如图 3-70 所示。

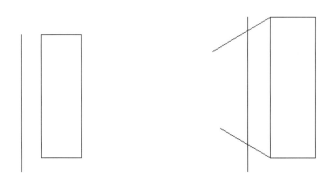

图 3-69　绘制矩形和直线　　　　　图 3-70　绘制斜线

step 03　单击【修改】面板中的【修剪】按钮 ，修剪图形，如图 3-71 所示。

step 04 单击【绘图】面板中的【直线】按钮 ，绘制两条直线，长分别为 1 和 1.3，如图 3-72 所示。

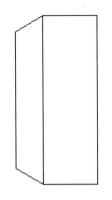

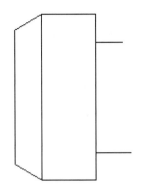

图 3-71　修剪图形　　　　　　　　图 3-72　绘制直线

step 05 单击【绘图】面板中的【直线】按钮 ，绘制直线连接右侧端点，然后绘制斜线，间距为 0.4，如图 3-73 所示。

step 06 单击【修改】面板中的【偏移】按钮 ，偏移连接线，距离为 0.8，如图 3-74 所示。

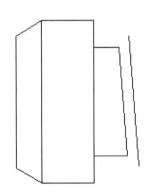

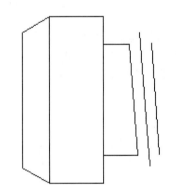

图 3-73　绘制斜线　　　　　　　　图 3-74　创建偏移直线

step 07 单击【绘图】面板中的【直线】按钮 ，绘制直线图形，如图 3-75 所示。

step 08 单击【修改】工具栏中的【矩形阵列】按钮 ，创建矩形阵列，数量为 10，其参数设置如图 3-76 所示，结果如图 3-77 所示。

step 09 单击【绘图】面板中的【直线】按钮 ，绘制末端直线，完成螺钉图形，如图 3-78 所示。

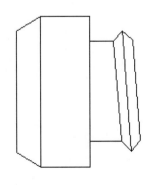

图 3-75　绘制直线

图 3-76　矩形阵列参数设置

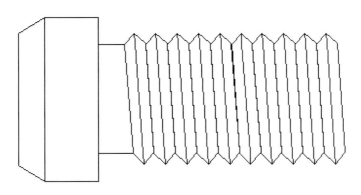

图 3-77　矩形阵列图形

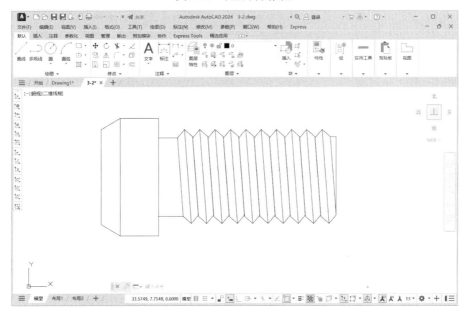

图 3-78　螺钉图形

本　章　小　结

　　本章主要介绍了 AutoCAD 2024 编辑基本图形的一些命令，包括删除、移动、旋转、拉伸、缩放、拉长、修剪、分解等，通过对本章的学习，读者可以对二维图形进行编辑，从而绘制较为复杂的二维图形，进一步提高绘图的效率与准确度。

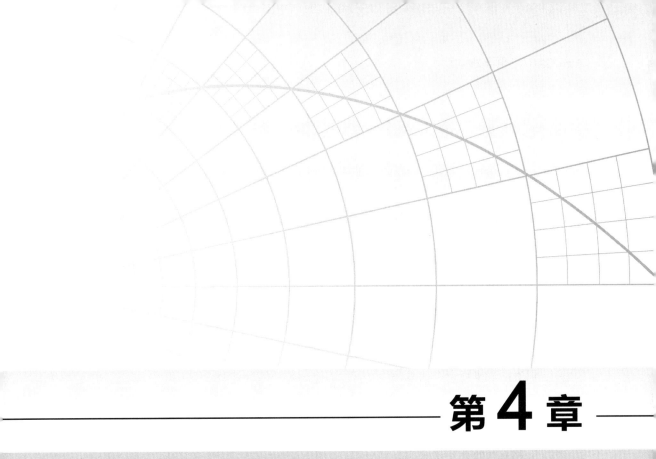

第4章

绘制和编辑复杂二维图形

本章导言

在绘图中，往往会遇到一些比较复杂的二维曲线，如飞机外形的流线型就需要通过拟合样条曲线实现。本章将为读者讲述复杂二维曲线的绘制以及它们的编辑方法。通过本章的学习，读者可以学会如何绘制一些复杂的二维曲线，如多线、多段线、云线和样条曲线等，以及一些二维图形的编辑方法。

4.1 创建和编辑多线

多线是工程中常用的一种对象，多线对象由 1～16 条平行线组成，这些平行线称为元素。绘制多线时，可以使用包含两个元素的 STANDARD 样式，也可以指定一个以前创建的样式。开始绘制之前，可以修改多线的对正和比例。要修改多线及其元素，可以使用通用编辑命令、多线编辑命令和多线样式。

4.1.1 绘制多线

绘制多线的命令可以同时绘制若干条平行线，这大大减轻了用 line 命令绘制平行线的工作量。在机械图形的绘制中，【多线】命令常用于绘制厚度均匀零件的剖切面轮廓线或它在某视图上的轮廓线。

1. 调用绘制多线命令的方法

● 在命令输入行中输入"mline"命令后按 Enter 键。

● 在菜单栏中选择【绘图】|【多线】命令。

2. 绘制多线的具体方法

选择【多线】命令后，命令输入行提示如下：

```
命令：mline
当前设置：对正 = 上，比例 = 20.00，样式 = STANDARD
```

命令输入行提示用户指定起点或 [对正(J)/比例(S)/样式(ST)]：

```
指定起点或 [对正(J)/比例(S)/样式(ST)]：
```

指定起点后绘图区如图 4-1 所示。

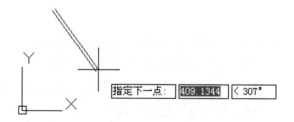

图 4-1 指定起点后绘图区所显示的图形

输入第一点的坐标值后，命令输入行将提示用户指定下一点：

```
指定下一点：
```

指定下一点后绘图区如图 4-2 所示。

在 mline 命令下，AutoCAD 默认用户会画第二条多线。命令输入行将提示用户指定下一点或[放弃(U)]：

```
指定下一点或 [放弃(U)]：
```

第二条多线从第一条多线的终点开始，以刚输入的点坐标为终点，画完后单击鼠标右键或按 Enter 键结束。用 mline 命令绘制的图形如图 4-3 所示。

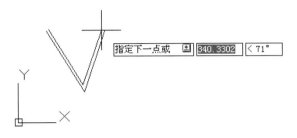
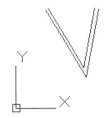

图 4-2　指定下一点后绘图区所显示的图形　　　　图 4-3　用 mline 命令绘制的多线

在执行【多线】命令时，会出现部分让用户选择的选项，其含义如下。

- 【对正】：指定多线的对齐方式。
- 【比例】：指定多线宽度缩放比例系数。
- 【样式】：指定多线样式名。

4.1.2　编辑多线

用户可以增加、删除顶点或者控制角点连接的显示等，还可以编辑多线的样式以改变各个直线元素的属性等。

1. 增加或删除多线的顶点

用户可以在多线的任何一处增加或删除顶点。增加或删除顶点的步骤如下。

在命令输入行中输入"mledit"后按 Enter 键；或者选择【修改】|【对象】|【多线】菜单命令。

执行【多线】命令后，AutoCAD 将打开如图 4-4 所示的【多线编辑工具】对话框。

图 4-4　【多线编辑工具】对话框

在【多线编辑工具】对话框中选中如图 4-5 所示的【删除顶点】按钮。

选择在多线中将要删除的顶点。绘制的图形如图 4-6 和图 4-7 所示。

图 4-5　【删除顶点】按钮

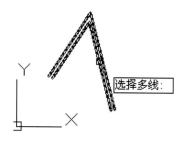

图 4-6　多线中要删除的顶点

2. 编辑相交的多线

如果在图形中有相交的多线，用户可以通过编辑相交的多线来控制它们相交的方式。多线可以相交成十字形或 T 字形，并且十字形或 T 字形可以被闭合、打开或合并。编辑相交多线的步骤如下。

在命令输入行中输入"mledit"命令后按 Enter 键；或者选择【修改】|【对象】|【多线】菜单命令。执行此命令后，将打开【多线编辑工具】对话框。在此对话框中，选中如图 4-8 所示的【十字合并】按钮。

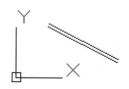

图 4-7　删除顶点后的多线

图 4-8　【十字合并】按钮

选中【十字合并】按钮后，AutoCAD 会提示用户选择第一条多线：

```
命令: _mledit
选择第一条多线:
```

选择第一条多线时绘图区如图 4-9 所示。

选择第一条多线后，命令输入行将提示用户选择第二条多线：

```
选择第二条多线:
```

选择第二条多线时绘图区如图 4-10 所示。

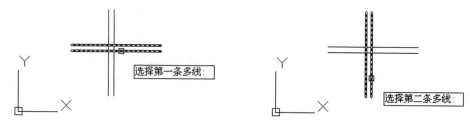

图 4-9　选择第一条多线时绘图区所显示的图形　　图 4-10　选择第二条多线时绘图区所显示的图形

通过【十字合并】按钮编辑的相交多线如图 4-11 所示。

在【多线编辑工具】对话框中选中如图 4-12 的【T 形闭合】按钮。

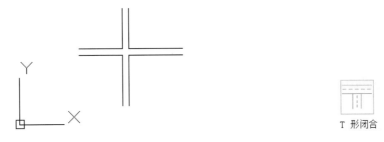

图 4-11 用【十字合并】按钮编辑的相交多线 图 4-12 【T 形闭合】按钮

选中【T 形闭合】按钮后，AutoCAD 会提示用户选择第一条多线：

```
命令：_mledit
选择第一条多线：
```

选择第一条多线时绘图区如图 4-13 所示。

选择第一条多线后，命令输入行将提示用户选择第二条多线：

```
选择第二条多线：
```

选择第二条多线时绘图区如图 4-14 所示。

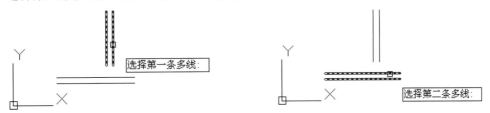

图 4-13 选择第一条多线时绘图区所显示的图形 图 4-14 选择第二条多线时绘图区所显示的图形

通过【T 形闭合】按钮编辑的多线如图 4-15 所示。

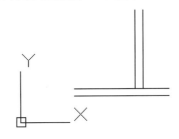

图 4-15 通过【T 形闭合】按钮编辑的多线

4.1.3 编辑多线的样式

多线的样式用于控制多线中直线元素的数目、颜色、线型、线宽以及每个元素的偏移量，还可以修改合并的显示、端点封口和背景填充。

1. 编辑多线样式的方法

编辑多线样式的方法如下。

在命令输入行中输入"mlstyle"命令后按 Enter 键，或者选择【格式】|【多线样式】菜单命令。执行【多线样式】命令后将打开如图 4-16 所示的【多线样式】对话框。在此对话框中，用户可以对多线进行编辑，如新建、修改、重命名、删除、加载、保存等。

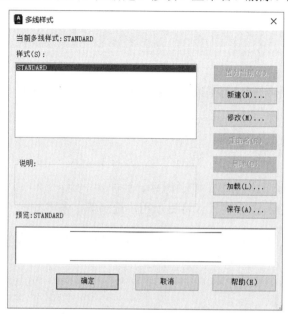

图 4-16　【多线样式】对话框

2. 【多线样式】对话框的参数设置

下面将介绍【多线样式】对话框中的主要参数。

1)【样式】列表框

【样式】列表框中会显示当前多线样式的名称，该样式将在后续创建的多线中用到。【样式】列表框中还会显示已加载到图形中的多线样式。这些多线样式列表中也包含外部参照的多线样式，即存在于外部参照图形中的多线样式。

☞ **注意** 不能将外部参照中的多线样式设置为当前样式。

2)【重命名】按钮

【重命名】按钮用来重命名当前选定的多线样式。需要注意的是不能重命名 STANDARD 多线样式。

3)【删除】按钮

【删除】按钮用来从【样式】列表框中删除当前选定的多线样式，此操作并不会删除 MLN 文件中的样式，也不会删除 STANDARD 多线样式、当前多线样式或正在使用的多线样式。

4)【加载】按钮

单击【加载】按钮会弹出如图 4-17 所示的【加载多线样式】对话框，可以从指定的

MLN 文件加载多线样式。

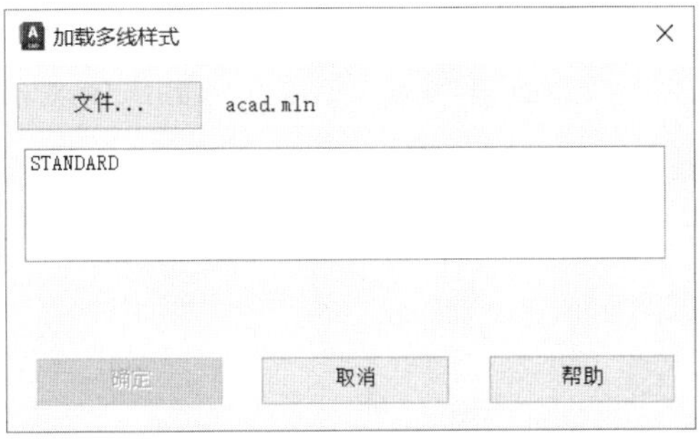

图 4-17　【加载多线样式】对话框

5)　【保存】按钮

【保存】按钮用来将多线样式保存或复制到多线库(MLN)文件。如果指定了一个已存在的 MLN 文件，新样式定义将添加到此文件中，并且不会删除其中已有的定义。

4.2　创建和编辑二维多段线

多段线是作为单个对象创建的相互连接的序列线段。可以创建直线段、弧线段或两者的组合线段，还可以使用其他编辑选项修改多段线对象的形状，也可以合并各自独立的多段线。

4.2.1　创建多段线

多段线是指由相互连接的直线段或直线段与圆弧的组合作为单一对象使用。可以一次性编辑多段线，也可以分别编辑各线段。用【多段线】命令可以生成任意宽度的直线，任意形状、任意宽度的曲线，或者二者的结合体。机械图形绘制中如果已知零件复杂轮廓(直线、曲线混合)的具体尺寸，可方便地用【多段线】命令绘制该轮廓，而避免交叉使用直线命令和曲线命令。

1. 调用绘制多段线命令的方法

- 单击【绘图】面板或【绘图】工具栏中的【多段线】按钮⇌。
- 在命令输入行中输入"pline"命令后按 Enter 键。
- 在菜单栏中选择【绘图】|【多段线】命令。

2. 绘制多段线的方法

选择【多段线】命令后，命令输入行将提示用户指定起点。

```
命令: _pline
指定起点:
当前线宽为 0.0000
```

指定起点后绘图区如图 4-18 所示。

在输入起点坐标值后，命令输入行将提示用户指定下一个点或 [圆弧(A)/半宽(H)/长度(L)/放弃(U)/宽度(W)]：

> 指定下一个点或 [圆弧(A)/半宽(H)/长度(L)/放弃(U)/宽度(W)]：A

选择【圆弧】选项后绘图区如图 4-19 所示。

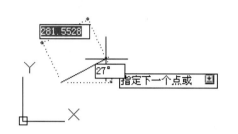 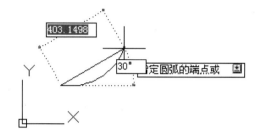

图 4-18　指定起点后绘图区所显示的图形　　　图 4-19　选择【圆弧】选项后绘图区所显示的图形

选择【圆弧】选项后，命令输入行将提示用户指定圆弧的端点或[角度(A)/圆心(CE)/方向(D)/半宽(H)/直线(L)/半径(R)/第二个点(S)/放弃(U)/宽度(W)]：

> 指定圆弧的端点或
> [角度(A)/圆心(CE)/方向(D)/半宽(H)/直线(L)/半径(R)/第二个点(S)/放弃(U)/宽度(W)]：ce

选择【圆心】选项后绘图区如图 4-20 所示。

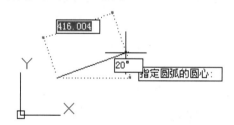

图 4-20　选择【圆心】选项后绘图区所显示的图形

选择【圆心】选项后，命令输入行将提示用户指定圆弧的圆心：

> 指定圆弧的圆心：

指定圆弧的圆心后绘图区如图 4-21 所示。

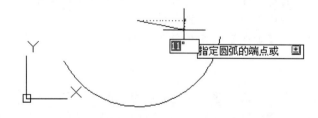

图 4-21　指定圆弧的圆心后绘图区所显示的图形

指定圆弧的圆心后，命令输入行将提示用户指定圆弧的端点或 [角度(A)/长度(L)]：

> 指定圆弧的端点或 [角度(A)/长度(L)]：

指定圆弧的端点后绘图区如图 4-22 所示。

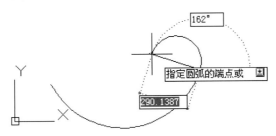

图 4-22　指定圆弧的端点后绘图区所显示的图形

输入数值后，命令输入行提示用户指定圆弧的端点或[角度(A)/圆心(CE)/闭合(CL)/方向(D)/半宽(H)/直线(L)/半径(R)/第二个点(S)/放弃(U)/宽度(W)]：

> 指定圆弧的端点或
> [角度(A)/圆心(CE)/闭合(CL)/方向(D)/半宽(H)/直线(L)/半径(R)/第二个点(S)/放弃(U)/
> 宽度(W)]：

用 pline 命令绘制的圆弧如图 4-23 所示。

图 4-23　用 pline 命令绘制的圆弧

在执行【多段线】命令时，会出现部分让用户选择的选项，下面将进行介绍。

绘制圆弧段，命令输入行提示如下：

> 指定圆弧的端点或
> [角度(A)/圆心(CE)/闭合(CL)/方向(D)/半宽(H)/直线(L)/半径(R)/第二个点(S)/放弃(U)/宽度(W)]：

- 【圆弧的端点】：绘制弧线段。弧线段从多段线上一段的最后一点开始并与多段线相切。
- 【角度】：指定弧线段从起点开始的包含角。输入正值将按逆时针方向创建弧线段，输入负值将按顺时针方向创建弧线段。
- 【圆心】：指定弧线段的圆心。
- 【闭合】：用弧线段将多段线闭合。
- 【方向】：指定弧线段的起始方向。
- 【半宽】：指定从具有一定宽度的多段线线段的中心到其一边的宽度。
- 【直线】：退出圆弧选项并返回 pline 命令的初始提示。
- 【半径】：指定弧线段的半径。
- 【第二个点】：指定三点圆弧的第二个点和端点。
- 【放弃】：删除最近一次添加到多段线上的弧线段。
- 【宽度】：指定下一直线段或弧线段的起始宽度。

4.2.2 编辑多段线

用户可以通过闭合和打开多段线，以及移动、添加或删除单个顶点来编辑多段线。可以在任何两个顶点之间拉直多段线，也可以切换线型以便在每个顶点前或后显示虚线。可以为整个多段线设置统一的宽度，也可以分别控制各个线段的宽度。还可以通过多段线创建线性近似样条曲线。

1. 多段线的标准编辑

通过以下两种方式可以编辑多段线。

● 在命令输入行中输入"pedit"命令后按 Enter 键。

● 在菜单栏中选择【修改】|【对象】|【多段线】命令。

执行【多段线】命令后，在命令输入行中将出现以下信息，要求用户选择多段线：

选择多段线或 [多条(M)]:

选择多段线后，AutoCAD 会出现以下信息，要求用户选择编辑方式：

输入选项
输入选项 [闭合(C)/合并(J)/宽度(W)/编辑顶点(E)/拟合(F)/样条曲线(S)/非曲线化(D)/线型
生成(L)/反转(R)/放弃(U)]:

这些编辑方式的含义分别如下。

● 【闭合】：创建多段线的闭合线段，连接最后一条线段与第一条线段。除非使用【闭合】选项闭合多段线，否则将会认为多段线是开放的。

● 【合并】：将直线、圆弧或多段线添加到开放的多段线的端点，并从曲线拟合多段线中删除曲线拟合。要将对象合并至多段线，其端点必须要接触。

● 【宽度】：为整个多段线指定新的统一宽度。开始编辑和编辑后的结果如图 4-24 和图 4-25 所示。

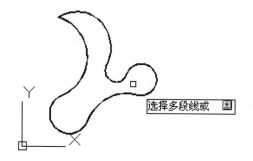

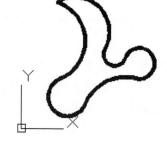

图 4-24　选定的多段线　　　　图 4-25　为整个多段线指定新的统一宽度后的图形

● 【编辑顶点】：通过在屏幕上绘制 X 来标记多段线的第一个顶点。如果已指定此顶点的切线方向，则在此方向上绘制箭头。

● 【拟合】：创建连接每一对顶点的平滑圆弧曲线。曲线经过多段线的所有顶点并使用任意指定的切线方向。

● 【样条曲线】：将选定多段线的顶点用作样条曲线拟合多段线的控制点或边框。除

非原始多段线闭合，否则曲线经过第一个和最后一个控制点，如图 4-26 和图 4-27
所示。

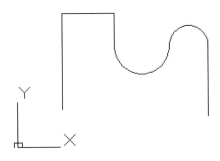

图 4-26　多段线

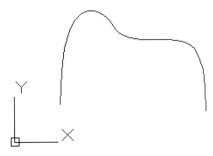

图 4-27　将多段线编辑为样条曲线后的图形

- 【非曲线化】：删除圆弧拟合或样条曲线拟合多段线插入的其他顶点并拉直多段
  线的所有线段。
- 【线型生成】：生成通过多段线顶点的连续图案的线型。此选项关闭时，将生成
  开始和末端的顶点处为虚线的线型。

2. 多段线的倒角

除了以上的标准编辑外，还可以对多段线进行倒角和倒圆处理，倒角处理基本上与相
交直线的倒角相同。

用【多段线】命令绘制的图形如图 4-28 所示。

用户可以单击【修改】面板中的【倒角】按钮 ⌐，也可以在命令输入行中输入
"chamfer"后按 Enter 键，还可以选择【修改】|【倒角】菜单命令。

命令输入行提示如下：

```
命令：_chamfer
("修剪"模式) 当前倒角距离 1 = 0.0000, 距离 2 = 0.0000
选择第一条直线或 [放弃(U)/多段线(P)/距离(D)/角度(A)/修剪(T)/方式(E)/多个(M)]: a
指定第一条直线的倒角长度 <0.0000>: 30
指定第一条直线的倒角角度 <0>: 30
选择第一条直线或 [放弃(U)/多段线(P)/距离(D)/角度(A)/修剪(T)/方式(E)/多个(M)]: p
选择二维多段线：
3 条直线已被倒角
```

倒角后的多段线如图 4-29 所示。

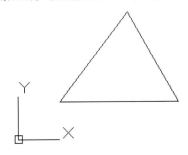

图 4-28　用【多段线】命令绘制的图形

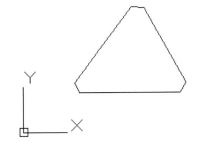

图 4-29　倒角后的多段线

3. 多段线的倒圆角

多段线的倒圆角处理与一般的倒圆角处理基本相同。

用【多段线】命令绘制出图形，如图 4-30 所示。

用户可以单击【修改】面板中的【圆角】按钮 □，也可以在命令输入行中输入 "fillet" 命令后按 Enter 键，还可以选择【修改】|【圆角】菜单命令。

命令输入行提示如下：

```
命令: _fillet
当前设置: 模式 = 修剪, 半径 = 0.0000
选择第一个对象或 [放弃(U)/多段线(P)/半径(R)/修剪(T)/多个(M)]: r
指定圆角半径 <0.0000>: 40
选择第一个对象或 [放弃(U)/多段线(P)/半径(R)/修剪(T)/多个(M)]: p
选择二维多段线:
5 条直线已被圆角
```

倒圆角后的多段线如图 4-31 所示。

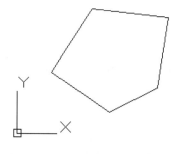

图 4-30　倒圆角前的多段线

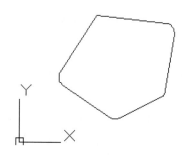

图 4-31　倒圆角后的多段线

4.3　创 建 云 线

修订云线是由连续圆弧组成的多段线。用于在检查阶段提醒用户注意图形的某个部分。

在检查或用红线圈阅图形时，用户可以使用修订云线功能亮显标记以提高工作效率。REVCLOUD 用于创建由连续圆弧组成的多段线以构成云线形对象。用户可以为修订云线选择类型：【矩形】、【多边形】或【手绘】。如果选择【手绘】类型，修订云线看起来像是用画笔绘制的。

用户可以从头开始创建修订云线，也可以将对象(如圆、椭圆、多段线或样条曲线)转换为修订云线。将对象转换为修订云线时，如果将 DELOBJ 设置为 1(默认值)，则原始对象将被删除。

用户还可以为修订云线的弧长设置默认的最小值和最大值。在绘制修订云线时，可以通过拾取点选择较短的弧线段来更改圆弧的大小。也可以通过调整拾取点来编辑修订云线的单个弧长和弦长。

REVCLOUD 用于存储上一次使用的圆弧长度作为多个 DIMSCALE 系统变量的值，这样，就可以统一使用不同比例因子的图形。

在执行【修订云线】命令之前，需确保能够看见要使用 REVCLOUD 添加轮廓的整个区域。REVCLOUD 不支持透明以及实时平移和缩放。

下面将介绍几种创建修订云线的方法。

4.3.1　使用矩形或多边形类型创建修订云线的方法

用户可以通过以下 3 种方法之一使用普通样式创建修订云线。

- 单击【绘图】面板中的【矩形修订云线】按钮 或【多边形修订云线】按钮 。
- 在命令输入行中输入"revcloud"后按 Enter 键。
- 在菜单栏中选择【绘图】|【修订云线】命令。

下面以矩形样式为例来介绍创建修订云线的具体方法。

执行【修订云线】命令后，命令输入行提示如下：

```
命令: _revcloud
最小弧长: 217.6955   最大弧长: 435.3909    样式: 普通   类型: 矩形
指定第一个角点或 [弧长(A)/对象(O)/矩形(R)/多边形(P)/徒手画(F)/样式(S)/修改(M)] <对象>: _R
指定第一个角点或 [弧长(A)/对象(O)/矩形(R)/多边形(P)/徒手画(F)/样式(S)/修改(M)] <对象>:
```

使用矩形样式或多边形样式创建的修订云线如图 4-32 所示。

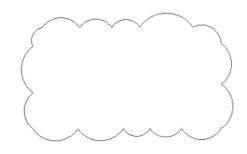

图 4-32　使用矩形类型创建的修订云线

> 提示　默认的弧长最小值和最大值设置为 0.5000 个单位。弧长的最大值不能超过最小值的三倍。可以随时按 Enter 键停止绘制修订云线。要闭合修订云线，请返回到它的起点。

4.3.2　使用徒手画类型创建修订云线的方法

用户可以通过以下 3 种方法之一使用手绘样式创建修订云线。

- 单击【绘图】面板中的【徒手画修订云线】按钮 。
- 在命令输入行中输入"revcloud"命令后按 Enter 键。
- 在菜单栏中选择【绘图】|【修订云线】命令。

下面以手绘样式为例来介绍创建修订云线的具体方法。

执行【修订云线】命令后，命令输入行提示如下：

```
命令：_revcloud
最小弧长：15   最大弧长：15   样式：普通   类型：徒手画
指定第一个点或 [弧长(A)/对象(O)/矩形(R)/多边形(P)/徒手画(F)/样式(S)/修改(M)] <对象>：a
指定最小弧长 <0.5>：1
指定最大弧长 <1>：
指定第一个点或 [弧长(A)/对象(O)/矩形(R)/多边形(P)/徒手画(F)/样式(S)/修改(M)] <对象>：s
选择圆弧样式 [普通(N)/手绘(C)] <普通>：n
普通
指定第一个点或 [弧长(A)/对象(O)/矩形(R)/多边形(P)/徒手画(F)/样式(S)/修改(M)] <对象>：
沿云线路径引导十字光标....
修订云线完成。
```

使用手绘样式创建的修订云线如图 4-33 所示。

图 4-33   使用手绘样式创建的修订云线

4.3.3   将对象转换为修订云线的方法

首先绘制一个要转换为修订云线的圆、椭圆、多段线或样条曲线，然后使用以下三种方法中任意一种方法启动修订模式后进行输入和选择，从而将对象转换为修订云线。

- 单击【绘图】面板中的【徒手画修订云线】按钮🗂。
- 在命令输入行中输入"revcloud"命令后按 Enter 键。
- 在菜单栏中选择【绘图】|【修订云线】命令。

下面介绍将对象转换为修订云线的具体方法。

在这里我们绘制一个圆形来将其转换为修订云线，如图 4-34 所示。

执行【修订云线】命令后，命令输入行提示如下：

```
命令：_revcloud
最小弧长：30   最大弧长：30   样式：普通   类型：徒手画
指定第一个点或 [弧长(A)/对象(O)/矩形(R)/多边形(P)/徒手画(F)/样式(S)/修改(M)] <对象>：a
指定最小弧长 <30>：60
指定最大弧长 <60>：60
指定第一个点或 [弧长(A)/对象(O)/矩形(R)/多边形(P)/徒手画(F)/样式(S)/修改(M)] <对象>：o
选择对象：
选择对象：
反转方向 [是(Y)/否(N)] <否>：N
修订云线完成。
```

将圆转换为修订云线后如图 4-35 所示。

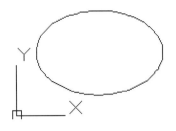

图 4-34 将要转换为修订云线的圆

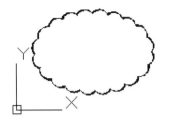

图 4-35 将圆转换为修订云线

将多段线转换为修订云线后如图 4-36 和图 4-37 所示。

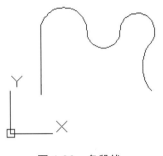

图 4-36 多段线

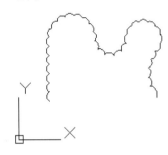

图 4-37 多段线转换为修订云线

4.4 创建与编辑样条曲线

样条曲线是经过或接近一系列给定点的光滑曲线。用户可以控制曲线与点的拟合程度，也可以通过指定点来创建样条曲线，还可以封闭样条曲线，使起点和端点重合。附加编辑选项可用于修改样条曲线对象的形状。除了在大多数对象上使用的一般编辑操作外，使用 SPLINEDIT 编辑样条曲线时还可以使用其他选项。

4.4.1 创建样条曲线

样条曲线适用于不规则的曲线，如汽车或飞机设计或地理信息系统所涉及的曲线。虽然用户可以通过对多段线的平滑处理来绘制近似于样条曲线的线条，但是创建的真正的样条曲线与之相比具有以下优点。

用户可以通过以下几种方法绘制样条曲线。

- 单击【绘图】面板中的【样条曲线拟合】按钮 $\mathcal{N}$ 或【样条曲线控制点】按钮 $\mathcal{N}$ 。
- 单击【绘图】工具栏中的【样条曲线】按钮 $\mathcal{N}$ 。
- 在命令输入行中输入"spline"命令后按 Enter 键。
- 在菜单栏中选择【绘图】|【样条曲线】命令。

执行【样条曲线】命令后，AutoCAD 会提示用户指定第一个点或[对象(O)]：

```
命令: _spline
当前设置: 方式=拟合    节点=弦
指定第一个点或 [方式(M)/节点(K)/对象(O)]:
```

指定第一个点后绘图区如图 4-38 所示。

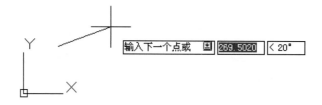

图 4-38　指定第一个点后绘图区所显示的图形

指定第一个点后，命令输入行提示如下：

输入下一个点或 [起点切向(T)/公差(L)]：

输入下一个点后，绘图区图形如图 4-39 所示，此时命令输入行提示如下：

输入下一个点或 [端点相切(T)/公差(L)/放弃(U)/闭合(C)]：

图 4-39　输入下一个点后绘图区所显示的图形

再次输入下一个点后，绘图区图形如图 4-40 所示，此时命令输入行提示如下：

输入下一个点或 [端点相切(T)/公差(L)/放弃(U)/闭合(C)]：

图 4-40　输入下一个点后绘图区所显示的图形

输入下一个点后，绘图区图形如图 4-41 所示。

图 4-41　输入下一个点后绘图区所显示的图形

这时单击鼠标右键确认或按 Enter 键，样条曲线就绘制完成了。

用【样条曲线】命令绘制的图形如图 4-42 所示。

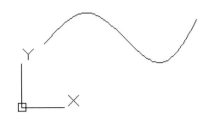

图 4-42　用【样条曲线】命令绘制的图形

命令输入行中其他选项的含义如下。

(1)【闭合】：在命令输入行中输入"C"后，AutoCAD 会自动将最后一点定义为与第一点一致，并且使它在连接处相切。输入"C"后，命令输入行中会要求用户选择切线方向，如图 4-43 所示。

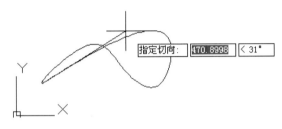

图 4-43　选择【闭合】选项后绘图区所显示的图形

拖动鼠标，确定切向，在到达合适的位置时单击鼠标左键或者按 Enter 键。绘制的闭合样条曲线如图 4-44 所示。

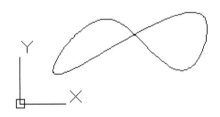

图 4-44　绘制的闭合样条曲线

(2)【公差】：在命令输入行中输入"L"后，AutoCAD 会提示用户确定样条曲线中公差(拟合公差)的大小，用户可以在命令输入行中输入一定的数值来定义公差的大小。如图 4-45 和图 4-46 所示即为拟合公差分别为 0 和 15 时的不同的样条曲线。

图 4-45　拟合公差为 0 时的样条曲线

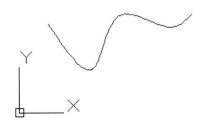

图 4-46　拟合公差为 15 时的样条曲线

4.4.2　编辑样条曲线

用户不仅可以删除样条曲线的拟合点，也可以提高精度增加拟合点或改变样条曲线的形状，还能够让样条曲线封闭或打开，并编辑起点和终点的切线方向。样条曲线的方向是双向的，其切向偏差是可以改变的。这里所说的精确度是指样条曲线和拟合点的允差。允差越小，精确度越高。

可以向一段样条曲线中增加控制点的数目或改变指定的控制点的密度来提高样条曲线的精确度。同样，用户还可以通过改变样条曲线的次数来提高精确度。

用户可以通过以下 3 种方式执行编辑样条曲线的命令。

● 在命令输入行中输入"splinedit"命令后按 Enter 键。

● 在菜单栏中选择【修改】|【对象】|【样条曲线】命令。

● 单击【修改】面板中的【编辑样条曲线】按钮 。

执行编辑样条曲线的命令后，在命令输入行中会提示如下：

```
命令: _splinedit
选择样条曲线:
```

选择样条曲线后，AutoCAD 会提示用户选择下面的一个选项作为用户下一步的操作：

```
输入选项 [闭合(C)/合并(J)/拟合数据(F)/编辑顶点(E)/转换为多段线(P)/反转(R)/放弃(U)/
退出(X)] <退出>:
```

下面介绍以上各选项的含义。

(1)【拟合数据】：编辑定义样条曲线的拟合点数据，包括修改公差。在命令输入行中输入"F"后，按 Enter 键即可选择该选项，在命令输入行中会提示用户选择某一项操作，然后在绘图区绘制此样条曲线的插值点则会自动呈现高亮显示。

```
输入拟合数据选项
[添加(A)/闭合(C)/删除(D)/扭折(K)/移动(M)/清理(P)/切线(T)/公差(L)/退出(X)] <退出>:
```

上面选项的含义如表 4-1 所示。

表 4-1　拟合数据选项及其含义

选　项	含　义
添加	在样条曲线外部增加插值点
闭合	闭合样条曲线
删除	由外至内删除
扭折	在样条曲线上添加点
移动	移动插值点
清理	清除拟合数据
切线	调整起点和终点的切线方向
公差	调整插值的公差
退出	退出此项操作(默认选项)

（2）【闭合】：使样条曲线的始末闭合，闭合的切线方向根据始末的切线方向由 AutoCAD 自定。

（3）【转换为多段线】：将样条曲线转换为多段线。

（4）【编辑顶点】：在命令输入行中输入"R"后，按 Enter 键即可选择此选项，在命令输入行中会提示用户选择某一项操作：

输入顶点编辑选项 [添加(A)/删除(D)/提高阶数(E)/添加折点(K)/移动(M)/权值(W)/退出(X)] <退出>：

表 4-2 所示为顶点编辑选项及其含义。

表 4-2　顶点编辑选项及其含义

选　项	含　义
添加折点	增加插值点
提高阶数	更改插值次数(如该二次插值为三次插值等)
权值	更改样条曲线的磅值(磅值越大，越接近插值点)
退出	退出此步操作

（5）【反转】：主要是为第三方应用程序使用的，用来转换样条曲线的方向。

（6）【放弃】：取消最后一步操作。

4.5　图　案　填　充

许多绘图软件都可以通过图案填充的方式来填充图形的某些区域，AutoCAD 也不例外，它通过图案填充来区分工程的部件或表现组成对象的材质。例如，对建筑装潢制图中的地面或建筑断层面可以用特定的图案填充来表现。

4.5.1　建立图案填充

在对图形进行图案填充时，可以使用预定义的填充图案，也可以使用当前线型定义简单的填充图案，还可以创建更复杂的填充图案。有一种图案类型叫作实体，它使用实体颜色填充区域。另外，也可以创建渐变填充，渐变填充在一种颜色的不同灰度之间或两种颜色之间使用过渡。

执行【图案填充】命令的方法如下。

● 单击【绘图】面板或【绘图】工具栏中的【图案填充】按钮。
● 在命令输入行中输入"bhatch"命令后按 Enter 键。
● 在菜单栏中选择【绘图】|【图案填充】命令。

4.5.2　图案填充参数的设置

执行【图案填充】命令，将打开【图案填充创建】选项卡，如图 4-47 所示。用户可以在该选项卡中进行快捷设置，也可单击【选项】面板中的【图案填充设置】按钮，打开

【图案填充和渐变色】对话框进行设置，如图 4-48 所示。下面介绍【图案填充和渐变色】对话框中的主要参数。

图 4-47　【图案填充创建】选项卡

图 4-48　【图案填充和渐变色】对话框

1. 【图案填充】选项卡

【图案填充】选项卡用来定义要应用的图案填充的外观，其中主要参数介绍如下。

1)【类型和图案】选项组

【类型和图案】选项组用来指定图案填充的类型和图案，主要包括以下参数。

● 【类型】：该下拉列表框用来设置图案类型。其中自定义图案是在任何自定义 PAT 文件中定义的图案，这些文件已添加到搜索路径中，可以控制任何图案的角度和比例。图 4-49 所示为【类型】下拉列表。

图 4-49　【类型】下拉列表

● 【图案】：该下拉列表框列出了可用的预定义图案。最近使用过的 6 个用户预定义图案将会出现在列表顶部。HATCH 将选定的图案存储在 HPNAME 系统变量中。只有将【类型】设置为【预定义】，【图案】下拉列表框才可用。单击按钮，将弹出【填充图案选项板】对话框，从中可以同时查看所有预定义图案的预览图像，这将有助于用户进行选择，如图 4-50 所示。

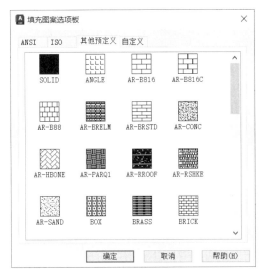

图 4-50　【填充图案选项板】对话框

- 【颜色】：使用填充图案和实体填充的指定颜色将替代当前颜色，选定的颜色存储在 HPCOLOR 系统变量中。
- 【样例】：该图框用来显示选定图案的预览图像。单击【样例】图框将弹出【填充图案选项板】对话框。
- 【自定义图案】：该图框用来列出可用的自定义图案，只有在【类型】下拉列表框中选择【自定义】选项，此选项才可用。单击按钮将弹出【填充图案选项板】对话框，从中可以同时查看所有自定义图案的预览图像，这将有助于用户进行选择。

2) 【角度和比例】选项组

【角度和比例】选项组用来指定选定填充图案的角度和比例，主要包括以下参数。

- 【角度】：指定填充图案的角度(相对当前 UCS 坐标系的 X 轴)。
- 【比例】：放大或缩小预定义或自定义图案。只有将【类型】设置为【预定义】或【自定义】时，此下拉列表框才可用。
- 【双向】：对于用户定义的图案，将绘制第二组直线，这些直线与原来的直线成 90°，从而构成交叉线。只有将【类型】设置为【用户定义】时，此复选框才可用。(HPDOUBLE 系统变量)
- 【相对图纸空间】：相对于图纸空间单位缩放填充图案。使用此复选框，可很容易地做到以适合于布局的比例显示填充图案。该复选框仅适用于布局。
- 【间距】：指定用户定义图案中的直线间距。只有将【类型】设置为【用户定义】时，此文本框才可用。
- 【ISO 笔宽】：基于选定笔宽缩放 ISO 预定义图案。只有将【类型】设置为【预定义】，并将【图案】设置为可用的 ISO 图案的一种，此图框才可用。

3) 【图案填充原点】选项组

【图案填充原点】选项组用来控制填充图案生成的起始位置。在默认情况下，所有图案填充原点都对应于当前的 UCS 原点，主要包括以下参数。

- 【使用当前原点】：使用存储在 HPORIGINMODE 系统变量中的参数进行设置，在默认情况下，原点设置为(0,0)。
- 【指定的原点】：指定新的图案填充原点，选中此单选按钮后，其下可用选项包括：【单击以设置新原点】按钮用来直接指定新的图案填充原点；【默认为边界范围】复选框用来基于图案填充的矩形范围计算出新原点；【存储为默认原点】复选框用来将新图案填充原点的值存储在 HPORIGIN 系统变量中。

4) 【边界】选项组

【边界】选项组用来确定对象的边界，主要包括以下参数。

- 【添加:拾取点】：根据围绕指定点构成封闭区域的现有对象确定边界，单击该按钮后，对话框将暂时关闭，系统将会提示用户拾取一个点。图 4-51 所示为使用该按钮进行的图案填充。

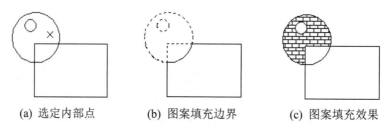

(a) 选定内部点　　　　(b) 图案填充边界　　　　(c) 图案填充效果

图 4-51　使用【添加:拾取点】按钮进行的图案填充

- 【添加:选择对象】：根据构成封闭区域的选定对象确定边界。单击该按钮后，对话框将暂时关闭，系统将会提示用户选择对象。图 4-52 所示为使用该按钮进行的图案填充。图 4-53 所示为选定边界内的对象后图案填充效果。

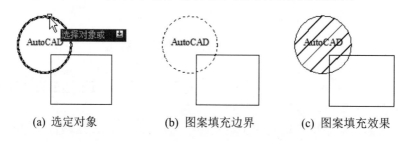

(a) 选定对象　　　　(b) 图案填充边界　　　　(c) 图案填充效果

图 4-52　使用【添加:选择对象】进行的图案填充

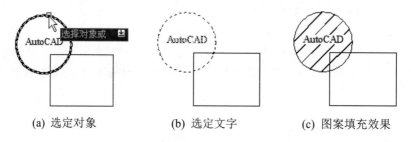

(a) 选定对象　　　　(b) 选定文字　　　　(c) 图案填充效果

图 4-53　选定边界内的对象后图案填充效果

- 【删除边界】：从边界定义中删除以前添加的任何对象。
- 【重新创建边界】：围绕选定的图案填充或填充对象创建多段线或面域，并使其与图案填充对象相关联。
- 【查看选择集】：单击该按钮后暂时关闭对话框，并使用当前的图案填充或填充设置显示当前定义的边界。如果未定义边界，则此按钮不可用。

5) 【选项】选项组

【选项】选项组用来控制几个常用的图案填充或填充选项，主要包括以下内容。

- 【注释性】：该复选框用来控制图形注释的特性。
- 【关联】：该复选框用来控制图案填充或填充的关联。关联的图案填充或填充在用户修改其边界时将会进行更新。
- 【创建独立的图案填充】：该复选框用来控制当指定了几个独立的闭合边界时，是创建单个图案填充对象，还是创建多个图案填充对象。
- 【绘图次序】：该下拉列表框为图案填充或填充指定绘图次序。图案填充可以放在所有其他对象之后、所有其他对象之前、图案填充边界之后或图案填充边界之前。图 4-54 所示为【绘图次序】下拉列表。

图 4-54　【绘图次序】下拉列表

- 【图层】：该下拉列表框为指定的图层指定新图案填充对象，替代当前图层。选择【使用当前项】选项可使用当前图层。
- 【透明度】：该下拉列表框用来设定新图案填充或填充的透明度，替代当前对象的透明度。选择【使用当前值】选项可使用当前对象的透明度设置。

6) 【继承特性】按钮

该按钮使用选定图案填充对象的图案填充或填充特性对指定的边界进行图案填充或填充。

7) 【预览】按钮

单击【预览】按钮后，将关闭对话框，并使用当前图案填充设置显示当前定义的边界。如果没有指定用于定义边界的点，或没有选择用于定义边界的对象，则此按钮不可用。

2. 【渐变色】选项卡

【渐变色】选项卡主要用来定义要应用的渐变填充的外观，如图 4-55 所示。

下面介绍【渐变色】选项卡中的参数设置。

1) 【颜色】选项组

【颜色】选项组主要包括单色和双色渐变，主要参数设置如下。

- 【单色】：指定使用从较深着色到较浅色调平滑过渡的单色填充。选中【单色】单选按钮时，对话框中将显示带有【着色】与【渐浅】滑块的颜色样本。
- 【双色】：指定在两种颜色之间平滑过渡的双色渐变填充。选中【双色】单选按钮时，对话框中将分别显示颜色 1 和颜色 2 带有【浏览】按钮的颜色样本。
- 【颜色样本】：用来指定渐变填充的颜色。单击色块后的└┈┘按钮，将弹出【选择颜色】对话框，如图 4-56 所示，从中可以选择 AutoCAD 颜色索引(ACI)颜色、真彩色或配色系统颜色，显示的默认颜色为图形的当前颜色。

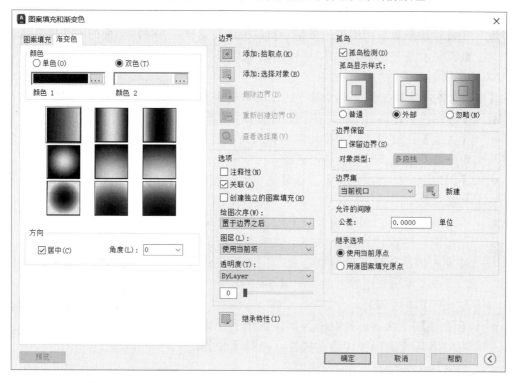

图 4-55 【渐变色】选项卡

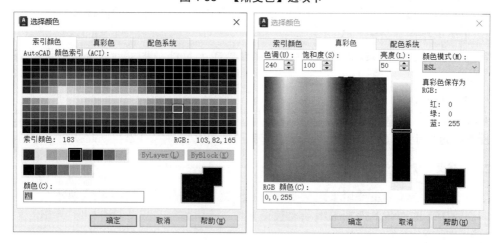

图 4-56 【选择颜色】对话框

2) 渐变图案色彩框

渐变图案色彩框用来显示用于渐变填充的 9 种固定图案，包括线性扫掠状、球状和抛物面状图案。

3) 【方向】选项组

【方向】选项组用来指定渐变色的角度以及其是否对称，主要参数设置如下。

- 【居中】：该复选框用来指定对称的渐变配置，如果取消选中此复选框，渐变填充将朝左上方变化，创建光源在对象左边的图案。
- 【角度】：该下拉列表框用来指定渐变填充的角度，相对当前 UCS 指定角度，此参数与指定给图案填充的角度互不影响。

4.5.3　修改图案填充

用户可以修改填充图案和填充边界；也可以修改实体填充区域，使用的方法取决于实体填充区域是实体图案、二维实面，还是多段线或圆环；还可以修改图案填充的绘制顺序。

1. 控制填充图案密度

图案填充会生成大量的线和点对象。这些线和点对象在存储为图案填充对象时，需占用磁盘空间并要花费一定时间才能生成。如果在填充区域时使用很小的比例因子，图案填充需要成千上万的线和点，因此要花费很长时间并且很可能耗尽可用资源。通过限定单个填充命令创建的对象数，可以避免此问题。如果特定图案填充所需对象的大概数量(考虑边界范围、图案和比例)超过了此界限，图案填充会显示一条信息，指明由于填充比例太小或虚线太短，此图案填充要求被拒绝。如果出现这种情况，请仔细检查图案填充设置。也许比例因子设置不合理，需要调整。

填充对象限制由存储在系统注册表中的 MaxHatch 环境设置来设置，其默认值是 10000。通过使用(setenv"MaxHatch""n")设置 MaxHatch 系统注册表变量可以修改此界限，其中 n 是 100～10 000 000 之间的数字。

2. 更改现有图案填充的填充特性

用户可以修改特定图案填充的特性，例如，现有图案填充的图案、比例和角度，可以使用以下方式：【图案填充编辑】对话框(建议)和【特性】选项板。

用户可以将特性从一个图案填充复制到另一个图案填充。使用【图案填充编辑】对话框中的【继承特性】按钮，可以将所有特定图案填充的特性(包括图案填充原点)从一个图案填充复制到另一个图案填充。使用【特性】选项板可以将基本特性和特定图案填充的特性(除了图案填充原点之外)从一个图案填充复制到另一个图案填充。

用户也可以使用分解将图案填充分解为其部件对象。

3. 修改填充边界

图案填充边界可以被复制、移动、拉伸和修剪等。像处理其他对象一样，使用夹点可以拉伸、移动、旋转、缩放和镜像填充边界以及和它们关联的填充图案。如果所做的编辑保持边界闭合，关联填充会自动更新。如果编辑中生成了开放边界，图案填充将失去任何边界关联性，并保持不变。如果填充图案文件在编辑时不可用，则在编辑填充边界的过程中也可能会失去关联性。

> 注意 如果修剪填充区域以在其中创建一个孔，则该孔与填充区域内的孤岛不同，且填充图案失去关联性。而要创建孤岛，需删除现有填充区域，用新的边界创建一个新的填充区域。此外，如果修剪填充区域而填充图案文件(PAT)不再可用，则填

> 充区域将消失。
>
> 图案填充的关联性取决于是否在【图案填充和渐变色】和【图案填充编辑】对话框中选中【关联】复选框。当原边界被修改时，非关联图案填充将不被更新。

我们可以随时删除图案填充的关联，但一旦删除了现有图案填充的关联，就不能再重建。而要恢复关联性，必须重新创建图案填充或者新的图案填充边界，并且边界与此图案填充关联。

要想在非关联或无限图案填充周围创建边界，需在【图案填充和渐变色】对话框中使用【重新创建边界】按钮。也可以使用此按钮指定新的边界与此图案填充关联。

4. 修改实体填充区域

实体填充区域可以表示为：图案填充(使用实体填充图案)、二维实体、渐变填充、多段线或圆环。

修改这些实体填充对象的方式与修改任何其他图案填充、二维实面、多段线或圆环的方式相同。除了 PROPERTIES 外，还可以使用 HATCHEDIT 进行实体填充和渐变填充、为二维实面编辑夹点，使用 PEDIT 编辑多段线和圆环。

5. 修改图案填充的绘制顺序

编辑图案填充时，可以更改其绘制顺序，使其显示在图案填充边界后面、图案填充边界前面、所有其他对象后面或所有其他对象前面。

修改图案填充有以下三种方法。

- 在命令输入行中输入"hatchedit"命令后按 Enter 键。
- 在菜单栏中选择【修改】|【对象】|【图案填充】命令。
- 单击【绘图】面板中的【图案填充】按钮。

4.6 实战设计范例

4.6.1 绘制直轴面范例

本范例完成文件：范例文件/第 4 章/4-1.dwg

范例操作

step 01 新建图形文件，单击【绘图】面板中的【圆】按钮，绘制半径分别为 10 和 3 的同心圆，如图 4-57 所示。

step 02 单击【绘图】面板中的【定数等分】按钮，等分小圆为 4 段，如图 4-58 所示。

step 03 再次单击【绘图】面板中的【定数等分】按钮，等分大圆为 16 段，如图 4-59 所示。

step 04 单击【绘图】面板中的【直线】按钮，绘制直线图形，如图 4-60 所示。

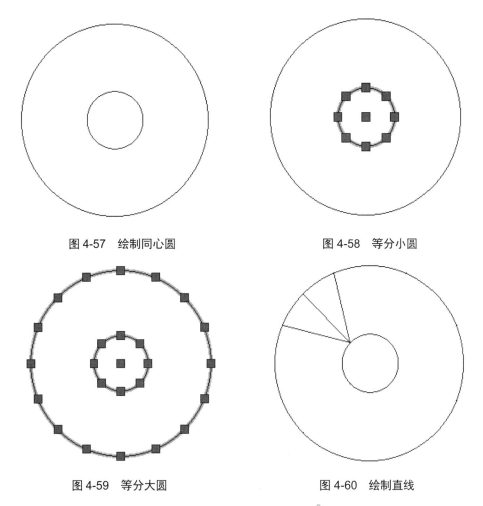

图 4-57　绘制同心圆　　　　　　　　　　图 4-58　等分小圆

图 4-59　等分大圆　　　　　　　　　　图 4-60　绘制直线

step 05 单击【修改】面板中的【环形阵列】按钮 ，选择直线创建环形阵列，项目数为 4，参数设置如图 4-61 所示，结果如图 4-62 所示。

图 4-61　环形阵列参数设置

step 06 单击【修改】面板中的【修剪】按钮 ，修剪图形，如图 4-63 所示。

提示 设置环形阵列的参数时，选择同心圆的圆心为阵列中心，角度为 360°。

step 07 单击【绘图】面板中的【图案填充】按钮 ，弹出【图案填充编辑】对话框，其参数设置如图 4-64 所示，进行图形填充。

这样得到直轴面图形。至此范例制作完成，效果如图 4-65 所示。

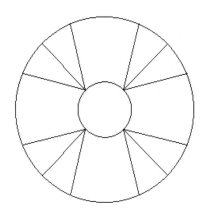

图 4-62　阵列图形　　　　　　　　　　　　　图 4-63　修剪图形

图 4-64　填充图形设置

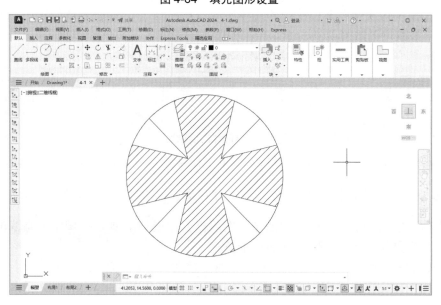

图 4-65　绘制的直轴面

4.6.2　绘制变压器范例

本范例完成文件：范例文件/第 4 章/4-2.dwg

范例操作

step 01　新建图形文件，单击【绘图】面板中的【矩形】按钮 □，绘制 8×10 的矩形，然后单击【修改】面板中的【偏移】按钮 ⊜，偏移矩形，距离为 1，如图 4-66 所示。

step 02　单击【绘图】面板中的【样条曲线拟合】按钮 ∿，绘制样条曲线，如图 4-67 所示。

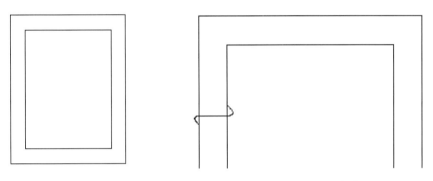

图 4-66　绘制并偏移矩形　　　　　图 4-67　绘制样条曲线

step 03　单击【修改】面板中的【复制】按钮 ⅋，复制样条曲线图形，间距为 1，如图 4-68 所示。

step 04　单击【绘图】面板中的【直线】按钮 ✏，在左侧绘制直线，然后单击【绘图】面板中的【圆】按钮 ⊙，绘制半径为 0.1 的小圆，如图 4-69 所示。

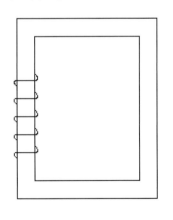
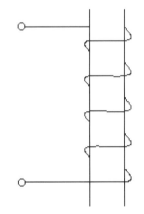

图 4-68　复制图形　　　　　　　　图 4-69　绘制直线和小圆

step 05　单击【修改】面板中的【复制】按钮 ⅋，复制样条曲线到右侧，如图 4-70 所示。

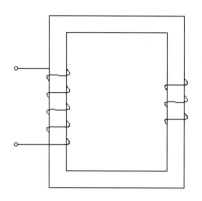

图 4-70　复制样条曲线

step 06　单击【绘图】面板中的【直线】按钮　，绘制直线图形，然后单击【绘图】面板中的【圆】按钮　，得到变压器图形，结果如图 4-71 所示，至此范例制作完成。

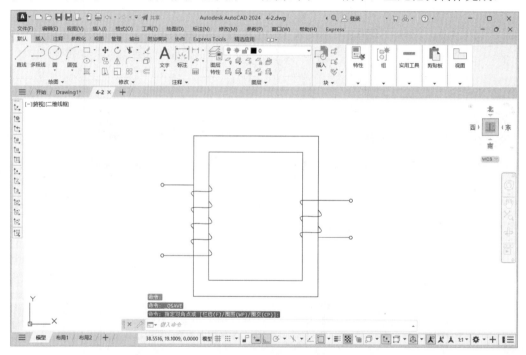

图 4-71　变压器图形

本 章 小 结

本章主要介绍如何绘制与编辑复杂的二维图形，包括创建和编辑多线、创建和编辑二维多段线、创建云线、创建和编辑样条曲线，以及图案填充，这些命令在绘制复杂图形的过程中会经常用到，需要读者熟练掌握。

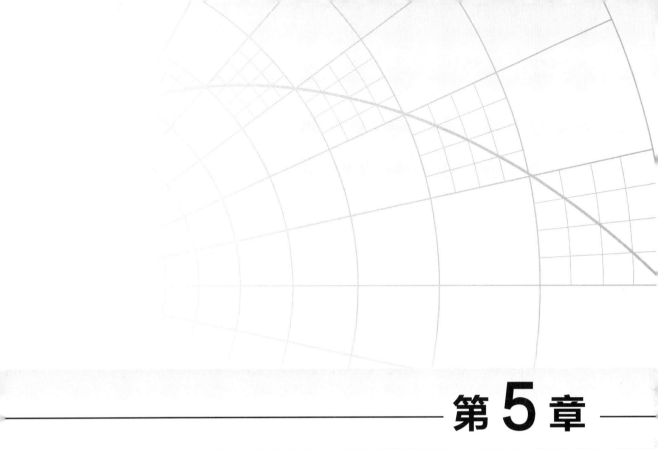

第5章

设计文字和表格

📝 **本章导言**

    在利用 AutoCAD 进行绘图时，同样离不开使用文字对象。建立和编辑文字的方法与绘制一般的图形对象不同，因此有必要专门讲述其使用方法。本章将讲述创建文字、设置文字样式，以及修改和编辑文字的方法和技巧。通过本章的学习，读者应能够根据工作的需要，在图形文件的相应位置创建相应的文字，并能对这些文字进行编辑和修改。

    在使用 AutoCAD 2024 绘制图形时，会遇到大量相似的图形实体和表格，如果重复绘制，效率极其低下。因此，通过本章的学习，读者可以学习一些基本的表格样式设置，以及表格的创建和编辑，以减小图形文件的容量，节省存储空间，进而提高绘图速度。

5.1 单 行 文 字

单行文字一般用于图形对象的规格说明、标题栏信息和标签等，也可以作为图形的一个有机组成部分。对于这种不需要使用多种字体的简短内容，可以使用【单行文字】命令来建立。

5.1.1 创建单行文字

创建单行文字的方法如下。

- 在命令输入行中输入"dtext"命令后按 Enter 键。
- 在【默认】选项卡的【注释】面板或【注释】选项卡的【文字】面板中单击【单行文字】按钮Ａ。
- 在菜单栏中选择【绘图】|【文字】|【单行文字】命令。

每行文字都是独立的对象，可以重新定位、调整格式或进行其他修改。

创建单行文字时，要指定文字样式并设置对正方式。文字样式设置文字对象的默认特征。对正决定字符的哪一部分与插入点对正。

执行【单行文字】命令后，命令输入行提示如下：

```
命令: _dtext
当前文字样式: "Standard" 文字高度: 2.5000   注释性: 否
指定文字的起点或 [对正(J)/样式(S)]:
```

命令输入行中各选项的含义如下。

(1) 在默认情况下是提示用户指定文字的起点。

(2) 【对正】：用来设置文字对齐的方式，AutoCAD 2024 默认的对齐方式为左对齐。由于此选项的内容较多，在后面会有详细的说明。

(3) 【样式】：用来选择文字样式。

在命令输入行中输入"S"并按 Enter 键，AutoCAD 会出现如下信息：

```
输入样式名或 [?] <Standard>:
```

此信息提示用户在输入样式名或 [?] <Standard>后输入一种文字样式的名称(默认值是当前样式名)。

输入样式名称后，AutoCAD 又会出现指定文字的起点或 [对正(J)/样式(S)]的提示，提示用户输入起点位置。输入完起点坐标后按 Enter 键，AutoCAD 会出现如下信息：

```
指定高度 <2.5000>:
```

此信息提示用户指定文字的高度。指定高度后按 Enter 键，命令输入行提示如下：

```
指定文字的旋转角度 <0>:
```

指定角度后按 Enter 键，这时用户就可以输入文字内容。

在"指定文字的起点或 [对正(J)/样式(S)]"提示后输入"J"并按 Enter 键，命令输入行将出现如下信息：

输入选项
[对齐 (A) /布满 (F) /居中 (C) /中间 (M) /右对齐 (R) /左上 (TL) /中上 (TC) /右上 (TR) /左中 (ML) /
正中 (MC) /右中 (MR) /左下 (BL) 　/中下 (BC) /右下 (BR)]：

即用户有以上多种对齐方式可以选择，各种对齐方式及其说明如表 5-1 所示。

表 5-1　各种对齐方式及其说明

对齐方式	说　明
对齐(A)	提供文字基线的起点和终点，文字在此基线上均匀排列，这时可以调整字高比例以防止字符变形
布满(F)	给定文字基线的起点和终点，文字在此基线上均匀排列，而文字的高度保持不变，这时字型的间距要进行调整
居中(C)	给定一个点的位置，文字在该点为中心水平排列
中间(M)	指定文字串的中间点
右对齐(R)	指定文字串的右基线点
左上(TL)	指定文字串的顶部左端点与大写字母顶部对齐
中上(TC)	指定文字串的顶部中心点以大写字母顶部为中心点
右上(TR)	指定文字串的顶部右端点与大写字母顶部对齐
左中(ML)	指定文字串的中部左端点与大写字母和文字基线之间的线对齐
正中(MC)	指定文字串的中部中心点与大写字母和文字基线之间的中心线对齐
右中(MR)	指定文字串的中部右端点与大写字母和文字基线之间的一点对齐
左下(BL)	指定文字左侧起始点，与水平线的夹角为字体的选择角，且过该点的直线就是文字中最下方字符字底的基线
中下(BC)	指定文字沿排列方向的中心点，最下方字符字底基线与左下(BL)相同
右下(BR)	指定文字串的右端底部是否对齐

☞ 提示　要结束单行输入，在一空白行处按 Enter 键即可。

图 5-1 所示为 4 种对齐方式的示意图，分别为对齐方式、中间方式、右上方式和左下方式。

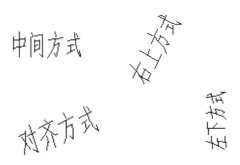

图 5-1　单行文字的 4 种对齐方式

5.1.2　编辑单行文字

与绘图类似的是，在创建文字时，也有可能出现错误操作，这时就需要编辑文字。

(1) 编辑单行文字的方法可以分为以下两种。

● 在命令输入行中输入"ddedit"命令后按 Enter 键。

● 用鼠标双击文字，即可对单行文字进行编辑。

(2) 编辑单行文字的具体方法。

在命令输入行中输入"ddedit"后按 Enter 键，将出现捕捉标志口。移动鼠标使此捕捉标志至需要编辑的文字位置，然后单击选中文字实体。

在其中可以修改的只是单行文字的内容，修改完文字内容后按两次 Enter 键即可。

5.2　多　行　文　字

对于较长和较为复杂的内容，可以通过【多行文字】命令来创建多行文字。多行文字可以布满指定的宽度，在垂直方向上无限延伸。用户可以自行设置多行文字对象中的单个字符的格式。

多行文字由任意数目的文字行或段落组成，与单行文字不同的是，在一个多行文字编辑任务中创建的所有文字行或段落都被当作同一个多行文字对象。多行文字可以被移动、旋转、删除、复制、镜像、拉伸或比例缩放。

5.2.1　多行文字介绍

用户可以将文字高度、对正、行距、旋转、样式和宽度应用到文字对象中或将字符格式应用到特定的字符中。对齐方式要考虑文字边界以决定文字要插入的位置。

与单行文字相比，多行文字具有更多的编辑选项。可以将下划线、字体、颜色和高度变化应用到段落中的单个字符、词语或词组。

在【默认】选项卡的【注释】面板或【注释】选项卡的【文字】面板中单击【多行文字】按钮 ，在主窗口将会打开【文字编辑器】选项卡(包括图 5-2 所示的几个面板)；【在位文字编辑器】及其标尺，如图 5-3 所示。

图 5-2　【文字编辑器】选项卡

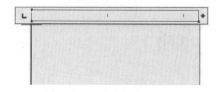

图 5-3　【在位文字编辑器】及其标尺

【文字编辑器】选项卡中包括【样式】、【格式】、【段落】、【插入】、【拼写检查】、【工具】、【选项】、【关闭】8 个面板，我们可以根据不同的需要对多行文字进行编辑和修改。

1.【样式】面板

在【样式】面板中可以选择文字样式，也可以选择或输入文字高度，其中【文字高度】下拉列表如图 5-4 所示。

图 5-4　【文字高度】下拉列表

2.【格式】面板

在【格式】面板中可以对字体进行设置，如可以将字体修改为粗体、斜体等。用户还可以设置自己需要的字体及颜色，其中，【字体】下拉列表如图 5-5 所示，【颜色】下拉列表如图 5-6 所示。

图 5-5　【字体】下拉列表　　　　图 5-6　【颜色】下拉列表

3.【段落】面板

在【段落】面板中可以对段落进行设置，包括对正、编号、分布、对齐等，其中，【对正】下拉菜单如图 5-7 所示。

4.【插入】面板

在【插入】面板中可以插入符号、字段，可以进行分栏设置，其中，【符号】下拉菜单如图 5-8 所示。

5.【拼写检查】面板

在【拼写检查】面板中将文字输入图形中时可以检查所有文字的拼写。也可以指定已使用的特定语言的词典并自定义和管理多个自定义拼写词典。

我们可以检查图形中所有文字对象的拼写，包括：

- 单行文字和多行文字；
- 标注文字；
- 多重引线文字；

- 块属性中的文字；
- 外部参照中的文字。

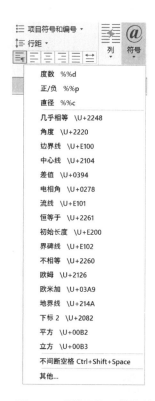

图 5-7　【对正】下拉菜单　　　　　图 5-8　【符号】下拉菜单

使用拼写检查，将搜索用户指定的图形或图形的文字区域中拼写错误的词语。如果找到拼写错误的词语，则将亮显该词语并且绘图区域将缩放为便于读取该词语的比例。

6. 【工具】面板

在【工具】面板中可以搜索指定的文字字符串并用新文字进行替换。

7. 【选项】面板

在【选项】面板中可以显示其他文字选项列表，如图 5-9 所示。在其中选择【编辑器设置】|【显示工具栏】命令，如图 5-10 所示，将打开如图 5-11 所示的【文字格式】工具栏，也可以用此工具栏中的命令来编辑多行文字，它和【多行文字】选项卡下的几个面板提供的命令一样。

图 5-9　其他文字选项列表　　　　图 5-10　选择【显示工具栏】命令

8．【关闭】面板

单击【关闭文字编辑器】按钮可以返回到原来的主窗口，完成多行文字的编辑操作。

图 5-11　【文字格式】工具栏

5.2.2　创建多行文字

可以通过以下几种方式创建多行文字。

- 在【默认】选项卡的【注释】面板或【注释】选项卡的【文字】面板中单击【多行文字】按钮A。
- 在命令输入行中输入"mtext"命令后按 Enter 键。
- 在菜单栏中选择【绘图】|【文字】|【多行文字】命令。

☞提示　创建多行文字对象的高度取决于输入的文字总量。

命令输入行提示如下：

命令: _mtext 当前文字样式: "Standard"　文字高度:2.5　注释性：否
指定第一角点:
指定对角点或 [高度(H)/对正(J)/行距(L)/旋转(R)/样式(S)/宽度(W) /栏(C)]: h
指定高度 <2.5>: 60
指定对角点或 [高度(H)/对正(J)/行距(L)/旋转(R)/样式(S)/宽度(W) /栏(C)]: w
指定宽度:100

指定宽度后绘图区如图 5-12 所示。

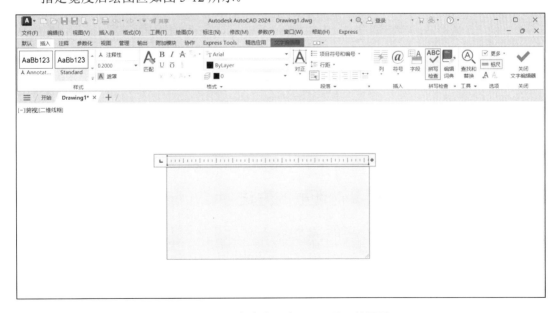

图 5-12　指定宽度后绘图区所显示的图形

用【多行文字】命令创建的文字如图 5-13 所示。

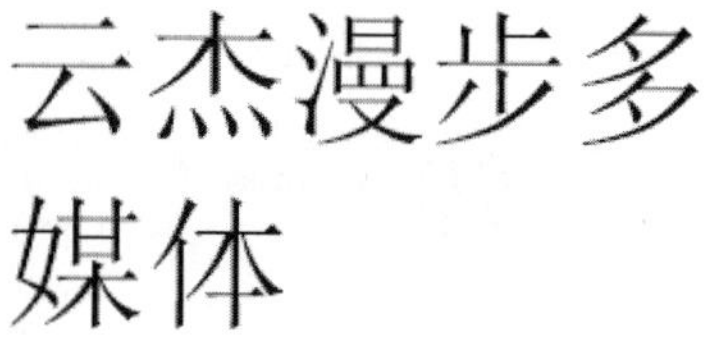

图 5-13　用【多行文字】命令创建的文字

5.2.3　编辑多行文字

下面介绍编辑多行文字的方法。

1. 调用编辑多行文字命令的方法

- 在命令输入行中输入"mtedit"命令后按 Enter 键。
- 在菜单栏中选择【修改】|【对象】|【文字】|【编辑】命令。

2. 编辑多行文字的方法

在命令输入行中输入"mtedit"命令后，选择多行文字对象，将会重新打开【文字编辑器】选项卡和在位文字编辑器，可以将原来的文字重新编辑为用户所需要的文字。原来的文字如图 5-14 所示，编辑后的文字如图 5-15 所示。

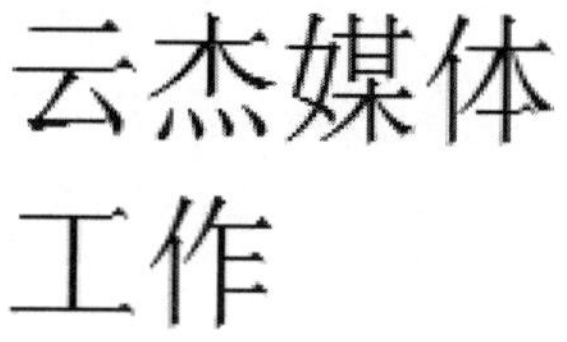

图 5-14　原来的文字

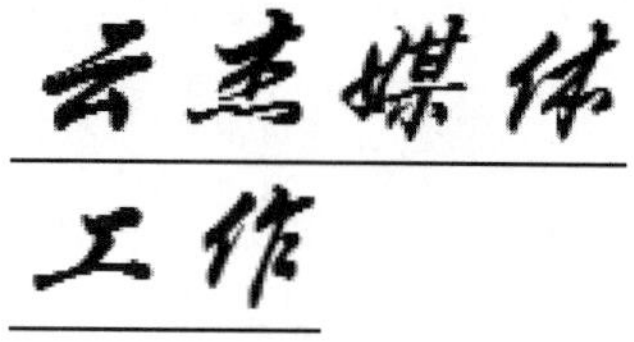

图 5-15　编辑后的文字

5.3　文　字　样　式

在 AutoCAD 2024 图形中，所有的文字都有与之相关的文字样式。当输入文字时，AutoCAD 会使用当前的文字样式作为其默认的样式，该样式可以包括字体、样式、高度、宽度比例和其他文字特性，而文字样式的设置通常是在【文字样式】对话框中进行的。

5.3.1　打开【文字样式】对话框的方法

打开【文字样式】对话框有以下几种方法。
- 在命令输入行中输入"style"命令后按 Enter 键。
- 在菜单栏中选择【格式】|【文字样式】命令。

【文字样式】对话框如图 5-16 所示，它包含 4 个选项组：【样式】选项组、【字体】选项组、【大小】选项组和【效果】选项组，由于【大小】选项组中的参数通常会按照默认进行设置，不做任何修改。因此，下面着重介绍其他 3 个选项组参数设置的方法。

图 5-16　【文字样式】对话框

5.3.2　【样式】选项组参数设置

在【样式】选项组中可以新建、重命名和删除文字样式。用户可以从左边的下拉列表框中选择相应的文字样式名称，然后单击【新建】按钮新建一种文字样式的名称，也可以右击选择的样式，在弹出的快捷菜单中选择【重命名】命令，为某一文字样式重新命名，还可以单击【删除】按钮，删除某一文字样式的名称。

当用户所需的文字样式不够使用时，需要创建一个新的文字样式，具体操作步骤如下。

step 01　在命令输入行中输入"style"命令后按 Enter 键。或者在打开的【文字样式】对话框中，单击【新建】按钮，将打开如图 5-17 所示的【新建文字样式】对话框。

图 5-17　【新建文字样式】对话框

step 02　在【样式名】文本框中输入新创建的文字样式的名称后，单击【确定】按钮。若未输入文字样式的名称，则 AutoCAD 会自动将该样式命名为样式 1(AutoCAD 会自动地为每一个新命名的样式加 1)。

5.3.3　【字体】选项组参数设置

在【字体】选项组中可以设置字体的名称和字体样式等。AutoCAD 为用户提供了许多不同的字体，用户可以在如图 5-18 所示的【字体名】下拉列表中选择要使用的字体。

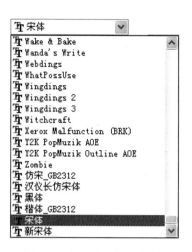

图 5-18　【字体名】下拉列表

5.3.4　【效果】选项组参数设置

在【效果】选项组中可以设置字体的排列方法和距离等。用户可以选中【颠倒】、【反向】和【垂直】复选框来分别设置文字的排列样式，也可以在【宽度因子】和【倾斜角度】文本框中输入相应的数值来设置文字的辅助排列样式。下面介绍选中【颠倒】、【反向】和【垂直】复选框来分别设置样式及设置样式后的文字效果。

当选中【颠倒】复选框，如图 5-19 所示，显示的颠倒文字效果如图 5-20 所示。

图 5-19　选中【颠倒】复选框

图 5-20　显示的颠倒文字效果

选中【反向】复选框，如图 5-21 所示，显示的反向文字效果如图 5-22 所示。

图 5-21　选中【反向】复选框

图 5-22　显示的反向文字效果

选中【垂直】复选框，如图 5-23 所示，显示的垂直文字效果如图 5-24 所示,。

图 5-23　选中【垂直】复选框

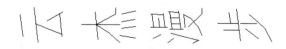

图 5-24　显示的垂直文字效果

5.4 创建和编辑表格

在 AutoCAD 中，可以使用【表格】命令来创建表格，我们可以从 Microsoft Excel 中直接复制表格，并将其作为 AutoCAD 表格对象粘贴到图形中，也可以从外部直接导入表格对象。此外，我们还可以输出来自 AutoCAD 的表格数据，以供 Microsoft Excel 或其他应用程序使用。

5.4.1 创建表格样式用到的对话框

使用表格可以使信息表达得更有条理、便于阅读，同时表格还具备计算功能，下面介绍几个创建表格样式时用到的对话框。

1. 【表格样式】对话框

在菜单栏中，选择【格式】|【表格样式】命令，将打开如图 5-25 所示的【表格样式】对话框，在其中可以设置当前表格样式，以及创建、修改和删除表格样式。

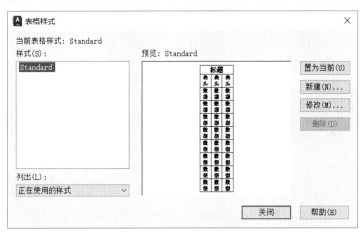

图 5-25 【表格样式】对话框

【表格样式】对话框中各选项的主要功能如下。

- 【当前表格样式】：显示应用于所创建表格的样式名称。默认表格样式为 Standard。
- 【样式】：该列表框用来显示表格样式。当前样式将被亮显。
- 【列出】：该下拉列表框用来控制【样式】列表框中的内容。其中，【所有样式】选项表示显示所有表格样式；【正在使用的样式】选项表示仅显示被当前图形中的表格引用的样式。
- 【预览】：该列表框用来显示【样式】列表框中选定样式的预览图像。
- 【置为当前】：单击该按钮可以将【样式】列表框中选定的表格样式设置为当前样式。所有的新表格都将使用此样式创建。
- 【新建】：单击该按钮将弹出【创建新的表格样式】对话框，从中可以定义新的表格样式。

- 【修改】：单击该按钮将弹出【修改表格样式】对话框，从中可以修改表格样式。
- 【删除】：单击该按钮将删除【样式】列表框中选定的表格样式，但不能删除图形中正在使用的样式。

2. 【创建新的表格样式】对话框

单击【表格样式】对话框中的【新建】按钮，将弹出如图5-26所示的【创建新的表格样式】对话框，在其中可以定义新的表格样式。在【新样式名】文本框中输入要建立的表格名称，然后单击【继续】按钮即可定义新的表格样式。

图5-26 【创建新的表格样式】对话框

3. 【新建表格样式】对话框

单击【创建新的表格样式】对话框中的【继续】按钮，将弹出如图5-27所示的【新建表格样式】对话框，在该对话框中可以设置【起始表格】、【常规】、【单元样式】等参数来设置表格样式。

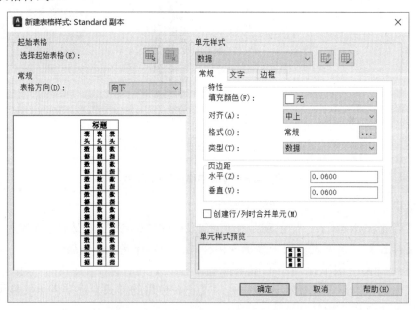

图5-27 【新建表格样式】对话框

1) 【起始表格】选项组

在该选项组中可以设置新表格样式的样例表格。一旦选定表格，用户即可指定要从此表格复制到表格样式的结构和内容。创建新的表格样式时，可以指定一个起始表格，也可以从【表格样式】对话框的【样式】列表框中删除起始表格。

2) 【常规】选项组

该选项组可以完成对表格方向的设置。【表格方向】下拉列表框用来设置表格方向，其中，选择【向下】选项将创建由上而下读取的表格，标题行和列标题位于表格的顶部；选择【向上】选项将创建由下而上读取的表格，标题行和列标题位于表格的底部。图 5-28 所示为设置【表格方向】为【向下】或【向上】后表格样式预览窗口中的变化。

(a) 设置【表格方向】为【向下】　　　　(b) 设置【表格方向】为【向上】

图 5-28　表格方向设置

3) 【单元样式】选项组

该选项组用来定义新的单元样式或修改现有的单元样式。在该选项组中可以创建任意数量的单元样式。其中，【单元样式】下拉列表框用来显示表格中的单元样式；【创建新单元样式】按钮█用来启动【创建新单元样式】对话框；【管理单元样式】按钮█用来启动【管理单元样式】对话框；【常规】、【文字】和【边框】选项卡用来设置数据单元、单元文字和单元边界的外观。这几个选项卡的介绍如下。

- 【常规】：该选项卡主要包括【特性】选项组、【页边距】选项组和【创建行/列时合并单元】复选框的设置，如图 5-29 所示。
- 【文字】：该选项卡主要包括【文字样式】下拉列表框、【文字高度】文本框、【文字颜色】下拉列表框和【文字角度】文本框的设置，如图 5-30 所示。

图 5-29　【常规】选项卡　　　　　图 5-30　【文字】选项卡

- 【边框】：该选项卡主要包括【线宽】、【线型】和【颜色】下拉列表框的设置，还可以通过【双线】复选框将表格内的线设置成双线形式，通过单击表格边框按钮可以将选定的特性应用到边框，如图 5-31 所示。边框特性包括栅格线的线宽和颜色，包括 8 种边框形式，其中，【所有边框】按钮█可以将边框特性设置应用到指定单元样式的所有边框；【外边框】按钮█可以将边框特性设置应用到指定单元样式的外部边框；【内边框】按钮█可以将边框特性设置应用到指定单元样式的内部边框；【底部边框】按钮█可以将边框特性设置应用到指定单元样式的底部边框；【左边框】按钮█可以将边框特性设置应用到指定单元样式的左边框；【上边框】按钮█可以将边框特性设置应用到指定单元样式的上边框；

【右边框】按钮回可以将边框特性设置应用
到指定单元样式的右边框；【无边框】按钮
回可以隐藏指定单元样式的边框。

4)【单元样式预览】列表框

该列表框可以显示当前表格样式设置效果的样例。

图 5-31　【边框】选项卡

注意　将边框设置好后，我们一定要单击表格边框
按钮应用选定的特征，如不应用，表格中的
边框线在打印和预览时都将看不见。

5.4.2　绘制表格用到的对话框

创建表格样式的最终目的是绘制表格，下面将详细介绍按照表格样式时用到的【插入
表格】对话框。

在菜单栏中选择【绘图】|【表格】命令或在命令输入行中输入"TABLE"后按 Enter
键，将会打开如图 5-32 所示的【插入表格】对话框。

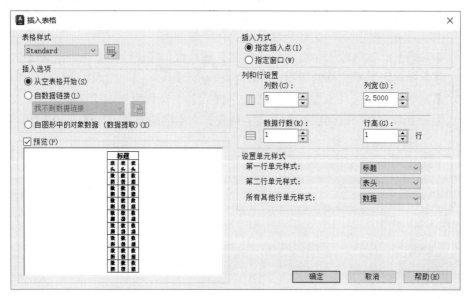

图 5-32　【插入表格】对话框

【插入表格】对话框中各选项的功能如下。

1.【表格样式】选项组

用户可以在【表格样式】下拉列表框中选择要创建表格的样式。

2.【插入选项】选项组

该选项组用来指定插入表格的方式，主要选项如下。

● 【从空表格开始】：选中该单选按钮，可以创建手动填充数据的空表格。

● 【自数据链接】：选中该单选按钮，可以从外部电子表格中的数据创建表格。

- 【自图形中的对象数据(数据提取)】：选中该单选按钮，可以启动"数据提取"
  向导。

3. 【预览】

选中【预览】复选框，在下面的列表框中可以显示当前表格样式的样例。

4. 【插入方式】选项组

该选项组用来指定表格位置，主要选项如下。

- 【指定插入点】：该单选按钮用来指定表格左上角的位置。可以使用定点设备，
  也可以在命令提示下输入坐标值。如果表格样式将表格的方向设置为由下而上读
  取，则插入点位于表格的左下角。
- 【指定窗口】：该单选按钮用来指定表格的大小和位置。可以使用定点设备，也
  可以在命令提示下输入坐标值。选定此单选按钮时，行数、列数、列宽和行高将
  取决于窗口的大小以及列和行的设置。

5. 【列和行设置】选项组

该选项组用来设置列和行的数目和大小，主要选项如下。

- Ⅲ 按钮：表示列。
- 目 按钮：表示行。
- 【列数】：该微调框用来指定列数。选中【指定窗口】单选按钮并选中【列数】
  单选按钮时，【列宽】微调框将设置为【自动】，且列数由表格的宽度控制，如
  图 5-33 所示。如果已指定包含起始表格的表格样式，则可以选择要添加到此起始
  表格的其他列的数量。

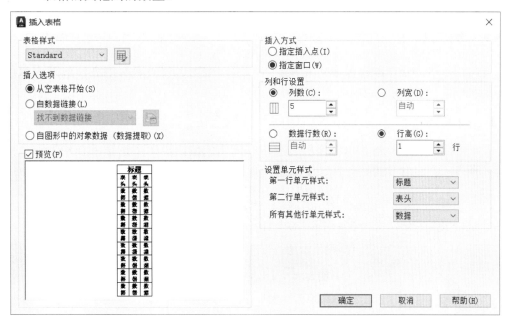

图 5-33　选中【指定窗口】单选按钮时的【插入表格】对话框

- 【**列宽**】：该微调框用来指定列的宽度。选中【指定窗口】单选按钮并选中【列宽】单选按钮时，【列数】微调框将设置为【自动】，且列宽由表格的宽度控制。最小列宽为一个字符。
- 【**数据行数**】：该微调框用来指定行数。选中【指定窗口】单选按钮并选中【数据行数】单选按钮时，【行高】微调框将设置为【自动】，且行数由表格的高度控制。带有标题行和表格头行的表格样式最少应有三行。最小行高为一个文字行。如果已指定包含起始表格的表格样式，则可以选择要添加到此起始表格的其他数据行的数量。
- 【**行高**】：该微调框用来按照行数指定行高。文字行高基于文字高度和单元边距，这两项均在表格样式中设置。选中【指定窗口】单选按钮并选中【行高】单选按钮时，【数据行数】微调框将设置为【自动】，且行高由表格的高度控制。

> 🖙 **注意** 在【插入表格】对话框中，要注意列宽和行高的设置。

6. 【设置单元样式】选项组

对于那些不包含起始表格的表格样式，需指定新表格中行的单元格式，该选项组中的主要选项如下。

- 【**第一行单元样式**】：该下拉列表框用来指定表格中第一行的单元样式。在默认情况下，使用标题单元样式。
- 【**第二行单元样式**】：该下拉列表框用来指定表格中第二行的单元样式。在默认情况下，使用表头单元样式。
- 【**所有其他行单元样式**】：该下拉列表框用来指定表格中所有其他行的单元样式。在默认情况下，使用数据单元样式。

5.4.3 编辑表格

在创建表格之后，通常需要对表格的内容进行修改，修改表格的方法包括合并单元格、增删表格内容，可以利用夹点修改表格。

1. 合并单元格

选择要合并的单元格，单击鼠标右键，在弹出的快捷菜单中选择【合并】命令，如图 5-34 所示，其包含了【按行】、【按列】和【全部】三个命令。

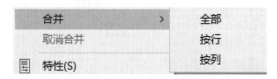

图 5-34 　【合并】菜单命令

2. 增删表格内容

在表格内，如果想增删内容，比如增加列，可按以下步骤进行操作。

单击想要添加内容的单元格，单击鼠标右键，在弹出的快捷菜单中选择【列】命令，其包含了【在左侧插入】、【在右侧插入】、【删除】三个命令，可按需要完成增加列、删除列的操作。

5.4.4　设置表格文字

下面介绍设置表格文字的方法。

首先启动文字编辑器，打开一个表格，双击绘图栏中要输入文字的单元格，将打开如图 5-35 所示的【文字编辑器】选项卡，该选项卡用于控制多行文字对象的文字样式和选定文字的字符格式和段落格式。

图 5-35　【文字编辑器】选项卡

【文字编辑器】选项卡中主要选项的功能如下。

1. 【样式】面板

该面板用来设置多行文字对象应用文字样式。当前样式保存在 TEXTSTYLE 系统变量中。如果将新样式应用到现有的多行文字对象中，用于字体、高度、粗体或斜体属性的字符格式将被替代。堆叠、下划线和颜色属性将保留在应用了新样式的字符中。

- 【注释性】按钮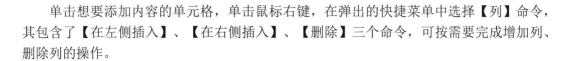：打开或关闭当前多行文字对象的注释性。
- 【文字高度】下拉列表框：按图形单位设置新文字的字符高度或修改选定文字的高度。如果当前文字样式没有固定高度，则文字高度是 TEXTSIZE 系统变量中存储的值。

2. 【格式】面板

- 【字体】下拉列表框：为新输入的文字指定字体或改变选定文字的字体。其中 TrueType 字体按字体的名称列出，AutoCAD 编译的 SHX 字体按字体所在文件的名称列出。
- 【文字颜色】下拉列表框 `☐ ByBlock`：指定新文字的颜色或更改选定文字的颜色，可以为文字指定与被打开的图层相关联的颜色(随层)或所在块的颜色(随块)，也可以从颜色列表中选择一种颜色。
- 【堆叠】按钮 ᵇ/ₐ：如果选定文字中包含堆叠字符，则创建堆叠文字(例如分数)。如果选定堆叠文字，则取消堆叠。使用堆叠字符、插入符(^)、正向斜杠(/)和磅符号(#)时，堆叠字符左侧的文字将堆叠在字符右侧的文字之上。

3. 【段落】面板

- 【对正】按钮 Ⓐ：单击该按钮将打开【多行文字对正】菜单，其中有九个对齐命令可用，【左上】为默认命令。

● 【段落】按钮：单击该按钮将打开【段落】对话框。

● 【左对齐】、【居中】、【右对齐】、【对正】和【分布】按钮：设置当前段落或选定段落的左、中或右文字边界的对正和分布方式，包含在一行的末尾输入的空格，并且这些空格会影响行的对正。

● 【行距】按钮：单击该按钮将打开建议的行距选项或【段落】对话框。在当前段落或选定段落中设置行距。注意行距是多行段落中文字的上一行底部和下一行顶部之间的距离。

● 【项目符号和编号】按钮：单击该按钮将打开【项目符号和编号】菜单。其中包括用于创建列表的命令。注意表格单元不能使用此选项。缩进列表以与第一个选定的段落对齐。

4. 【选项】面板

● 【放弃】按钮：单击该按钮将打开【在位文字编辑器】，在其中可以执行放弃操作，包括对文字内容或文字格式所做的修改。也可以按 Ctrl+Z 组合键执行放弃操作。

● 【重做】按钮：单击该按钮将打开【在位文字编辑器】，在其中可以执行重做操作，包括对文字内容或文字格式所做的修改。也可以按 Ctrl+Y 组合键执行重做操作。

☞ 注意 对正在编辑的内容，有些选项可能不可用。

5.4.5 填写表格内容

表格内容的填写包括输入文字，在单元格内插入块、公式等内容。

1. 打开【表格单元】选项卡

单击要输入文字的表格，将打开如图 5-36 所示的【表格单元】选项卡，在【行】、【列】和【合并】面板中可以进行插入新表格的操作；在【单元样式】和【单元格式】面板中，可以设置相应的单元内容。

图 5-36　【表格单元】选项卡

2. 输入文字

单击要输入文字的表格，将打开如图 5-37 所示的【文字编辑器】选项卡，在【插入】面板中可以进行插入新表格的操作；在【样式】和【格式】面板中，可以设置相应的单元内容。

3. 插入块

选择任意单元格，单击鼠标右键，在弹出的快捷菜单中选择【插入点】|【块】命令，

将打开如图 5-38 所示的【在表格单元中插入块】对话框。

图 5-37　【文字编辑器】选项卡

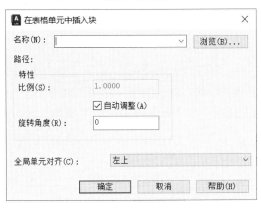

图 5-38　【在表格单元中插入块】对话框

【在表格单元中插入块】对话框中各选项的主要功能如下。

● 【名称】下拉列表框：主要用来设置块的名称，单击该下拉列表框后面的【浏览】按钮可以查找其他图形中的块。

● 【特性】选项组：其中的【比例】文本框用来指定块参照的比例，输入值或选中【自动调整】复选框将缩放块以适应选定的单元；【旋转角度】用来指定块的旋转角度。

● 【全局单元对齐】下拉列表框：用来指定块在表格单元中的对齐方式。块相对于上、下单元边框居中对齐、上对齐或下对齐；相对于左、右单元边框居中对齐、左对齐或右对齐。

4. 插入公式

选择任意单元格，单击鼠标右键，在弹出的快捷菜单中选择【插入点】|【公式】|【方程式】命令，如图 5-39 所示，在单元格内输入公式。输入完成后，单击【文字格式】对话框中的【确定】按钮即可完成公式的输入。

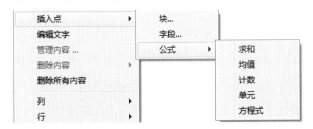

图 5-39　快捷菜单

5.5 实战设计范例

5.5.1 绘制轴承面和注释范例

📁 **本范例完成文件**：范例文件/第 5 章/5-1.dwg

⚙ **范例操作**

step 01 ▶ 新建图形文件，单击【绘图】面板中的【矩形】按钮 □，绘制 6×10 的矩形，然后使用直线工具绘制中心线，间距为 7，如图 5-40 所示。

step 02 ▶ 单击【绘图】面板中的【圆】按钮 ⊘，绘制半径为 1.6 的圆，如图 5-41 所示。

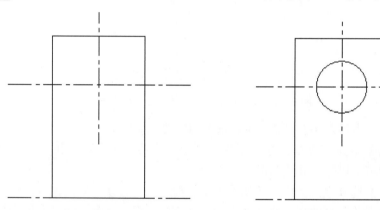

图 5-40　绘制矩形和中心线　　　　　　　图 5-41　绘制圆

step 03 ▶ 单击【绘图】面板中的【直线】按钮 ╱，绘制直线，如图 5-42 所示。

step 04 ▶ 再次绘制下面的直线并进行修剪，结果如图 5-43 所示。

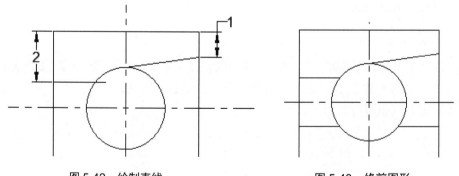

图 5-42　绘制直线　　　　　　　　　图 5-43　修剪图形

step 05 ▶ 使用直线工具，绘制下面的水平线，如图 5-44 所示。

step 06 ▶ 单击【修改】面板中的【圆角】按钮 ◠，创建半径为 1 的圆角，如图 5-45 所示。

step 07 ▶ 单击【绘图】面板中的【图案填充】按钮 ▨，参数设置如图 5-46 所示，选择填充剖面图形，得到轴承面图形，如图 5-47 所示。

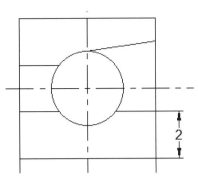

图 5-44　绘制水平线

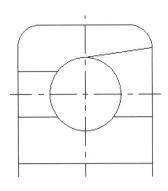

图 5-45　绘制圆角

图 5-46　填充参数设置

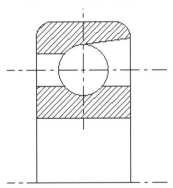

图 5-47　轴承面图形

step 08　在菜单栏中选择【格式】|【文字样式】命令，打开【文字样式】对话框，在其中设置参数，如图 5-48 所示。

图 5-48　文字样式设置

step 09 ▶ 单击【默认】选项卡【注释】面板中的【多行文字】按钮 **A**，在图形下的【在位文字编辑器】中进行设置，打开【文字编辑器】选项卡，设置其中的参数，如图 5-49 所示，然后添加文字"外环"，如图 5-50 所示。

图 5-49　文字编辑器参数设置

step 10 ▶ 再次单击【默认】选项卡【注释】面板中的【多行文字】按钮 **A**，添加文字"内环"，如图 5-51 所示。

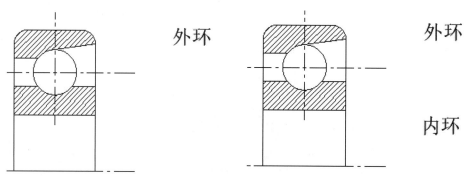

图 5-50　添加文字"外环"	图 5-51　添加文字"内环"

step 11 ▶ 单击【默认】选项卡【注释】面板中的【引线】按钮，添加引线箭头，完成轴承零件图的注释，范例最终结果如图 5-52 所示。

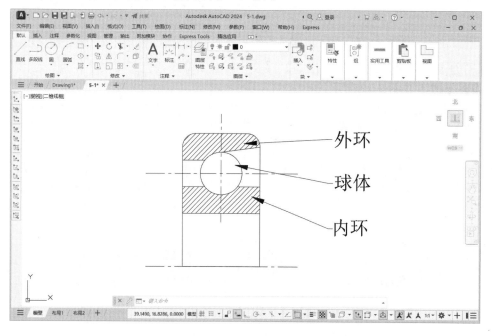

图 5-52　轴承零件图及注释

5.5.2　绘制建筑门窗表范例

本范例完成文件：范例文件/第 5 章/5-2.dwg

范例操作

step 01　单击【默认】选项卡【注释】面板中的【表格】按钮，在弹出的【插入表格】对话框中设置参数，如图 5-53 所示。

图 5-53　【插入表格】对话框

step 02　在绘图区中选择表格，并调整表格的尺寸，如图 5-54 所示。

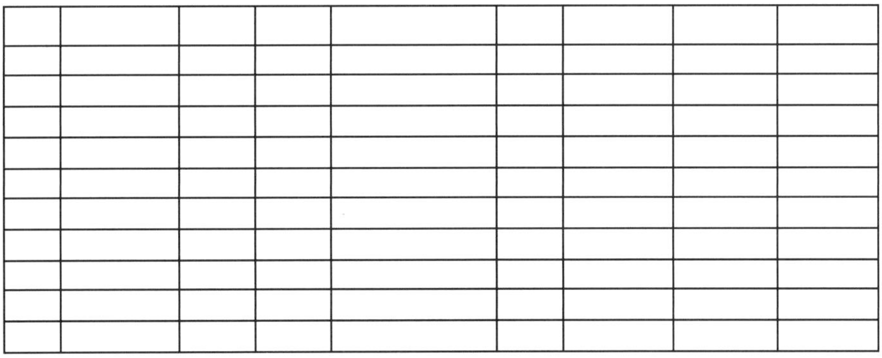

图 5-54　调整表格的尺寸

step 03　在绘图区中选择表格，单击【表格单元】选项卡中的【合并全部】按钮，合并表格，如图 5-55 所示。

step 04　双击表格，添加表格抬头文字内容，如图 5-56 所示。

step 05　双击表格，继续添加文字内容，完成门窗表的绘制，结果如图 5-57 所示。

图 5-55　合并表格

类别	设计编号	尺寸		窗台高	检验	图案名称	页次	备注
		宽度	高度					
门								
窗								
小窗								
附件								

图 5-56　添加表格抬头文字

图 5-57　门窗表效果

本 章 小 结

　　本章主要介绍 AutoCAD 2024 中文字、表格的创建与编辑，读者通过对本章的学习，可以对图形进行文字的添加与编辑，使所绘制的图形更加详细与准确，因此要认真体会表格的设置原理，在以后的绘图中会经常用到这些知识。

第6章

精确绘图设置

本章导言

　　由于计算机屏幕大小的限制，在使用 AutoCAD 绘图时，常常需要缩小图形以便于观察到较大范围甚至是图面的全部。除非利用 AutoCAD 提供的工具进行精确绘图，否则绘图的图形元素看似相接，实际放大后进行观察或者用绘图仪绘出时，往往是断开的、冒头的或者是交错的。AutoCAD 2024 提供了很多精确绘图的工具，如定位端点、中点、元素的中心点、元素的交点等命令，利用这些命令可以很容易地实现精确绘图。除了能够得到高质量的图纸之外，精确绘图还可以提高尺寸标注的效率。本章主要介绍这些精确绘图工具的设置方法，包括栅格、对象捕捉和极轴追踪等。

6.1 栅格和捕捉

要提高绘图的速度和效率，可以显示并捕捉栅格点的矩阵，还可以控制其间距、角度和对齐。捕捉模式和栅格显示按钮位于主界面底部的应用程序状态栏中，如图 6-1 所示。

图 6-1 【捕捉模式】和【栅格显示】按钮

6.1.1 栅格和捕捉介绍

栅格是点的矩阵，遍布指定为图形栅格界限的整个区域。使用栅格类似于在图形下放置一张坐标纸。利用栅格可以对齐对象并能直观地显示对象之间的距离，不打印栅格。如果放大或缩小图形，可能需要调整栅格间距，使其更适合新的放大比例。图 6-2 所示为打开栅格绘图区的效果。

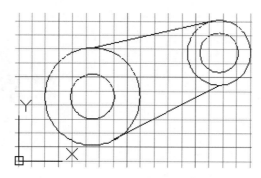

图 6-2 打开栅格绘图区的效果

捕捉模式用于限制十字光标，使其按照用户定义的间距移动。当捕捉模式打开时，光标似乎附着或捕捉到不可见的栅格。捕捉模式有助于使用箭头键或定点设备来精确地定位点。

6.1.2 栅格的应用

选择【工具】|【绘图设置】菜单命令，或者在命令输入行中输入"dsettings"，将会打开【草图设置】对话框，单击【捕捉和栅格】标签，打开【捕捉和栅格】选项卡，在其中可以对栅格、捕捉属性进行设置，如图 6-3 所示。

下面详细介绍【捕捉和栅格】选项卡中栅格的设置。

1. 【启用栅格】复选框

该复选框用于打开或关闭栅格，也可以通过单击状态栏上的【栅格】按钮，或按 F7 快捷键，或使用 GRIDMODE 系统变量，来打开或关闭栅格模式。

图 6-3　【捕捉和栅格】选项卡

2. 【栅格间距】选项组

该选项组用于控制栅格的显示，有助于形象化显示距离。注意，LIMITS 命令和 GRIDDISPLAY 系统变量用于控制栅格的界限。

- 【栅格 X 轴间距】：该文本框用于指定 X 方向上的栅格间距。如果该值为 0，则栅格采用【捕捉 X 轴间距】的值。
- 【栅格 Y 轴间距】：该文本框用于指定 Y 方向上的栅格间距。如果该值为 0，则栅格采用【捕捉 Y 轴间距】的值。
- 【每条主线之间的栅格数】：该微调框用于指定主栅格线相对于次栅格线的频率。VSCURRENT 系统变量设置为除二维线框之外的任何视觉样式时，将显示栅格线而不是栅格点。

3. 【栅格行为】选项组

该选项组用于控制当 VSCURRENT 系统变量设置为除二维线框之外的任何视觉样式时，所显示栅格线的外观。

- 【自适应栅格】：栅格间距缩小时，该复选框用于限制栅格密度。
- 【允许以小于栅格间距的间距再拆分】：栅格间距放大时，该复选框用于生成更多间距更小的栅格线。主栅格线的频率确定这些栅格线的频率。
- 【显示超出界线的栅格】：该复选框用于显示超出 LIMITS 命令指定区域的栅格。
- 【遵循动态 UCS】：该复选框用于更改栅格平面以遵循动态 UCS 的 XY 平面。

6.1.3　捕捉的应用

下面详细介绍【捕捉和栅格】选项卡中捕捉的设置。

1. 【启用捕捉】复选框

该复选框用于打开或关闭捕捉模式。我们也可以通过单击状态栏上的【捕捉】按钮，

或按 F9 快捷键，或使用 SNAPMODE 系统变量，来打开或关闭捕捉模式。

2. 【捕捉间距】选项组

该选项组用于控制捕捉位置处的不可见矩形栅格，以限制光标仅在指定的 X 和 Y 间隔内移动。

- 【捕捉 X 轴间距】：该文本框用于指定 X 方向的捕捉间距。间距值必须为正实数。
- 【捕捉 Y 轴间距】：该文本框用于指定 Y 方向的捕捉间距。间距值必须为正实数。
- 【X 轴间距 和 Y 轴间距相等】：该复选框可以为捕捉间距和栅格间距强制使用同一 X 和 Y 间距值。捕捉间距可以与栅格间距不同。

3. 【极轴间距】选项组

该选项组用于控制极轴捕捉增量距离。其中主要是设置【极轴距离】文本框。

在选中【捕捉类型】选项组下的 PolarSnap 单选按钮时，设置捕捉增量距离。如果该值为 0，则极轴捕捉距离采用【捕捉 X 轴间距】文本框的值。注意，【极轴距离】文本框的设置需与极坐标追踪和/或对象捕捉追踪结合使用。如果两个追踪功能都未设置，则【极轴距离】设置无效。

4. 【捕捉类型】选项组

该选项组用于设置捕捉样式和捕捉类型。

- 【栅格捕捉】：该单选按钮用于设置栅格捕捉类型。如果指定点，光标将沿垂直或水平栅格点进行捕捉。
- 【矩形捕捉】：该单选按钮用于将捕捉样式设置为标准矩形捕捉模式。当捕捉类型设置为栅格并且打开捕捉模式时，光标将捕捉矩形栅格。
- 【等轴测捕捉】：该单选按钮用于将捕捉样式设置为等轴测捕捉模式。当捕捉类型设置为栅格并且打开捕捉模式时，光标将捕捉等轴测栅格。
- PolarSnap：该单选按钮用于将捕捉类型设置为 PolarSnap。如果打开了捕捉模式并在极轴追踪打开的情况下指定点，光标将沿在【极轴追踪】选项卡中相对于极轴追踪起点设置的极轴对齐角度进行捕捉。

6.1.4 正交

正交是指在绘制线形图形对象时，线形对象的方向只能为水平或垂直，即当指定第一点时，第二点只能在第一点的水平方向或垂直方向。

6.2 对 象 捕 捉

当绘制精度要求非常高的图形时，细小的差错也许会造成重大的失误，为尽可能提高绘图的精度，AutoCAD 提供了对象捕捉功能，这样可快速、准确地绘制图形。

使用对象捕捉功能可以迅速指定对象上的精确位置，而不必输入坐标值或绘制构造线。该功能可将指定点限制在现有对象的确切位置上，如中点或交点等，使用对象捕捉功能可以绘制到圆心或多段线中点的直线。

在菜单栏中选择【工具】|【工具栏】| AutoCAD |【对象捕捉】命令，将打开如图 6-4 所示的【对象捕捉】工具栏。

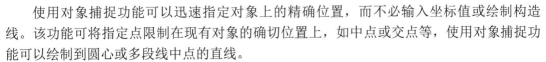

图 6-4　【对象捕捉】工具栏

对象捕捉名称及捕捉功能如表 6-1 所示。

表 6-1　对象捕捉列表

图　标	命令缩写	对象捕捉名称
	TT	临时追踪点
	FROM	捕捉自
	ENDP	捕捉到端点
	MID	捕捉到中点
	INT	捕捉到交点
	APPINT	捕捉到外观交点
	EXT	捕捉到延长线
	CEN	捕捉到圆心
	QUA	捕捉到象限点
	TAN	捕捉到切点
	PER	捕捉到垂足
	PAR	捕捉到平行线
	INS	捕捉到插入点
	NOD	捕捉到节点
	NEA	捕捉到最近点
	NON	无捕捉
	OSNAP	对象捕捉设置

6.2.1　使用对象捕捉

如果需要设置对象捕捉属性，可以选择【工具】|【绘图设置】菜单命令，或者在命令输入行中输入"dsettings"，将会打开【草图设置】对话框，单击【对象捕捉】标签，打开【对象捕捉】选项卡，如图 6-5 所示。

对象捕捉有以下两种方式。

● 如果在运行某个命令时设置对象捕捉，则当该命令结束时，捕捉也结束，这叫单点捕捉。这种捕捉形式一般是单击【对象捕捉】工具栏中的相关命令按钮。

图 6-5　【对象捕捉】选项卡

- 如果在运行绘图命令前设置捕捉，则该捕捉在绘图过程中会一直有效，该捕捉形式在【草图设置】对话框的【对象捕捉】选项卡中进行设置。

下面将详细介绍【对象捕捉】选项卡中的参数设置。

1.【启用对象捕捉】复选框

该复选框用来打开或关闭对象捕捉。当对象捕捉打开时，在对象捕捉模式下选定的对象捕捉将处于活动状态。(OSMODE 系统变量)

2.【启用对象捕捉追踪】复选框

该复选框用来打开或关闭对象捕捉追踪。使用对象捕捉追踪，在命令输入行中指定点时，光标可以沿基于其他对象捕捉点的对齐路径进行追踪。要使用对象捕捉追踪，必须打开一个或多个对象捕捉。(AUTOSNAP 系统变量)

3.【对象捕捉模式】选项组

该选项组中列出了可以在执行对象捕捉时打开的对象捕捉模式。主要包括以下选项。

- 【端点】：选中该复选框可以捕捉到圆弧、椭圆弧、直线、多线、多段线线段、样条曲线、面域或射线最近的端点，或捕捉宽线、实体或三维面域的最近角点，如图 6-6 所示。
- 【中点】：选中该复选框可以捕捉到圆弧、椭圆、椭圆弧、直线、多线、多段线、面域、实体、样条曲线或参照线的中点，如图 6-7 所示。

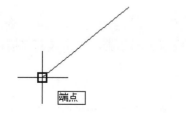

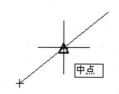

图 6-6　选中【端点】复选框后捕捉的效果　　图 6-7　选中【中点】复选框后捕捉的效果

- 【圆心】：选中该复选框可以捕捉到圆弧、圆、椭圆或椭圆弧的圆点，如图 6-8 所示。
- 【节点】：选中该复选框可以捕捉到点对象、标注定义点或标注文字起点，如图 6-9 所示。

 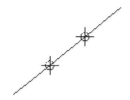

图 6-8　选中【圆心】复选框后捕捉的效果　　　图 6-9　选中【节点】复选框后捕捉的效果

- 【象限点】：选中该复选框可以捕捉到圆弧、圆、椭圆或椭圆弧的象限点，如图 6-10 所示。
- 【交点】：选中该复选框可以捕捉到圆弧、圆、椭圆、椭圆弧、直线、多线、多段线、射线、面域、样条曲线或参照线的交点。【延长线】复选框不能用作执行对象捕捉的模式。【交点】和【延长线】复选框不能和三维实体的边或角点一起使用，如图 6-11 所示。

图 6-10　选中【象限点】复选框后捕捉的效果　　图 6-11　选中【交点】复选框后捕捉的效果

> 注意　如果同时选中【交点】和【外观交点】复选框执行对象捕捉，可能会得到不同的结果。

- 【延长线】：选中该复选框，当光标经过对象的端点时，将显示临时延长线或圆弧，以便用户在延长线或圆弧上指定点。
- 【插入点】：选中该复选框可以捕捉到属性、块、形或文字的插入点。
- 【垂足】：选中该复选框可以捕捉圆弧、圆、椭圆、椭圆弧、直线、多线、多段线、射线、面域、实体、样条曲线或参照线的垂足。当正在绘制的对象需要捕捉多个垂足时，将自动打开【递延垂足】捕捉模式。可以用直线、圆弧、圆、多段线、射线、参照线、多线或三维实体的边作为绘制垂直线的基础对象。可以使用【递延垂足】在这些对象之间绘制垂直线。当十字光标经过递延垂足捕捉点时，将显示 AutoSnap 工具栏提示和标记，如图 6-12 所示。
- 【切点】：选中该复选框可以捕捉到圆弧、圆、椭圆、椭圆弧或样条曲线的切点。当正在绘制的对象需要捕捉多个切点时，将自动打开递延切点捕捉模式。例如，可以用递延切点来绘制与两条弧、两条多段线弧或两个圆相切的直线。当十字光标经过递延切点捕捉点时，将显示标记和 AutoSnap 工具栏提示，如图 6-13 所示。

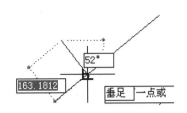

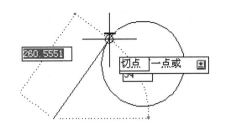

图 6-12　选中【垂足】复选框后捕捉的效果　　　图 6-13　选中【切点】复选框后捕捉的效果

> **注意**　当使用【切点】捕捉模式来绘制除开始于圆弧或圆的直线以外的对象时，第一个绘制的点是与在绘图区域最后选定的点相关的圆弧或圆的切点。

- 【最近点】：选中该复选框可以捕捉到圆弧、圆、椭圆、椭圆弧、直线、多线、点、多段线、射线、样条曲线或参照线的最近点。
- 【外观交点】：选中该复选框可以捕捉到不在同一平面但是可能看起来在当前视图中相交的两个对象的外观交点。延伸外观交点不能用作执行对象捕捉的模式。外观交点和延伸外观交点不能和三维实体的边或角点一起使用。
- 【平行线】：选中该复选框，无论何时提示用户指定矢量的第二个点时，都要绘制与另一个对象平行的矢量。指定矢量的第一个点后，如果将光标移动到另一个对象的直线段上，即可获得第二个点。如果创建的对象的路径与这条直线段平行，将显示一条对齐路径，可用它创建平行对象。
- 【全部选择】：单击该按钮可以打开所有对象捕捉模式。
- 【全部清除】：单击该按钮可以关闭所有对象捕捉模式。

6.2.2　自动捕捉

控制使用对象捕捉时显示的形象化辅助工具被称作自动捕捉。自动捕捉(AutoSnap™)设置默认保存在注册表中。如果鼠标指针或靶框处在对象上，可以按 Tab 键遍历该对象的所有可用捕捉点。

6.2.3　捕捉设置

如果需要对自动捕捉属性进行设置，可在【草图设置】对话框中单击【选项】按钮，将打开如图 6-14 所示的【选项】对话框，单击【绘图】标签，打开【绘图】选项卡。

下面将介绍【自动捕捉设置】选项组中的参数。

- 【标记】：该复选框用来控制自动捕捉标记的显示。该标记是当十字光标移动到捕捉点上时显示的几何符号。(AUTOSNAP 系统变量)
- 【磁吸】：该复选框用来打开或关闭自动捕捉磁吸。磁吸是指十字光标自动移动并锁定到最近的捕捉点上。(AUTOSNAP 系统变量)
- 【显示自动捕捉工具提示】：该复选框用来控制自动捕捉工具栏提示的显示。工具栏提示是一个标签，用来描述捕捉到的对象部分。(AUTOSNAP 系统变量)
- 【显示自动捕捉靶框】：该复选框用来控制自动捕捉靶框的显示。靶框是捕捉对

象时出现在十字光标内部的方框。(APBOX 系统变量)

- 【颜色】：该按钮用来指定自动捕捉标记的颜色。单击该按钮，将弹出【图形窗口颜色】对话框，在【界面元素】列表框中选择【二维自动捕捉标记】选项，在【颜色】下拉列表框中可以任意选择一种颜色，如图 6-15 所示。

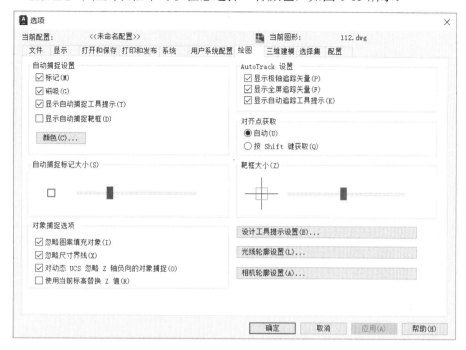

图 6-14　【选项】对话框

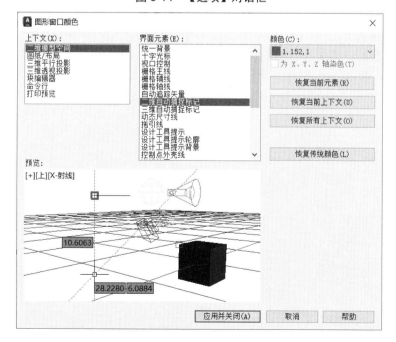

图 6-15　【图形窗口颜色】对话框

6.3 极 轴 追 踪

创建或修改对象时，可以使用极轴追踪以显示由指定的极轴角度所定义的临时对齐路径。可以使用 PolarSnap™ 沿对齐路径按指定距离进行捕捉。

6.3.1 极轴追踪

使用极轴追踪，光标将按指定角度进行移动。

例如，在图 6-16 中绘制一条从点 1 到点 2 的两个单位的直线，然后绘制一条到点 3 的两个单位的直线，并与第一条直线成 45°角。如果打开了 45°极轴角增量，当光标跨过 0°或 45°角时，将显示对齐路径和工具栏提示。当光标从该角度移开时，对齐路径和工具栏提示将消失，如图 6-16 所示。

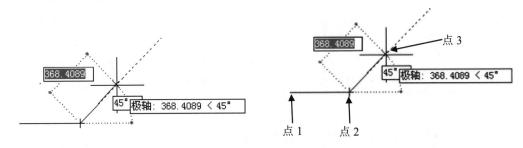

图 6-16 使用极轴追踪命令绘制的图形

如果需要对极轴追踪属性进行设置，可选择【工具】|【绘图设置】菜单命令，或者在命令输入行中输入"dsettings"，将打开【草图设置】对话框，单击【极轴追踪】标签，打开【极轴追踪】选项卡，如图 6-17 所示。

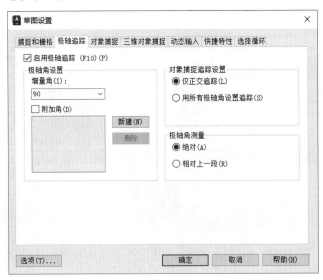

图 6-17 【极轴追踪】选项卡

【极轴追踪】选项卡中的主要选项如下。

(1)【启用极轴追踪】：该复选框用来打开或关闭极轴追踪。也可以按 F10 快捷键或使用 AUTOSNAP 系统变量来打开或关闭极轴追踪。

(2)【极轴角设置】：该选项组用来设置极轴追踪的对齐角度(POLARANG 系统变量)，包含以下几个参数设置。

图 6-18　【增量角】下拉列表

- 【增量角】：该下拉列表框用来设置显示极轴追踪对齐路径的极轴角增量。可以输入任何角度，也可以从下拉列表中选择 90、45、30、22.5、18、15、10 或 5 这些常用角度(POLARANG 系统变量)。【增量角】下拉列表如图 6-18 所示。
- 【附加角】：对极轴追踪可以使用列表框中的任何一种附加角度。【附加角】复选框受 POLARMODE 系统变量的控制；【附加角】列表框受 POLARADDANG 系统变量的控制。
- 如果选中【附加角】复选框，将在【附加角】列表框中列出可用的附加角度。要添加新的角度，单击【新建】按钮。要删除现有的角度，单击【删除】按钮。(POLARADDANG 系统变量)

注意　附加角度是绝对的，而非增量的。

- 【新建】：单击该按钮，最多可以添加 10 个附加极轴追踪对齐角度。

注意　添加分数角度之前，必须将 AUPREC 系统变量设置为合适的十进制精度，以防止不需要的舍入。如果 AUPREC 的值为 0(默认值)，则所有输入的分数角度将舍入为最接近的整数。

- 【删除】：单击该按钮将删除选定的附加角度。

(3)【对象捕捉追踪设置】：该选项组用来设置对象捕捉追踪选项。

- 【仅正交追踪】：选中该单选按钮，当对象捕捉追踪打开时，仅显示已获得的对象捕捉点的正交(水平/垂直)对象捕捉追踪路径。(POLARMODE 系统变量)
- 【用所有极轴角设置追踪】：选中该单选按钮，将极轴追踪设置应用于对象捕捉追踪。使用对象捕捉追踪时，光标将从获取的对象捕捉点起沿极轴对齐角度进行追踪。(POLARMODE 系统变量)

注意　单击状态栏中的【极轴】按钮和【对象追踪】按钮也可以打开或关闭极轴追踪和对象捕捉追踪。

(4)【极轴角测量】：该选项组用来设置测量极轴追踪对齐角度的基准。

- 【绝对】：选中该单选按钮，将根据当前用户坐标系(UCS)确定极轴追踪角度。
- 【相对上一段】：选中该单选按钮，将根据上一个绘制线段确定极轴追踪角度。

6.3.2　自动追踪

自动追踪可以使用户在绘图的过程中按指定的角度绘制对象，或者绘制与其他对象有特殊关系的对象。当自动追踪模式处于打开状态时，临时的对齐虚线有助于用户精确地绘图。用户还可以通过一些设置来更改对齐路线以适合自己的需求，这样就可以达到精确绘图的目的。

打开【草图设置】对话框，单击【选项】按钮，弹出如图 6-19 所示的【选项】对话框，在【绘图】选项卡的【AutoTrack 设置】选项组中进行自动追踪设置。

1.【显示极轴追踪矢量】复选框

当极轴追踪打开时，将沿指定角度显示一个矢量。使用极轴追踪，可以沿角度绘制直线。极轴角是 90°的约数，如 45°、30°和 15°。

可以通过将 TRACKPATH 设置为 2 取消选中【显示极轴追踪矢量】复选框。

2.【显示全屏追踪矢量】复选框

该复选框用来控制追踪矢量的显示。追踪矢量是辅助用户按特定角度或与其他对象特定关系绘制对象的构造线。如果选中此复选框，对齐矢量将显示为无限长的线。

可以通过将 TRACKPATH 设置为 1 来取消选中【显示全屏追踪矢量】复选框。

3.【显示自动追踪工具提示】复选框

该复选框用来控制自动追踪工具提示的显示。工具提示是一个标签，它会显示追踪坐标。

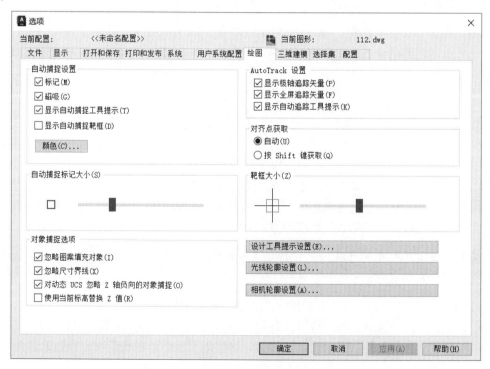

图 6-19　【选项】对话框

6.4　实战设计范例

6.4.1　绘制圆头平键范例

📓 **本范例完成文件**：范例文件/第 6 章/6-1.dwg

范例操作

step 01 新建图形文件，单击【绘图】面板中的【矩形】按钮 ▭，绘制 10×6 的矩形，如图 6-20 所示。

step 02 在信息栏设置指定角度限制光标，如图 6-21 所示。

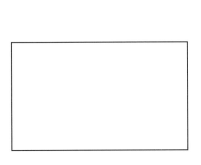

图 6-20　绘制矩形

图 6-21　设置指定角度限制光标

step 03 单击【绘图】面板中的【直线】按钮 ✎，绘制直线，长为 15，如图 6-22 所示。

step 04 单击【绘图】面板中的【圆弧】按钮 ✎，绘制圆弧，如图 6-23 所示。

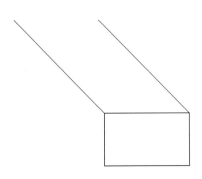

图 6-22　绘制直线

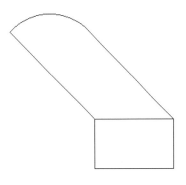

图 6-23　绘制圆弧

step 05 单击【绘图】面板中的【直线】按钮 ✎，绘制其余直线，得到圆头平键图形，结果如图 6-24 所示。

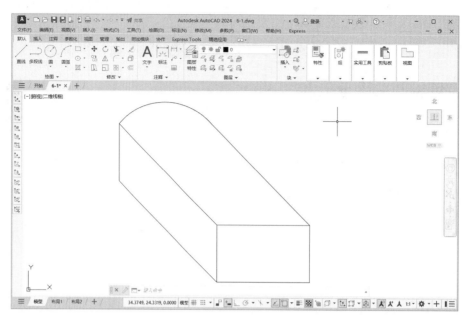

图 6-24 圆头平键图形

6.4.2 绘制滚珠零件范例

📃 本范例完成文件：范例文件/第 6 章/6-2.dwg

⚙️ **范例操作**

step 01 新建一个文件，单击【绘图】面板中的【圆】按钮⊙，绘制半径为 4 的圆形，然后在刚绘制的圆右侧 30 的位置绘制半径为 10 的圆，如图 6-25 所示。

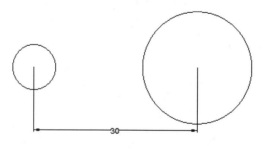

图 6-25 绘制两个圆

step 02 选择【工具】|【绘图设置】菜单命令，打开【草图设置】对话框，单击【对象捕捉】标签，打开【对象捕捉】选项卡，选中【切点】复选框，如图 6-26 所示，最后单击【确定】按钮。

step 03 单击【绘图】面板中的【直线】按钮 ╱，绘制两个圆之间的切线，如图 6-27 所示。

step 04 单击【修改】面板中的【镜像】按钮 ⚠️，镜像左侧的图形，如图 6-28 所示。

step 05 单击【修改】面板中的【修剪】按钮 ✂️，修剪图形，如图 6-29 所示。

图 6-26　【对象捕捉】选项卡

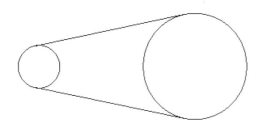

图 6-27　绘制切线

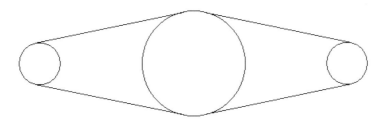

图 6-28　镜像图形

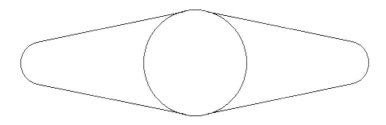

图 6-29　修剪图形

step 06　单击【绘图】面板中的【圆】按钮⊙，在两端绘制半径为 2 的两个圆，如图 6-30 所示。

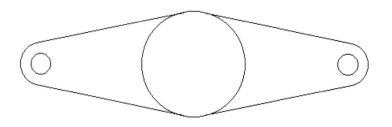

图 6-30 绘制圆

`step 07` 单击【绘图】面板中的【圆】按钮⊙，在中间分别绘制半径为 5 和 4.6 的同心圆，完成滚珠零件范例的绘制，最终结果如图 6-31 所示。

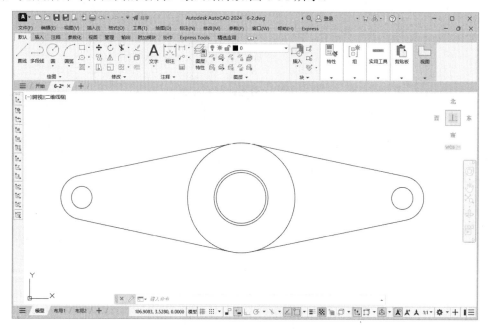

图 6-31 滚珠零件图形

本 章 小 结

本章主要介绍了 AutoCAD 2024 精确绘图设置的方法和命令，在精确绘图时经常需要用到栅格和捕捉、对象捕捉和极轴追踪，便于各种复杂图形的绘制。读者通过对本章的学习，可以进一步提高绘图的精准度。

第 7 章

尺寸标注和公差

本章导言

　　尺寸标注是图形绘制的一个重要组成部分，它是图形的测量注释，可以显示对象的长度、角度等测量值。AutoCAD 提供了多种标注样式和设置标注格式的方法，可以满足建筑、机械、电子等大多数应用领域的要求。在绘图时使用尺寸标注，能够对图形的各个部分添加提示和解释等辅助信息，既方便用户绘制，又方便使用者阅读。本章将讲述自行设置尺寸标注样式的方法以及对图形进行尺寸标注和公差等注释标注的方法。

7.1 尺寸标注的概念

尺寸标注是一种通用的图形注释，用来描述图形对象的几何尺寸、实体间的角度和距离等。

在 AutoCAD 2024 中，对绘制的图形进行尺寸标注时应遵循以下规则。

- 物体的真实大小应以图样上所标注的尺寸数值为依据，与图形的大小及绘图的准确度无关。
- 图样中的尺寸以毫米为单位时，不需要标注计量单位的代号或名称。如采用其他单位，则必须注明相应计量单位的代号或名称，如度、厘米及米等。
- 图样中所标注的尺寸为该图样所表示的物体的最后完工尺寸，否则应另加说明。
- 一般物体的每一尺寸只标注一次，并应标注在最后反映该结构最清晰的图形上。

7.1.1 尺寸标注的元素

尽管 AutoCAD 2024 提供了多种类型的尺寸标注，但通常都是由以下几种基本元素所构成的。下面对尺寸标注的组成元素进行介绍。

一个完整的尺寸标注包括尺寸线、尺寸界线、尺寸箭头和标注文字 4 个组成元素，如图 7-1 所示。

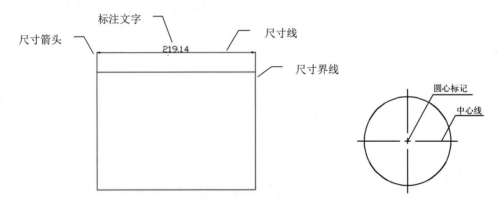

图 7-1　完整的尺寸标注示意图

(1) 尺寸线：用于指示标注的方向和范围，通常使用箭头来指出尺寸线的起点和端点。AutoCAD 将尺寸线放置在测量区域中，而且通常被分割成两条线，标注文字沿尺寸线放置。角度标注的尺寸线是一条圆弧。

(2) 尺寸界线：从被标注的对象延伸到尺寸线，又被称为投影线或证示线，一般垂直于尺寸线。但在特殊情况下用户也可以根据需要将尺寸界线倾斜一定的角度。

(3) 尺寸箭头：显示在尺寸线的两端，表明测量的开始和结束位置。AutoCAD 默认使用闭合的填充箭头符号，同时 AutoCAD 还提供了多种箭头符号可供选择，用户也可以自定义符号。

(4) 标注文字：用于表明图形实际测量值。可以使用由 AutoCAD 自动计算出的测量

值，并可附加公差、前缀和后缀等。用户也可以自行指定文字或取消文字。

(5) 圆心标记：标记圆或圆弧的圆心。

7.1.2　尺寸标注的过程

AutoCAD 提供了多种类型的尺寸标注，但是尺寸标注的过程是一致的。

(1) 单击【标注】菜单项。

(2) 在弹出的下拉菜单中选择标注类型。

(3) 选择标注对象进行标注。

在进行尺寸标注后，有时发现不能看到所标注的尺寸文本，这是因为尺寸标注的整体比例因子设置得太小，可以将尺寸标注方式对话框打开，修改其数值即可。

7.2　尺寸标注的样式

在 AutoCAD 中，要使标注的尺寸符合要求，就必须先设置尺寸样式，即确定 4 个基本元素的大小及相互之间的基本关系。本节将对尺寸标注样式管理、创建及其具体设置进行详尽的讲解。

7.2.1　标注样式的管理

下面介绍标注样式的管理。

1. 设置尺寸标注样式

设置尺寸标注样式有以下几种方法。

● 在菜单栏中选择【标注】|【标注样式】命令。

● 在命令输入行中输入 "ddim" 命令后按 Enter 键。

使用上述任何一种方法，AutoCAD 都会打开如图 7-2 所示的【标注样式管理器】对话框。在其中显示了当前可以选择的尺寸样式名，可以查看所选择样式的预览图。

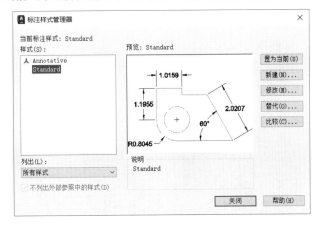

图 7-2　【标注样式管理器】对话框

2. 【标注样式管理器】对话框

下面对【标注样式管理器】对话框中的几个按钮作具体介绍。

- 【置为当前】按钮：用于建立当前尺寸标注类型。
- 【新建】按钮：用于新建尺寸标注类型。单击该按钮，将打开【创建新标注样式】对话框，其具体应用在下节中进行介绍。
- 【修改】按钮：用于修改尺寸标注类型。单击该按钮，将打开如图 7-3 所示的【修改标注样式】对话框，此图显示的是【线】选项卡的内容。

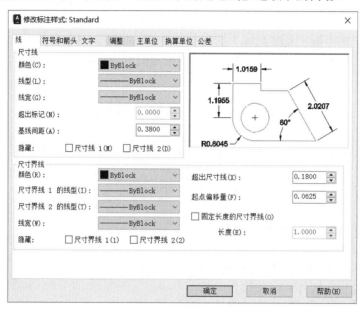

图 7-3 【线】选项卡

- 【替代】按钮：替代当前尺寸标注类型。单击该按钮，将打开【替代当前样式】对话框，其中的选项与【修改标注样式】对话框中的选项一致。
- 【比较】按钮：比较尺寸标注样式。单击该按钮，将打开如图 7-4 所示的【比较标注样式】对话框。比较功能可以帮助用户快速地比较几个标注样式在参数上的不同。

图 7-4 【比较标注样式】对话框

7.2.2 创建新标注样式

单击【标注样式管理器】对话框中的【新建】按钮，将弹出如图 7-5 所示的【创建新标注样式】对话框。

图 7-5 【创建新标注样式】对话框

在【创建新标注样式】对话框中可以进行以下设置。

● 在【新样式名】文本框中输入新的尺寸样式名。

● 在【基础样式】下拉列表框中选择相应的标准。

● 在【用于】下拉列表框中选择需要将此尺寸样式应用到相应尺寸标注上。

设置完毕后，单击【继续】按钮，弹出【新建标注样式】对话框，其中的选项与【修改标注样式】对话框中的选项一致。

AutoCAD 中存在标注样式的导入、导出功能，可以用标注样式的导入、导出功能实现在新建图形中引用当前图形中的标注样式或者导入样式应用标注，后缀名为 dim。

7.2.3 标注样式的设置

【新建标注样式】对话框、【修改标注样式】对话框与【替代当前样式】对话框中的选项是一致的，包括 7 个选项卡，下面对其设置作详细的讲解。

1. 【线】选项卡

【线】选项卡用来设置尺寸线和尺寸界线的格式和特性。

单击【修改标注样式】对话框中的【线】标签，打开【线】选项卡，如图 7-3 所示。

【线】选项卡各选项介绍如下。

1) 【尺寸线】选项组

该选项组用来设置尺寸线的特性。在此选项组中，AutoCAD 为用户提供了以下几项参数供用户设置。

● 【颜色】：该下拉列表框用来显示并设置尺寸线的颜色。用户可以选择该下拉列表框中的某种颜色作为尺寸线的颜色，或在该下拉列表框中直接输入颜色名来获得尺寸线的颜色。如果选择该下拉列表框中的【选择颜色】选项，则会打开【选择颜色】对话框，用户可以从 288 种 AutoCAD 颜色索引(ACI)颜色、真彩色和配色系统颜色中选择颜色。

- 【线型】：该下拉列表框用来设置尺寸线的线型。用户可以选择该下拉列表框中的某种线型作为尺寸线的线型。

- 【线宽】：该下拉列表框用来设置尺寸线的线宽。用户可以选择该下拉列表框中的某种属性来设置线宽，如 ByLayer(随层)、ByBlock(随块)及默认或一些固定的线宽等。

- 【超出标记】：该微调框中显示的是当用短斜线代替尺寸箭头使用倾斜、建筑标记、积分和无标记时尺寸线超过尺寸界线的距离，用户可以在该微调框中设置自己的预定值。默认情况下为 0。图 7-6 所示为设置【超出标记】预定值的前后对比。

(a) 【超出标记】预定值为 0 时的效果　　　　(b) 【超出标记】预定值为 3 时的效果

图 7-6　设置【超出标记】预定值的前后对比

- 【基线间距】：该微调框中显示的是两尺寸线之间的距离，用户可以在该微调框中设置自己的预定值。该值将在进行连续和基线尺寸标注时能用到。

- 【隐藏】：该选项区用来设置不显示尺寸线。当标注文字在尺寸线中间时，如果选中【尺寸线 1】复选框，将隐藏前半部分尺寸线，如果选中【尺寸线 2】复选框，则隐藏后半部分尺寸线。如果同时选中两个复选框，则尺寸线将被全部隐藏，如图 7-7 所示。

(a) 隐藏前半部分尺寸线的尺寸标注　　　　(b) 隐藏后半部分尺寸线的尺寸标注

图 7-7　隐藏部分尺寸线的尺寸标注

2) 【尺寸界线】选项组

该选项组用来控制尺寸界线的外观。在此选项组中，AutoCAD 提供了以下几项参数供用户设置。

- 【颜色】：该下拉列表框用来显示并设置尺寸界线的颜色。用户可以选择该下拉列表框中的某种颜色作为尺寸界线的颜色，或在该下拉列表框中直接输入颜色名来获得尺寸界线的颜色。如果选择【颜色】下拉列表框中的【选择颜色】选项，则会打开【选择颜色】对话框，用户可以从 288 种 AutoCAD 颜色索引(ACI)颜色、真彩色和配色系统颜色中选择颜色。

- 【尺寸界线 1 的线型】及【尺寸界线 2 的线型】：这两个下拉列表框用来设置尺寸界线的线型。用户可以选择该下拉列表框中的某种线型作为尺寸界线的线型。

- 【线宽】：该下拉列表框用来设置尺寸界线的线宽。用户可以选择该下拉列表框中的某种属性来设置线宽，如 ByLayer(随层)、ByBlock(随块)及默认或一些固定的线宽等。

- 【隐藏】：该选项区用来设置不显示尺寸界线。如果选中【尺寸界线 1】复选框，将隐藏第一条尺寸界线，如果选中【尺寸界线 2】复选框，则隐藏后第二条尺寸界线。如果同时选中这两个复选框，则尺寸界线将被全部隐藏，如图 7-8 所示。

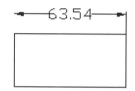 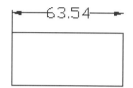

(a) 隐藏第一条尺寸界线的尺寸标注　　　　(b) 隐藏第二条尺寸界线的尺寸标注

图 7-8　隐藏部分尺寸界线的尺寸标注

- 【超出尺寸线】：该微调框中显示的是尺寸界线超过尺寸线的距离。用户可以在该微调框中设置自己的预定值。图 7-9 所示为设置【超出尺寸线】预定值的前后对比。

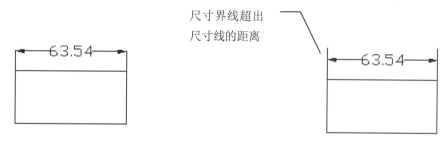

(a) 【超出尺寸线】预定值为 0 时的效果　　　(b) 【超出尺寸线】预定值为 3 时的效果

图 7-9　设置【超出尺寸线】预定值的前后对比

- 【起点偏移量】：该微调框用于设置图形中定义标注的点到尺寸界线的偏移距离。一般来说，尺寸界线与所标注的图形之间有间隙，该间隙即为起点偏移量，即在【起点偏移量】微调框中所显示的数值，用户也可以把它设为另外一个值。

- 【固定长度的尺寸界线】：该复选框用于设置尺寸界线从尺寸线开始到标注原点的总长度。如图 7-10 所示为设定固定长度的尺寸界线前后的对比。无论是否设置了固定长度的尺寸界线，尺寸界线偏移都将设置从尺寸界线原点开始的最小偏移距离。

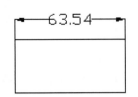

(a) 设定固定长度的尺寸界线前

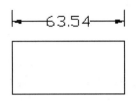

(b) 设定固定长度的尺寸界线后

图 7-10　设定固定长度的尺寸界线前后

2. 【符号和箭头】选项卡

【符号和箭头】选项卡用来设置箭头、圆心标记、折断标注、弧长符号、半径折弯标注和线性弯折标注的格式和位置。

单击【新建标注样式】对话框中的【符号和箭头】标签，打开【符号和箭头】选项卡，如图 7-11 所示。

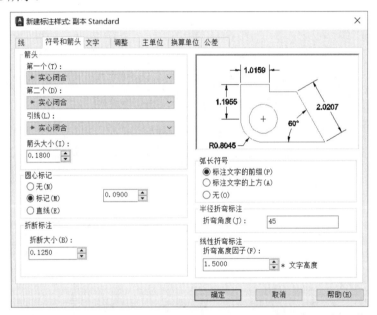

图 7-11　【符号和箭头】选项卡

【符号和箭头】选项卡中各选项如下。

1) 【箭头】选项组

该选项组用来控制标注箭头的外观。在此选项组中，AutoCAD 提供了以下几项参数供用户设置。

- 【第一个】：该下拉列表框用于设置第一条尺寸线的箭头。当改变第一个箭头的类型时，第二个箭头将自动改变，以便同第一个箭头相匹配。
- 【第二个】：该下拉列表框用于设置第二条尺寸线的箭头。
- 【引线】：该下拉列表框用于设置引线尺寸标注的指引箭头类型。

若用户要指定自己定义的箭头块，可分别选择上述三个下拉列表框中的【用户箭头】选项，将打开【选择自定义箭头块】对话框。用户在其中选择自己定义的箭头块的名称(该块必须在图形中)。

- 【箭头大小】：在该微调框中显示的是箭头的大小值，用户可以单击上下微调按钮选择相应的大小值，或直接在微调框中输入数值以确定箭头的大小值。

2) 【圆心标记】选项组

该选项组用来控制直径标注和半径标注的圆心标记和中心线的外观。在此选项组中，AutoCAD 提供了以下参数供用户设置。

- 【无】：选中该单选按钮将不创建圆心标记或中心线，其存储值为 0。
- 【标记】：选中该单选按钮将创建圆心标记，其大小存储为正值。
- 【直线】：选中该单选按钮将创建中心线，其大小存储为负值。

3) 【折断标注】选项组

在此选项组中显示和设置圆心标记或中心线的大小。用户可以在【折断大小】微调框中通过上下箭头选择一个数值或直接在微调框中输入相应的数值来表示圆心标记的大小。

4) 【弧长符号】选项组

该选项组用来控制弧长标注中圆弧符号的显示。在此选项组中，AutoCAD 2024 为用户提供了以下几项参数供用户设置。

- 【标注文字的前缀】：选中该单选按钮，将弧长符号放置在标注文字的前面。
- 【标注文字的上方】：选中该单选按钮，将弧长符号放置在标注文字的上方。
- 【无】：选中该单选按钮，不显示弧长符号。

5) 【半径折弯标注】选项组

该选项组用来控制折弯(Z 字型)半径标注的显示。折弯半径标注通常在中心点位于页面外部时创建。其中，【折弯角度】文本框主要用于确定连接半径标注的尺寸界线和尺寸线的横向直线的角度，如图 7-12 所示。

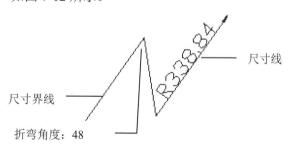

图 7-12　折弯角度

6) 【线性折弯标注】选项组

该选项组用来控制线性标注折弯的显示。用户可以在【折弯高度因子】微调框中通过上下微调按钮选择一个数值或直接在该微调框中输入相应的数值来表示文字高度的大小。

3. 【文字】选项卡

【文字】选项卡用来设置标注文字的外观、位置和对齐。

单击【新建标注样式】对话框中的【文字】标签，将打开【文字】选项卡，如图 7-13 所示。

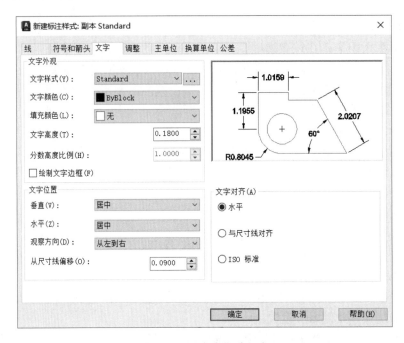

图 7-13　【文字】选项卡

【文字】选项卡中各选项介绍如下。

1)【文字外观】选项组

该选项组用来设置标注文字的样式、颜色和大小等属性。在此选项组中，AutoCAD 提供了以下几项参数供用户设置。

- 【文字样式】：该下拉列表框用于显示和设置当前标注文字样式。用户可以从该下拉列表框中选择一种样式。若用户要创建和修改标注文字样式，可以单击该下拉列表框右边的【文字样式】按钮，弹出【文字样式】对话框，如图 7-14 所示，从中进行标注文字样式的创建和修改。

图 7-14　【文字样式】对话框

- 【文字颜色】：该下拉列表框用于设置标注文字的颜色。用户可以选择该下拉列表框中的某种颜色作为标注文字的颜色，或在该下拉列表框中直接输入颜色名来获得标注文字的颜色。如果选择该下拉列表框中的【选择颜色】选项，则会打开【选择颜色】对话框，用户可以从 288 种 AutoCAD 颜色索引(ACI)颜色、真彩色和配色系统颜色中选择颜色。

- 【填充颜色】：该下拉列表框用于设置标注文字背景的颜色。用户可以选择该下拉列表框中的某种颜色作为标注文字背景的颜色，或在该下拉列表框中直接输入颜色名来获得标注文字背景的颜色。如果选择该下拉列表框中的【选择颜色】选项，则会打开【选择颜色】对话框，用户可以从 288 种 AutoCAD 颜色索引(ACI)颜色、真彩色和配色系统颜色中选择颜色。

- 【文字高度】：该微调框用于设置当前标注文字样式的高度。用户可以直接在该微调框中输入需要的数值。如果用户在【文字样式】下拉列表框中将文字高度设置为固定值(即文字样式高度大于 0)，则该高度将替代此处设置的文字高度。如果要使用在【文字】选项卡中设置的高度，必须确保【文字样式】下拉列表框中的文字高度设置为 0。

- 【分数高度比例】：该微调框用于设置相对于标注文字的分数比例，常用在公差标注中，当公差样式有效时可以设置公差的上下偏差文字与公差的尺寸高度的比例值。另外，只有在【主单位】选项卡中选择【分数】选项作为单位格式时，此微调框才可用。在此微调框中输入的值乘以文字高度，可确定标注分数相对于标注文字的高度。

- 【绘制文字边框】：某种特殊的尺寸需要使用文字边框，例如，基本公差，如果选中此复选框，将在标注文字周围绘制一个边框。图 7-15 所示为有文字边框的尺寸标注和无文字边框的尺寸标注的比较。

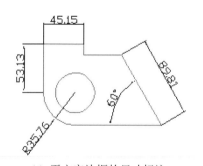
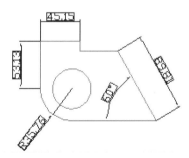

(a) 无文字边框的尺寸标注　　　　　　　　(b) 有文字边框的尺寸标注

图 7-15　有文字边框尺寸标注与无文字边框尺寸标注的比较

2) 【文字位置】选项组

该选项组用于设置标注文字的位置。在此选项组中，AutoCAD 提供了以下几项参数供用户设置。

- 【垂直】：该下拉列表框用来调整标注文字与尺寸线在垂直方向的位置。用户可以在此下拉列表框中选择当前的垂直对齐位置，有以下几个选项供用户选择，它们分别是：【居中】选项，将文本置于尺寸线的中间；【上】选项，将文本置于尺寸线的上方；【外部】选项，将文本置于尺寸线上远离第一个定义点的一边；JIS 选项，按日本工业的标准放置；【下】选项，将文本置于尺寸线的下方。

- 【水平】：该下拉列表框用来调整标注文字与尺寸线在平行方向的位置。用户可以在此下拉列表框中选择当前的水平对齐位置，有以下几个选项供用户选择，它们分别是：【居中】选项，将文本置于尺寸界线的中间；【第一条尺寸界线】选项，将标注文字沿尺寸线与第一条尺寸界线左对正；【第二条尺寸界线】选项，将标注文字沿尺寸线与第二条尺寸界线右对正；【第一条尺寸界线上方】选项，沿第一条尺寸界线放置标注文字或将标注文字放置在第一条尺寸界线之上；【第二条尺寸界线上方】选项，沿第二条尺寸界线放置标注文字或将标注文字放置在第二条尺寸界线之上。

- 【观察方向】：该下拉列表框用于控制标注文字的观察方向。该下拉列表框包括以下选项：【从左到右】选项，按从左到右阅读的方式放置文字；【从右到左】选项，按从右到左阅读的方式放置文字。

- 【从尺寸线偏移】：该微调框用于调整标注文字与尺寸线之间的距离，即文字间距。此值也可用作尺寸线段所需的最小长度。

另外，只有当生成的线段至少与文字间隔同样长时，才会将文字放置在尺寸界线内侧。当箭头、标注文字以及页边距有足够的空间容纳文字间距时，才会将尺寸线上方或下方的文字置于内侧。

3)【文字对齐】选项组

该选项组用于控制标注文字放在尺寸界线外边或里边时的方向是保持水平还是与尺寸界线平行。在此选项组中，AutoCAD 为用户提供了以下几项参数供用户设置。

- 【水平】：选中此单选按钮，表示无论尺寸标注为何种角度，它的标注文字总是水平的。

- 【与尺寸线对齐】：选中此单选按钮，表示尺寸标注为何种角度时，它的标注文字即为何种角度，文字方向总是与尺寸线平行。

- 【ISO 标准】：选中此单选按钮，表示标注文字方向遵循 ISO 标准。当文字在尺寸界线内时，文字与尺寸线对齐；当文字在尺寸界线外时，文字水平排列。

4. 【调整】选项卡

【调整】选项卡用来设置标注文字、箭头、引线和尺寸线的放置位置。

单击【新建标注样式】对话框中的【调整】标签，打开【调整】选项卡，如图 7-16 所示。

【调整】选项卡中各选项介绍如下。

1)【调整选项】选项组

该选项组用于在特殊情况下调整尺寸的某个要素的最佳表现方式。在此选项组中，AutoCAD 为用户提供了以下几项参数供用户设置。

- 【文字或箭头(最佳效果)】：选中此单选按钮，表示 AutoCAD 会自动选取最优的效果，当没有足够的空间放置文字和箭头时，AutoCAD 会自动把文字或箭头移出尺寸界线。

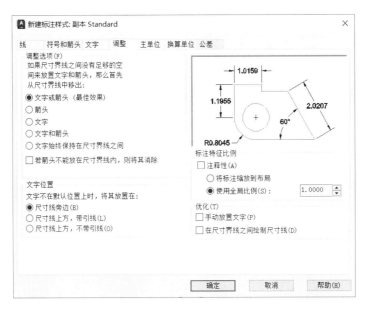

图 7-16　【调整】选项卡

- 【箭头】：选中此单选按钮，表示在尺寸界线之间如果没有足够的空间放置文字和箭头时，将首先把箭头移出尺寸界线。
- 【文字】：选中此单选按钮，表示在尺寸界线之间如果没有足够的空间放置文字和箭头时，将首先把文字移出尺寸界线。
- 【文字和箭头】：选中此单选按钮，表示在尺寸界线之间如果没有足够的空间放置文字和箭头时，将会把文字和箭头同时移出尺寸界线。
- 【文字始终保持在尺寸界线之间】：选中此单选按钮，表示在尺寸界线之间如果没有足够的空间放置文字和箭头时，文字将始终留在尺寸界线内。
- 【若箭头不能放在尺寸界线内，则将其消除】：选中此复选框，表示当文字和箭头在尺寸界线放置不下时，则消除箭头，即不画箭头。如图 7-17 所示的 R11.17 的半径标注为选中此复选框的前后对比。

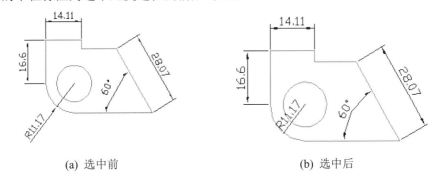

(a) 选中前　　　　　　　　　　　　　(b) 选中后

图 7-17　选中【若箭头不能放在尺寸界线内，则将其消除】复选框的前后对比

2) 【文字位置】选项组

该选项组用于设置标注文字从默认位置(由标注样式定义的位置)移动时标注文字的位置。在此选项组中，AutoCAD 2024 为用户提供了以下几项参数供用户设置。

- 【尺寸线旁边】：选中该单选按钮，表示当标注文字不在默认位置时，将文字标注在尺寸线旁。这是默认的选项。
- 【尺寸线上方，带引线】：选中该单选按钮，表示当标注文字不在默认位置时，将文字标注在尺寸线的上方，并加一条引线。
- 【尺寸线上方，不带引线】：选中该单选按钮，表示当标注文字不在默认位置时，将文字标注在尺寸线的上方，不加引线。

3)【标注特征比例】选项组

该选项组用于设置全局标注比例值或图纸空间比例。在此选项组中，AutoCAD 2024为用户提供了以下几项参数供用户设置。

- 【注释性】：选中该复选框，将指定标注为注释性。单击信息图标可以了解有关注释性对象的详细信息。
- 【使用全局比例】：表示整个图形的尺寸比例，比例值越大，表示尺寸标注的字体越大。选中此单选按钮后，用户可以在其微调框中选择某一个比例或直接在微调框中输入一个数值表示全局的比例。
- 【将标注缩放到布局】：选中该单选按钮，表示以相对于图纸的布局比例来缩放尺寸标注。

4)【优化】选项组

该选项组提供用于放置标注文字的其他选项。在此选项组中，AutoCAD 2024为用户提供了以下两项参数供用户设置。

- 【手动放置文字】：选中此复选框，表示每次标注时总是需要用户设置放置文字的位置，反之则在标注文字时使用默认设置。
- 【在尺寸界线之间绘制尺寸线】：选中该复选框，表示当尺寸界线距离比较近时，在界线之间也要绘制尺寸线，反之则不绘制。

5.【主单位】选项卡

【主单位】选项卡用来设置主标注单位的格式和精度，并设置标注文字的前缀和后缀。

单击【新建标注样式】对话框中的【主单位】标签，打开【主单位】选项卡，如图 7-18所示。

【主单位】选项卡中各选项介绍如下。

1)【线性标注】选项组

该选项组用于设置线性标注的格式和精度。在此选项组中，AutoCAD 2024为用户提供了以下几项参数供用户设置。

- 【单位格式】：该下拉列表框用于设置除角度之外的所有尺寸标注类型的当前单位格式。其中的选项共有 6 项，分别是：【科学】、【小数】、【工程】、【建筑】、【分数】和【Windows 桌面】。
- 【精度】：该下拉列表框用于设置尺寸标注的精度。用户可以在该下拉列表框中选择某一项作为标注精度。
- 【分数格式】：该下拉列表框用于设置分数的表现格式。此下拉列表框只有当在【单位格式】下拉列表框中选择【分数】选项时才有效，包括【水平】、【对角】、【非堆叠】3 个选项。

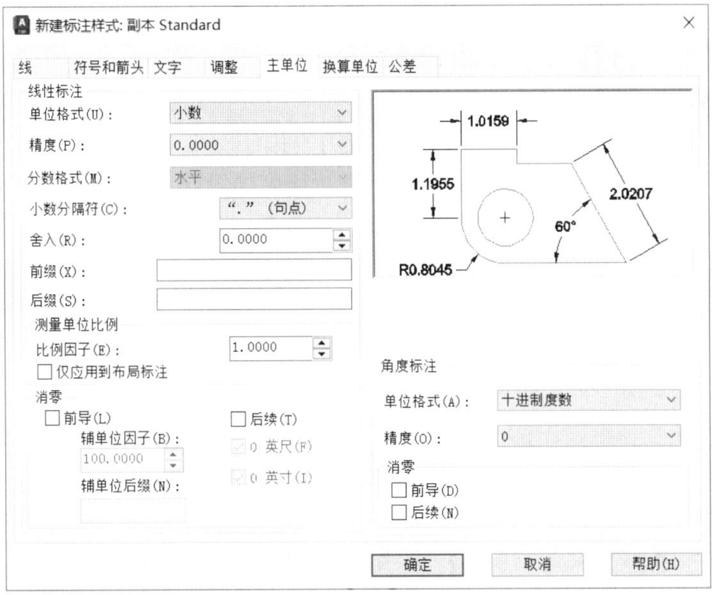

图 7-18　【主单位】选项卡

- 【小数分隔符】：该下拉列表框用于设置十进制格式的分隔符。此下拉列表框只有当在【单位格式】下拉列表框中选择【小数】选项时才有效，包括【"."(句点)】、【","(逗点)】、【" "(空格)】3 个选项。

- 【舍入】：该微调框用来设置四舍五入的位数及具体数值。用户可以在其微调框中直接输入相应的数值来设置。如果输入"0.28"，则所有标注距离都以 0.28 为单位进行舍入；如果输入"1.0"，则所有标注距离都将舍入为最接近的整数。小数点后显示的位数取决于【精度】下拉列表框的设置。

- 【前缀】：在此文本框中用户可以为标注文字输入一定的前缀，可以输入文字或使用控制代码显示特殊符号。如图 7-19 所示，在【前缀】文本框中输入"%%C"后，标注文字前加表示直径的前缀"Ø"号。

- 【后缀】：在此文本框中用户可以为标注文字输入一定的后缀，可以输入文字或使用控制代码显示特殊符号。如图 7-20 所示，在【后缀】文本框中输入"cm"后，标注文字后将加后缀 cm。

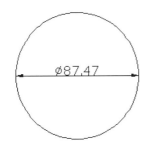

图 7-19　加入前缀%%C 的尺寸标注

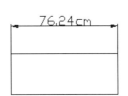

图 7-20　加入后缀 cm 的尺寸标注

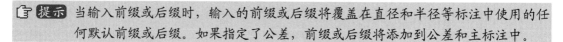

> 提示 当输入前缀或后缀时，输入的前缀或后缀将覆盖在直径和半径等标注中使用的任何默认前缀或后缀。如果指定了公差，前缀或后缀将添加到公差和主标注中。

2) 【测量单位比例】选项组

该选项组用来定义线性比例选项，主要应用于传统图形。

用户可以通过在【比例因子】微调框中输入相应的数字表示设置比例因子。但是建议不要更改此值的默认值 1.00。例如，如果输入"2"，则 1 英寸直线的尺寸将显示为 2 英寸。该值不应用到角度标注，也不应用到舍入值或者正负公差值。

用户也可以选中【仅应用到布局标注】复选框或取消选中该复选框使设置应用到整个图形文件中。

3) 【消零】选项组

该选项组用来控制不输出前导零、后续零以及零英尺、零英寸部分，即在标注文字中不显示前导零、后续零以及零英尺、零英寸部分。

4) 【角度标注】选项组

该选项组用于显示和设置角度标注的当前角度格式。在此选项组中，AutoCAD 提供了以下几项参数供用户设置。

- 【单位格式】：该下拉列表框用于设置角度单位格式。包括【十进制度数】、【度/分/秒】、【百分度】和【弧度】几个选项。
- 【精度】：该下拉列表框用于设置角度标注的精度。用户可以在该下拉列表框中选择某一项作为标注精度。

5) 【消零】选项组

该选项组用来控制不输出前导零、后续零，即在标注文字中不显示前导零、后续零。

6. 【换算单位】选项卡

【换算单位】选项卡用来设置标注测量值中换算单位的显示并设置其格式和精度。

单击【新建标注样式】对话框中的【换算单位】标签，打开【换算单位】选项卡，如图 7-21 所示。

【换算单位】选项卡中各选项介绍如下。

1) 【显示换算单位】复选框

该复选框用于向标注文字添加换算测量单位。只有当用户选中此复选框时，【换算单位】选项卡中的所有选项才有效；否则即为无效，即在尺寸标注中换算单位无效。

2) 【换算单位】选项组

该选项组用于显示和设置角度标注的当前角度格式。在此选项组中，AutoCAD 为用户提供了以下几项参数供用户设置。

- 【单位格式】：该下拉列表框用于设置换算单位格式。它与主单位的单位格式设置相同。
- 【精度】：该下拉列表框用于设置换算单位的尺寸精度。它也与主单位的精度设置相同。
- 【换算单位倍数】：该微调框用于设置换算单位之间的比例，用户可以指定一个乘数，作为主单位和换算单位之间的换算因子使用。例如，要将英寸转换为毫米，则输入"27.4"。此值对角度标注没有影响，而且不会应用于舍入值或者正、负公差值。

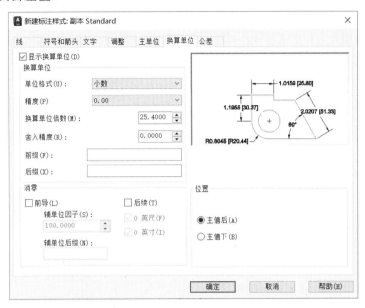

图 7-21　【换算单位】选项卡

- 【舍入精度】：该微调框用于设置四舍五入的位数及具体数值。如果输入"0.28"，则所有标注测量值都以 0.28 为单位进行舍入；如果输入"1.0"，则所有标注测量值都将舍入为最接近的整数。小数点后显示的位数取决于【精度】下拉列表框的设置。
- 【前缀】：在此文本框中用户可以为尺寸换算单位输入一定的前缀，可以输入文字或使用控制代码显示特殊符号。如图 7-22 所示，在【前缀】文本框中输入"%%C"后，换算单位前将加表示直径的前缀"Ø"号。
- 【后缀】：在此文本框中用户可以为尺寸换算单位输入一定的后缀，可以输入文字或使用控制代码显示特殊符号。如图 7-23 所示，在【后缀】文本框中输入"cm"后，换算单位后加后缀"cm"。

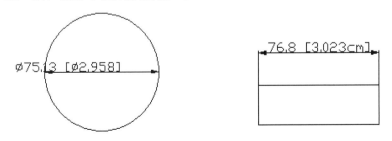

图 7-22　加入前缀的换算单位示意图　　　图 7-23　加入后缀的换算单位示意图

3) 【消零】选项组

该选项组用来控制不输出前导零、后续零以及零英尺、零英寸部分，即在换算单位中不显示前导零、后续零以及零英尺、零英寸部分。

4) 【位置】选项组

该选项组用于设置标注文字中换算单位的放置位置。在此选项组中，有以下两个单选按钮。

● 【主值后】：选中此单选按钮，表示将换算单位放在标注文字中的主单位之后。

● 【主值下】：选中此单选按钮，表示将换算单位放在标注文字中的主单位下面。

图 7-24 所示为换算单位放置在主单位之后和主单位下面的尺寸标注对比。

7. 【公差】选项卡

【公差】选项卡用来设置公差格式及换算公差等。

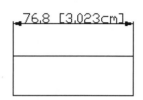

(a) 将换算单位放置在主单位之后的尺寸标注

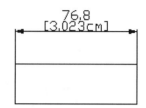

(b) 将换算单位放置在主单位下面的尺寸标注

图 7-24　换算单位放置在主单位之后和主单位下面的尺寸标注

单击【新建标注样式】对话框中的【公差】标签，打开【公差】选项卡，如图 7-25 所示。

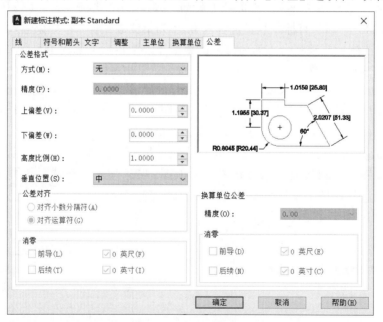

图 7-25　【公差】选项卡

【公差】选项卡中各选项介绍如下。

1) 【公差格式】选项组

该选项组用于设置标注文字中公差的格式及显示。在此选项组中，AutoCAD 为用户提供了以下几项参数供用户设置。

- 【方式】：该下拉列表框用于设置公差格式。用户可以在该下拉列表框中选择任一选项作为公差的标注格式。包括【无】、【对称】、【极限偏差】、【极限尺寸】和【基本尺寸】几个选项。其中【无】选项代表不添加公差；【对称】选项表示添加公差的正/负表达式，其中一个偏差量的值应用于标注测量值，标注后面将显示加号或减号，在【上偏差】微调框中输入公差值；【极限偏差】选项添加正/负公差表达式，不同的正公差和负公差值将应用于标注测量值，在【上偏差】微调框中输入的公差值前面将显示正号(+)，在【下偏差】微调框中输入的公差值前面将显示负号(-)；【极限尺寸】选项表示创建极限标注，在此类标注中，将显示一个最大值和一个最小值，一个在上，另一个在下，最大值等于标注值加上在【上偏差】微调框中输入的值，最小值等于标注值减去在【下偏差】微调框中输入的值；【基本尺寸】选项表示创建基本标注，这将在整个标注范围周围显示一个框。
- 【精度】：该文本框用来设置公差的小数位数。
- 【上偏差】：该微调框用来设置最大公差或上偏差。如果在【方式】下拉列表框中选择【对称】选项，则此项数值将用于公差。
- 【下偏差】：该微调框用来设置最小公差或下偏差。
- 【高度比例】：该微调框用来设置公差文字的当前高度。
- 【垂直位置】：该下拉列表框用来设置对称公差和极限公差的文字对正。
- 【公差对齐】：该选项区域用来设置对齐小数分隔符或运算符。

2）【消零】选项组

该选项组用来控制不输出前导零、后续零以及零英尺、零英寸部分，即在公差中不显示前导零、后续零以及零英尺、零英寸部分。

3）【换算单位公差】选项组

该选项组用于设置换算公差单位的格式。在此选项组中的【精度】文本框、【消零】选项区域的设置与前面的设置相同。

设置各选项后，单击任一选项卡中的【确定】按钮，然后单击【标注样式管理器】对话框中的【关闭】按钮即完成设置。

7.3　创建尺寸标注

尺寸标注是图形设计中基本的设计步骤和过程，它随图形的多样性而有各种不同的标注。AutoCAD 提供了多种标注类型，包括线性尺寸标注、对齐尺寸标注等，通过了解这些尺寸标注，可以灵活地给图形添加尺寸标注。下面就来介绍 AutoCAD 2024 的尺寸标注方法和规则。

7.3.1　线性尺寸标注

线性尺寸标注用来标注图形的水平尺寸、垂直尺寸，如图 7-26 所示。

创建线性尺寸标注有以下几种方法。

- 在菜单栏中选择【标注】|【线性】命令。
- 在命令输入行中输入"dimlinear"命令后按 Enter 键。
- 单击【注释】选项卡【标注】面板(或【默认】选项卡【注释】面板)中的【线性】按钮⊢。

执行上述任一操作后，命令输入行提示如下：

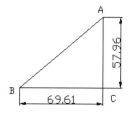

图 7-26　线性尺寸标注

```
命令: _dimlinear
指定第一个尺寸界线原点或 <选择对象>:      //选择 A 点后单击
指定第二条尺寸界线原点:                  //选择 C 点后单击
指定尺寸线位置或[多行文字(M)/文字(T)/角度(A)/水平(H)/垂直(V)/旋转(R)]: 标注文字 = 57.96
                              //按住鼠标左键不放，拖动尺寸线移动到合适的位置后单击
```

命令输入行中提示选项解释如下。

- 【多行文字】：用户可以在标注的同时输入多行文字。
- 【文字】：用户只能输入一行文字。
- 【角度】：输入标注文字的旋转角度。
- 【水平】：标注水平方向距离尺寸。
- 【垂直】：标注垂直方向距离尺寸。
- 【旋转】：输入尺寸线的旋转角度。

在 AutoCAD 2024 中标注文字时，有很多特殊的字符和标注，这些特殊字符和标注由控制字符来实现，这些特殊字符及其对应的控制字符如表 7-1 所示。

表 7-1　特殊字符及其对应的控制字符

特殊字符或标注	控制字符	示　例
圆直径标注符号(Ø)	%%c	Ø48
百分号	%%%	%30
正/负公差符号(±)	%%p	20±o.8
度符号(°)	%%d	48º
字符数 nnn	%%nnn	Abc
加上划线	%%o	$\overline{123}$
加下划线	%%u	123

在实际操作中也会遇到要求对数据标注上下标的情况，下面介绍标注上下标的方法。

(1) 上标：编辑文字时，输入"2^"，然后选中 2^，单击【格式】面板中的 ᵇ/ₐ 堆叠 按钮即可。

(2) 下标：编辑文字时，输入"^2"，然后选中^2，单击【格式】面板中的 ᵇ/ₐ 堆叠 按钮即可。

(3) 上下标：编辑文字时，输入"2^2"，然后选中 2^2，单击【格式】面板中的 ᵇ/ₐ 堆叠 按钮即可。

7.3.2　对齐尺寸标注

对齐尺寸标注是指标注两点间的距离，标注的尺寸线平行于两点间的连线。图 7-27 所示为线性尺寸标注与对齐尺寸标注的对比。

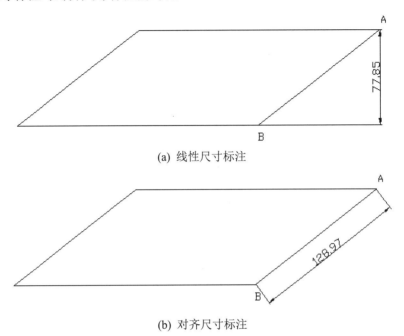

(a) 线性尺寸标注

(b) 对齐尺寸标注

图 7-27　线性尺寸标注与对齐尺寸标注的对比

创建对齐尺寸标注有以下几种方法。

● 在菜单栏中选择【标注】|【对齐】命令。

● 在命令输入行中输入"dimaligned"命令后按 Enter 键。

● 单击【注释】选项卡【标注】面板(或【默认】选项卡【注释】面板)中的【对齐】按钮✎。

执行上述任一操作后，命令输入行提示如下：

```
命令: _dimaligned
指定第一个尺寸界线原点或 <选择对象>:    //选择 A 点后单击
指定第二条尺寸界线原点:              //选择 B 点后单击
指定尺寸线位置或[多行文字(M)/文字(T)/角度(A)]:  标注文字 = 128.97
                          //按住鼠标左键不放，拖动尺寸线移动到合适的位置后单击
```

7.3.3　半径尺寸标注

半径尺寸标注用来标注圆或圆弧的半径，如图 7-28 所示。

创建半径尺寸标注有以下 3 种方法。

● 在菜单栏中选择【标注】|【半径】菜单命令。

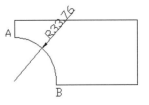

图 7-28　半径尺寸标注

● 在命令输入行中输入"dimradius"命令后按 Enter 键。

● 单击【注释】选项卡【标注】面板(或【默认】选项卡【注释】面板)中的【半径】按钮。

执行上述任一操作后，命令输入行提示如下：

```
命令: _dimradius
选择圆弧或圆:                                    //选择圆弧 AB 后单击
标注文字 = 33.76
指定尺寸线位置或 [多行文字(M)/文字(T)/角度(A)]:    //移动尺寸线至合适位置后单击
```

7.3.4 直径尺寸标注

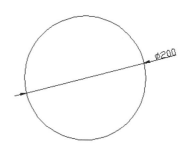

直径尺寸标注用来标注圆的直径，如图 7-29 所示。
创建直径尺寸标注有以下几种方法。

● 在菜单栏中选择【标注】|【直径】命令。

● 在命令输入行中输入"dimdiameter"命令后按 Enter 键。

● 单击【注释】选项卡【标注】面板(或【默认】选项卡【注释】面板)中的【直径】按钮。

图 7-29　直径尺寸标注

执行上述任一操作后，命令输入行提示如下：

```
命令: _dimdiameter
选择圆弧或圆:                                    //选择圆后单击
标注文字 = 200
指定尺寸线位置或 [多行文字(M)/文字(T)/角度(A)]:    //移动尺寸线至合适位置后单击
```

7.3.5 角度尺寸标注

角度尺寸标注用来标注两条不平行线的夹角或圆弧的夹角。如图 7-30 所示是不同图形的角度尺寸标注。

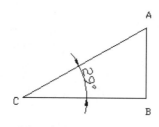

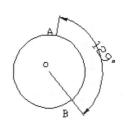

(a) 选择两条直线的角度尺寸标注　　(b) 选择圆弧的角度尺寸标注　　(c) 选择圆的角度尺寸标注

图 7-30　角度尺寸标注

创建角度尺寸标注有以下几种方法。

● 在菜单栏中选择【标注】|【角度】命令。

● 在命令输入行中输入"dimangular"命令后按 Enter 键。

● 单击【注释】选项卡【标注】面板(或【默认】选项卡【注释】面板)中的【角度】按钮△。

如果选择直线，执行上述任一操作后，命令输入行提示如下：

```
命令：_dimangular
选择圆弧、圆、直线或 <指定顶点>：                    //选择直线 AC 后单击
选择第二条直线：                                    //选择直线 BC 后单击
指定标注弧线位置或 [多行文字(M)/文字(T)/角度(A)/象限点(Q)]：   //选定标注位置后单击
标注文字 = 29
```

如果选择圆弧，执行上述任一操作后，命令输入行提示如下：

```
命令：_dimangular
选择圆弧、圆、直线或 <指定顶点>：                    //选择圆弧 AB 后单击
指定标注弧线位置或 [多行文字(M)/文字(T)/角度(A)]：    //选定标注位置后单击
标注文字 = 157
```

如果选择圆，执行上述任一操作后，命令输入行提示如下：

```
命令：_dimangular
选择圆弧、圆、直线或 <指定顶点>：                    //选择圆 O 并指定 A 点后单击
指定角的第二个端点：                                //选择点 B 后单击
指定标注弧线位置或 [多行文字(M)/文字(T)/角度(A)/象限点(Q)]：   //选定标注位置后单击
标注文字 = 129
```

7.3.6　基线尺寸标注

基线尺寸标注用来标注以同一基准为起点的一组相关尺寸，如图 7-31 所示。

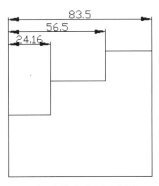

(a) 矩形的基线尺寸标注

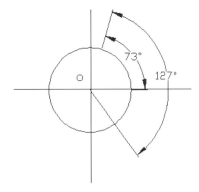

(b) 圆的基线尺寸标注

图 7-31　基线尺寸标注

创建基线尺寸标注有以下几种方法。

● 在菜单栏中选择【标注】|【基线】命令。
● 在命令输入行中输入"dimbaseline"命令后按 Enter 键。
● 单击【注释】选项卡【标注】面板中的【基线】按钮口。

如果当前任务中未创建任何标注，执行上述任一操作后，系统将提示用户选择线性标注、坐标标注或角度标注，以用作基线标注的基准。命令输入行提示如下：

选择基准标注:　　//选择线性标注(图7-31中线性标注24.16)、坐标标注或角度标注(图7-31中
　　　　　　　　　　//角度标注73°)

否则,系统将跳过该提示,并使用上次在当前任务中创建的标注对象。

如果基准标注是线性标注或角度标注,将出现如下提示:

命令: _dimbaseline
指定第二条尺寸界线原点或 [放弃(U)/选择(S)] <选择>:　　　//选定第二条尺寸界线原点后单击
　　　　　　　　　　　　　　　　　　　　　　　　　　//或按下 Enter 键
标注文字 = 56.5(图7-31中的标注)或127°(图7-31中圆的标注)
指定第二条尺寸界线原点或 [放弃(U)/选择(S)] <选择>:　　　//选定第三条尺寸界线原点后按 Enter 键
标注文字 = 83.5(图7-31中的标注)

如果基准标注是坐标标注,将出现如下提示:

指定点坐标或 [放弃(U)/选择(S)] <选择>:

7.3.7　连续尺寸标注

连续尺寸标注用来标注一组连续相关尺寸,即前一尺寸标注是后一尺寸标注的基准,
如图 7-32 所示。

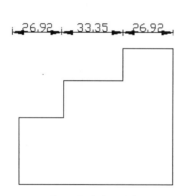

(a) 矩形的连续尺寸标注

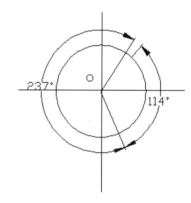

(b) 圆的连续尺寸标注

图 7-32　连续尺寸标注

创建连续尺寸标注有以下几种方法。

● 在菜单栏中选择【标注】|【连续】命令。
● 在命令输入行中输入"Dimcontinue"命令后按 Enter 键。
● 单击【注释】选项卡【标注】面板中的【连续】按钮。

如果当前任务中未创建任何标注,执行上述任一操作后,系统将提示用户选择线性标
注、坐标标注或角度标注,以用作连续标注的基准。命令输入行提示如下:

选择连续标注:　　//选择线性标注(图7-32中线性标注26.92)、坐标标注或角度标注(图7-32中
　　　　　　　　　//角度标注114°)

否则,系统将跳过该提示,并使用上次在当前任务中创建的标注对象。

如果基准标注是线性标注或角度标注,将出现如下提示:

```
命令: _dimcontinue
指定第二条尺寸界线原点或 [放弃(U)/选择(S)] <选择>:        //选定第二条尺寸界线原点后单击
                                                        //或按 Enter 键
标注文字 = 33.35(图 7-32 中的矩形标注) 或 237°(图 7-32 中圆的标注)
指定第二条尺寸界线原点或 [放弃(U)/选择(S)] <选择>:        //选定第三条尺寸界线原点后按 Enter 键
标注文字 = 26.92(图 7-32 中的矩形标注)
```

如果基准标注是坐标标注，将出现如下提示：

```
指定点坐标或 [放弃(U)/选择(S)] <选择>:
```

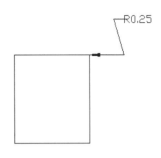

7.3.8　引线尺寸标注

引线尺寸标注是从图形上的指定点引出连续的引线，用户可以在引线上输入标注文字，如图 7-33 所示。

创建引线尺寸标注的方法是在命令输入行中输入"qleader"命令后按 Enter 键。执行操作后，命令输入行提示如下：

图 7-33　引线尺寸标注

```
命令: _qleader
指定第一个引线点或 [设置(S)] <设置>:          //选定第一个引线点
指定下一点:                                   //选定第二个引线点
指定下一点:
指定文字宽度 <0>:8                            //输入文字宽度 8
输入注释文字的第一行 <多行文字(M)>: R0.25     //输入注释文字 R0.25 后连续两次按 Enter 键
```

若用户执行"设置"操作，即在命令输入行中输入"S"：

```
命令: _qleader
指定第一个引线点或 [设置(S)] <设置>: S        //输入"S"后按 Enter 键
```

此时会弹出【引线设置】对话框，如图 7-34 所示，在该对话框的【注释】选项卡中可以设置引线注释类型、指定多行文字选项，并指明是否需要重复使用注释；在【引线和箭头】选项卡中可以设置引线和箭头格式；在【附着】选项卡中可以设置引线和多行文字注释的附着位置(只有在【注释】选项卡中选定【多行文字】选项时，此选项卡才可用)。

图 7-34　【引线设置】对话框

7.3.9 坐标尺寸标注

坐标尺寸标注用来标注指定点到用户坐标系(UCS)
原点的坐标方向距离。如图 7-35 所示，圆心沿横坐标方
向的坐标距离为 13.24，圆心沿纵坐标方向的坐标距离
为 480.24。

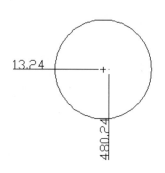

图 7-35　坐标尺寸标注

创建坐标尺寸标注有以下几种方法。

● 在菜单栏中选择【标注】|【坐标】命令。

● 在命令输入行中输入"dimordinate"命令后按
Enter 键。

● 单击【注释】选项卡【标注】面板(或【默认】选项卡【注释】面板)中的【坐
标】按钮。

执行上述任一操作后，命令输入行提示如下：

```
命令：_dimordinate
指定点坐标：                            //选定圆心后单击
指定引线端点或 [X 基准(X)/Y 基准(Y)/多行文字(M)/文字(T)/角度(A)]：标注文字 = 13.24
                          //拖动鼠标确定引线端点至合适位置后单击
```

7.3.10 快速尺寸标注

快速尺寸标注用来标注一系列图形对象，如为一系列圆进行标注，如图 7-36 所示。

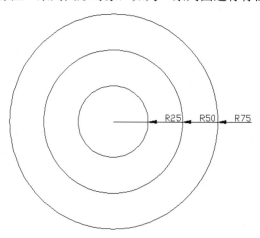

图 7-36　快速尺寸标注

创建快速尺寸标注有以下几种方法。

● 在菜单栏中选择【标注】|【快速标注】命令。

● 在命令输入行中输入"qdim"命令后按 Enter 键。

● 单击【注释】选项卡【标注】面板中的【快速】按钮。

执行上述任一操作后，命令输入行提示如下：

```
命令: _qdim
关联标注优先级 = 端点
选择要标注的几何图形: 找到 1 个
选择要标注的几何图形: 找到 1 个, 总计 2 个
选择要标注的几何图形: 找到 1 个, 总计 3 个
选择要标注的几何图形:
指定尺寸线位置或 [连续(C)/并列(S)/基线(B)/坐标(O)/半径(R)/直径(D)/基准点(P)/编辑
(E)/设置(T)]
<半径>:           //标注一系列半径型尺寸标注并移动尺寸线至合适位置后单击
```

命令输入行中选项的含义如下。

- 【连续】: 标注一系列连续型尺寸标注。
- 【并列】: 标注一系列并列尺寸标注。
- 【基线】: 标注一系列基线型尺寸标注。
- 【坐标】: 标注一系列坐标型尺寸标注。
- 【半径】: 标注一系列半径型尺寸标注。
- 【直径】: 标注一系列直径型尺寸标注。
- 【基准点】: 为基线和坐标标注设置新的基准点。
- 【编辑】: 编辑标注。

7.4　标注形位公差

形位公差尺寸标注用来标注图形的形位公差, 如垂直度、同轴度、圆跳度、对称度等, 这些公差用来标注图形的形状误差、位置误差, 用来表示机械加工的精度和等级。本节将对其样式和标注方法做详细介绍。

7.4.1　形位公差的样式

形位公差是指实际被测要素对图样上给定的理想形状、理想位置的允许变动量, 主要包括形状公差和位置公差两种, 主要的公差项目如表 7-2 所示。

表 7-2　公差项目

分　类	项　目	符　号
形状公差	直线度	—
	平面度	▱
	圆度	○
	圆柱度	⌀
位置公差	平行度	//
	垂直度	⊥

续表

分　类	项　目	符　号
位置公差	倾斜度	∠
	同轴度	◎
	对称度	=
	位置度	⊕
	圆跳动	╱
	全跳动	⦆

形位公差的基本标注样式如图 7-37 所示，它主要包括指引线、公差项目、公差值、与被测项目有关的符号、基准符号五个组成部分。

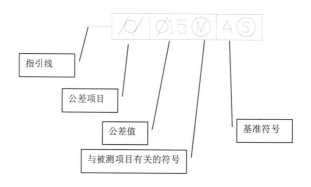

图 7-37　形位公差的基本标注样式

7.4.2　标注形位公差

下面介绍在 AutoCAD 2024 中标注形位公差的具体方法。

首先选择【标注】|【公差】菜单命令，打开【形位公差】对话框，如图 7-38 所示。在其中可以设置形位公差的项目和公差值等参数。

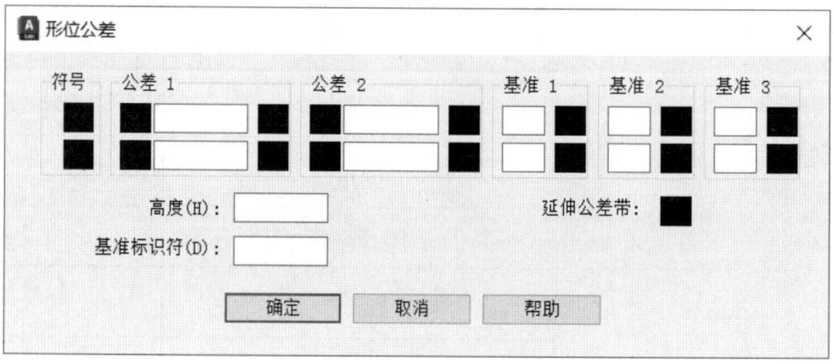

图 7-38　【形位公差】对话框

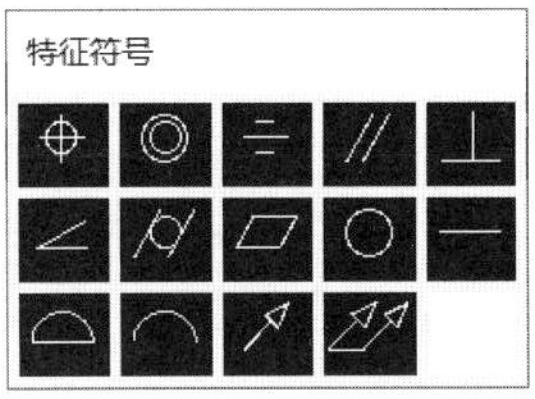

- 【符号】：该选项组用于设置公差代号。在【形位公差】对话框的【符号】选项组中单击黑色块，会弹出【特征符号】选择框，如图 7-39 所示，在这里可以选择相应的形位公差项目符号。

图 7-39 【特征符号】选择框

- 【公差 1】、【公差 2】：这两个选项组用于设置第 1 个或者第 2 个公差的公差值及附加符号。在【公差 1】、【公差 2】选项组中左侧的黑色块控制是否在公差值前面加一个直径符号，后面的白色文本框中可以输入公差数值，右侧的黑色块用于插入"包容条件"符号。
- 【基准 1】、【基准 2】、【基准 3】：这三个选项组用于确定基准代号及材料状态符号。在下面的白色文本框中可以输入基准代号，右侧的黑色块用于插入"包容条件"符号。
- 【高度】：该文本框可以设置标注复合形位公差的文本高度。
- 延伸公差带：单击该黑色块，可以在复合公差带后面加一个复合公差符号。
- 【基准标识符】：该文本框用于输入基准标识符号，可以用一个字母表示。

以上参数设置完成后，单击【确定】按钮即可完成公差标注。

7.5 编辑尺寸标注

与绘制图形相似的是，用户在标注尺寸的过程中难免会出现差错，这时就需要用到尺寸标注的编辑功能。

7.5.1 编辑标注

编辑标注用来编辑标注文字的位置和标注样式，以及创建新标注。

编辑标注的操作方法有以下几种。

- 在命令输入行中输入"dimedit"命令后按 Enter 键。
- 在菜单栏中选择【标注】|【倾斜】命令。
- 单击【注释】选项卡【标注】面板中的【倾斜】按钮 ⱶ。

执行上述任一操作后，命令输入行提示如下：

```
命令: dimedit
输入标注编辑类型 [默认(H)/新建(N)/旋转(R)/倾斜(O)] <默认>:
选择对象:
```

命令输入行中选项的含义如下。

- 【默认】：用于将指定对象中的标注文字移回到默认位置。
- 【新建】：选择该选项将调用多行文字编辑器，用于修改指定对象的标注文字。
- 【旋转】：用于旋转指定对象中的标注文字，选择该选项后系统将提示用户指定旋转角度，如果输入"0"则把标注文字按默认方向放置。

- 【倾斜】：调整线性标注尺寸界线的倾斜角度，选择该选项后系统将提示用户选择对象并指定倾斜角度，如图 7-40 所示。

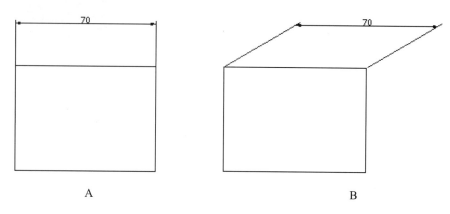

图 7-40　倾斜尺寸标注示意图

7.5.2　编辑标注文字

编辑标注文字用来编辑标注文字的位置和方向。
编辑标注文字的操作方法有以下几种。

- 在菜单栏中选择【标注】|【对齐文字】|【默认】、【角度】、【左】、【居中】、【右】命令。
- 在命令输入行中输入"dimtedit"命令后按 Enter 键。
- 单击【注释】选项卡【标注】面板中的【文字角度】、【左对正】、【居中对正】、【右对正】按钮。

执行上述任一操作后，命令输入行提示如下：

```
命令：_dimtedit
选择标注：
指定标注文字的新位置或 [左对齐(L)/右对齐(R)/居中(C)/默认(H)/角度(A)]：_a
```

命令输入行中选项的含义如下。

- 【左对齐】：沿尺寸线左移标注文字。本选项只适用于线性标注、直径标注和半径标注。
- 【右对齐】：沿尺寸线右移标注文字。本选项只适用于线性标注、直径标注和半径标注。
- 【居中】：标注文字位于两尺寸边界线中间。
- 【角度】：指定标注文字的角度。当输入零角度将使标注文字以默认方向放置，如图 7-41 所示。

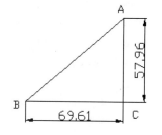

图 7-41　对齐文字标注示意图

7.5.3　标注样式替代

使用标注样式替代，无须更改当前标注样式便可临时更改标注系统变量。
标注样式替代是对当前标注样式中的指定设置所做的修改，它在不修改当前标注样式的情况下修改尺寸标注系统变量。用户可以为单独的标注或当前的标注样式定义标注样式替代。

　　某些标注特性对于图形或尺寸标注的样式来说是通用的，因此适合作为永久标注样式设置。其他标注特性一般基于单个基准应用，因此可以作为替代以便更有效地应用。例如，图形通常使用单一箭头类型，因此可以将箭头类型定义为标注样式的一部分。但是，隐藏尺寸界线通常只应用于个别情况，更适于标注样式替代。

　　设置标注样式替代的方式主要有两种：一种是通过【修改】对话框中的参数进行设置，另一种是通过修改命令输入行的系统变量进行设置。

　　替代将应用到正在创建的标注以及所有使用该标注样式创建的标注，直到撤销替代或将其他标注样式置为当前为止。如果要撤销替代，可以通过将修改的设置返回其初始值来进行。

　　1. 替代的操作方法

- 在命令输入行中输入"dimoverride"命令后按 Enter 键。
- 在菜单栏中选择【标注】|【替代】命令。
- 在【注释】选项卡的【标注】面板中单击【替代】按钮。

　　可以在命令输入行中输入标注系统变量的名称创建标注的同时，替代当前标注样式。如本例中，尺寸线颜色会发生改变。此改变将影响随后创建的标注，直到撤销替代或将其他标注样式置为当前。命令输入行提示如下：

```
命令: dimoverride
输入要替代的标注变量名或 [清除替代(C)]:        //输入值或按 Enter 键
选择对象:                                  //使用对象选择方法选择标注
```

　　2. 设置标注样式替代的方法

　　(1) 选择【标注】|【标注样式】菜单命令，将打开【标注样式管理器】对话框。

　　(2) 在【标注样式管理器】对话框的【样式】列表框中，选择要为其创建替代的标注样式，单击【替代】按钮，弹出【替代当前样式】对话框。

　　(3) 在【替代当前样式】对话框中切换到相应的选项卡来修改标注样式。

　　(4) 单击【确定】按钮，返回【标注样式管理器】对话框。这时在【标注样式名称】列表中的修改样式下，列出了样式替代。

　　(5) 单击【关闭】按钮。

　　3. 应用标注样式替代的方法

　　(1) 选择【标注】|【标注样式】菜单命令，将打开【标注样式管理器】对话框。

　　(2) 在【标注样式管理器】对话框中单击【替代】按钮，弹出【替代当前样式】对话框。

　　(3) 在【替代当前样式】对话框中输入样式替代，单击【确定】按钮，返回【标注样式管理器】对话框。

　　(4) 在【标注样式管理器】对话框的【标注样式名称】列表中将显示样式替代。

　　(5) 创建标注样式替代后，可以继续修改标注样式，将它们与其他标注样式进行比较，或者删除或重命名该替代。

7.6 实战设计范例

7.6.1 标注阀盖零件范例

本范例完成文件：范例文件/第 7 章/7-1.dwg

范例操作

step 01 打开阀盖零件图形，在菜单栏中选择【标注】|【标注样式】命令，将打开
【标注样式管理器】对话框，在该对话框中选择标注样式，如图 7-42 所示，单击【修改】
按钮。

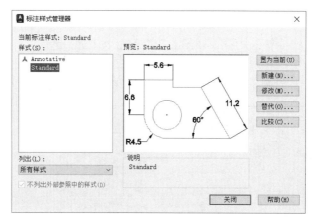

图 7-42 【标注样式管理器】对话框

step 02 弹出【修改标注样式】对话框，在该对话框中设置线的参数，如图 7-43 所示。

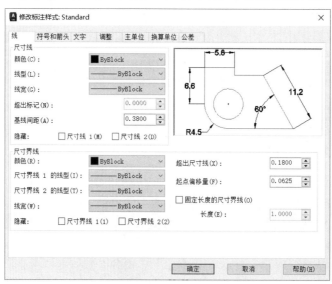

图 7-43 【修改标注样式】对话框

step 03 切换到【文字】选项卡，修改文字高度，如图 7-44 所示。

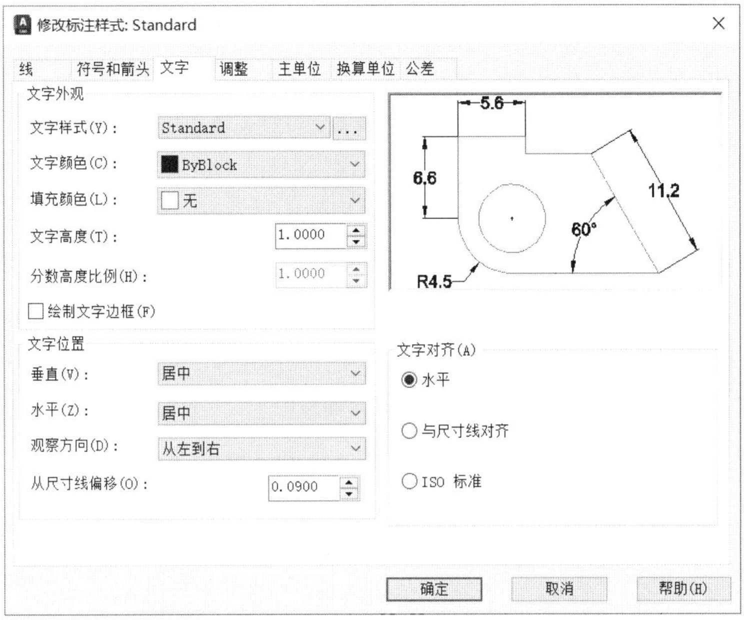

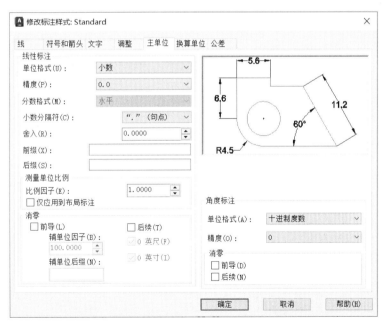

图 7-44　【文字】选项卡

step 04 切换到【主单位】选项卡，修改精度，如图 7-45 所示，单击【确定】按钮完成参数设置。

图 7-45　【主单位】选项卡

step 05 单击【注释】选项卡【标注】面板中的【线性】按钮，添加定位线性标注，如图 7-46 所示。

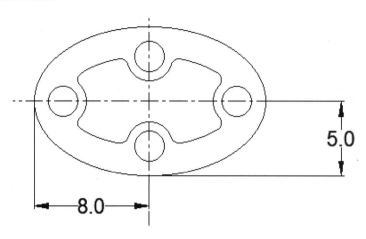

图 7-46　添加线性标注

step 06 单击【注释】选项卡【标注】面板中的【直径】按钮◯，添加左侧圆直径标注，如图 7-47 所示。

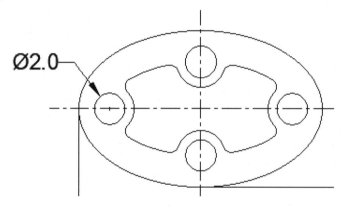

图 7-47　添加直径标注

step 07 单击【注释】选项卡【标注】面板中的【半径】按钮，添加半径标注，如图 7-48 所示。

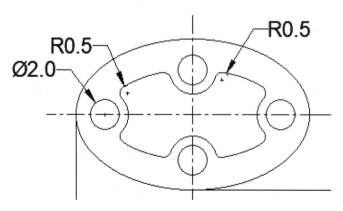

图 7-48　添加半径标注

step 08 继续添加其余定位线性标注，如图 7-49 所示。

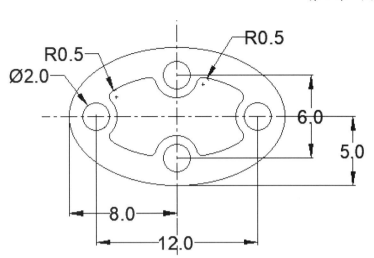

图 7-49 继续添加线性标注

step 09 添加其余半径标注，完成阀盖零件标注，结果如图 7-50 所示。

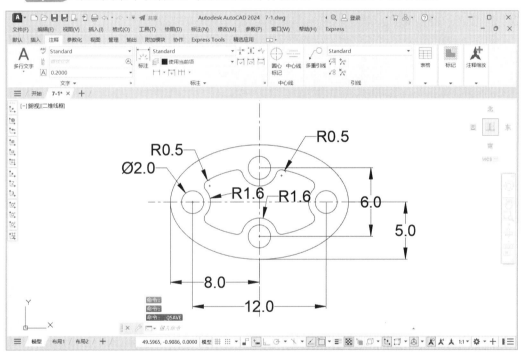

图 7-50 完成阀盖零件标注

7.6.2 标注和注释客厅平面范例

本范例完成文件：范例文件/第 7 章/7-2.dwg

范例操作

step 01 打开客厅平面图形，单击【注释】选项卡【标注】面板中的【线性】按钮

┗┓，添加整体长、宽线性标注，如图 7-51 所示。

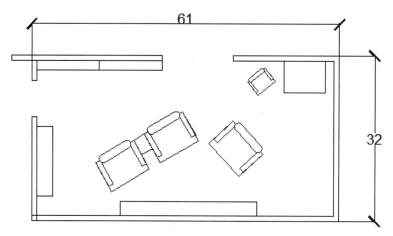

图 7-51　添加整体长、宽线性标注

step 02 单击【注释】选项卡【标注】面板中的【线性】按钮┗┓，添加线性标注，标注门宽，如图 7-52 所示。

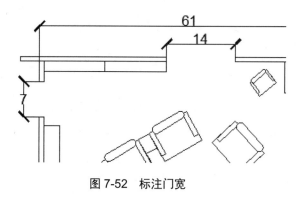

图 7-52　标注门宽

step 03 单击【注释】选项卡【标注】面板中的【线性】按钮┗┓，用线性标注标出墙的宽度，如图 7-53 所示。

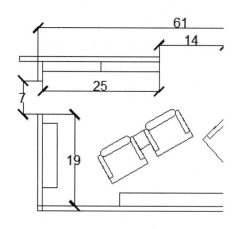

图 7-53　标注墙的宽度

step 04 添加其余线性标注，完成后的结果如图 7-54 所示。

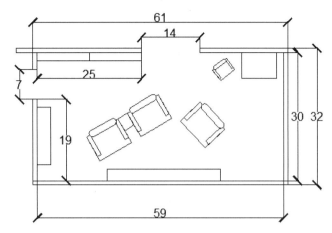

图 7-54 完成线性标注

step 05 单击【默认】选项卡【注释】面板中的【多行文字】按钮 A，在图形下设置【在位文字编辑器】，打开【文字编辑器】选项卡，设置其中的参数，如图 7-55 所示。

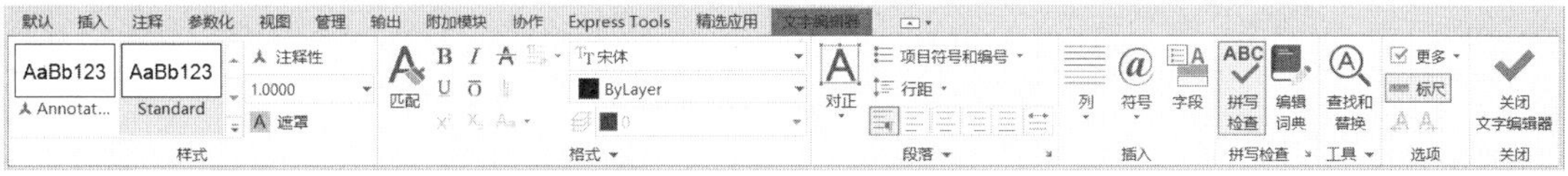

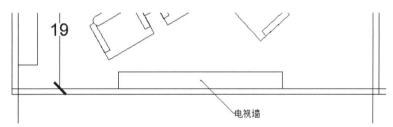

图 7-55 文字标注参数设置

step 06 添加文字标注"电视墙"，然后单击【引线】按钮，添加引线，如图 7-56 所示。

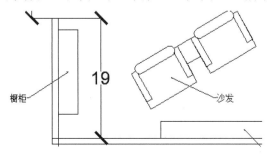

图 7-56 添加文字标注"电视墙"

step 07 继续添加文字标注"沙发"和"橱柜"，如图 7-57 所示。

图 7-57 添加文字标注"沙发"和"橱柜"

step 08 添加文字标注"玻璃柜",如图 7-58 所示。

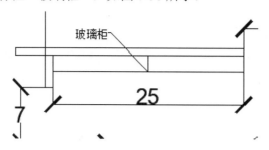

图 7-58 添加文字标注"玻璃柜"

step 09 添加其余文字标注,完成文字注释,范例最终结果如图 7-59 所示。

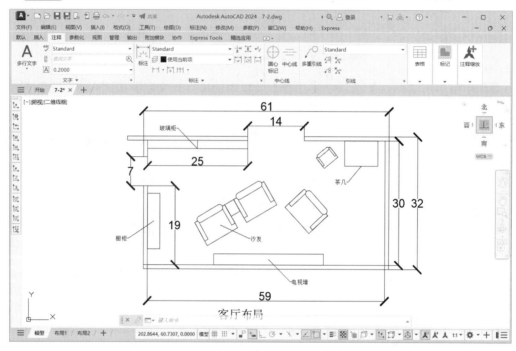

图 7-59 客厅平面标注和注释

本 章 小 结

本章主要介绍 AutoCAD 的尺寸和公差标注,在绘图时使用尺寸和公差标注,能够对图形的各个部分添加提示和解释等辅助信息,方便用户绘制图形。读者通过本章内容的学习,可以对尺寸和公差标注有进一步的了解,在绘制图形的过程中尺寸标注往往是必不可少的。

第 8 章

图层、块和设计中心

本章导言

本章首先讲述图层的状态、特性和管理的方法，图层是 AutoCAD 的一大特点，也是计算机绘图不可缺少的功能，用户可以使用图层来管理图形的显示与输出。图层的概念类似投影片，像透明的覆盖图，运用它可以方便地组织不同类型的图形信息。图形对象都具有很多图形特性，如颜色、线型、线宽等，对象可以直接使用其所在图层定义的特性，也可以专门为各个对象指定特性，合理地组织图层和图层上的对象能使图形中的信息处理更加容易。

本章还将介绍块的使用方法，块是一组相互集合的实体，它可以作为单个目标加以应用，可以由 AutoCAD 中的任何图形实体组成。另外，本章还将介绍设计中心和 CAD 协同设计中的外部参照工具的使用方法。

8.1　图层的创建和管理

本节介绍创建新图层的方法，在新图层创建的过程中会涉及图层的命名，图层颜色、线型和线宽的设置。图层可以具有颜色、线型和线宽等特性。若某个图形对象的这几种特性均设为【ByLayer(随层)】，则各特性与其所在图层的特性保持一致，并且可以随着图层特性的改变而改变。例如，图层 Center 的颜色为黄色，在该图层上绘有若干直线，其颜色特性均为 ByLayer，则直线颜色也为黄色。

8.1.1　创建图层

在绘图设计中，用户可以为设计概念相关的一组对象创建和命名图层，并为这些图层指定通用特性。对于一个图形，可创建的图层数和在每个图层中创建的对象数都是没有限制的，只要将对象分类并置于各自的图层中，即可方便、有效地对图形进行编辑和管理。

通过创建图层，可以将类型相似的对象指定给同一个图层使其相关联。例如，可以将构造线、文字、标注和标题栏置于不同的图层上，然后进行控制。本节将讲述如何创建新图层。

1. 创建图层的方法

在【默认】选项卡的【图层】面板中单击【图层特性】按钮 ，将打开【图层特性管理器】选项板，在图层列表中将自动添加名称为"0"的图层，所添加的图层呈被选中即高亮显示状态。

在【名称】列可以为新建的图层命名。图层名最多可包含 255 个字符，其中包括字母、数字和特殊字符，如￥符号等，但图层名中不可包含空格、<>∧""：；？｜，=`等字符。

若要创建多个图层，可以多次单击【新建图层】按钮 ，并以同样的方法为每个图层命名，按名称的字母顺序来排列图层。创建完成的图层如图 8-1 所示。

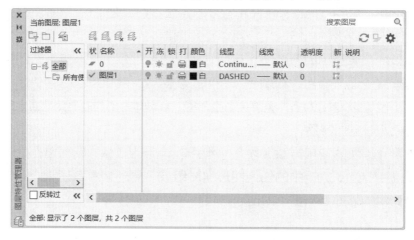

图 8-1　【图层特性管理器】选项板中创建完成的图层

每个新图层的特性都被指定为默认设置，即在默认情况下，新建图层与当前图层的状态、颜色、线性、线宽等设置相同。当然用户既可以使用默认设置，也可以为每个图层指定新的颜色、线型、线宽和打印样式，其概念和操作将在下面具体讲解。

在绘图过程中，为了更好地描述图层中的图形，用户还可以随时对图层进行重命名，但对于图层 0 和依赖外部参照的图层则不能重命名。

2. 图层颜色

图层颜色也就是为选定图层指定颜色或修改颜色。颜色在图形中具有非常重要的作用，可用来表示不同的组件、功能和区域。图层的颜色实际上是图层中图形对象的颜色，每个图层都拥有自己的颜色，对不同的图层既可以设置相同的颜色，也可以设置不同的颜色，这样在绘制复杂图形时就可以很容易区分图形的各个部分。

要设置图层颜色，可以通过以下几种方式。

在【视图】选项卡的【选项板】面板中单击【特性】按钮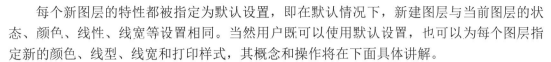，打开【特性】选项板，如图 8-2 所示，在【常规】选项组的【颜色】下拉列表中选择需要的颜色。

在【图层特性管理器】选项板中设置图层颜色，在【图层特性管理器】选项板中选中要指定修改颜色的图层，然后选择【颜色】图标，即可打开【选择颜色】对话框，如图 8-3 所示。

图 8-2　【特性】选项板

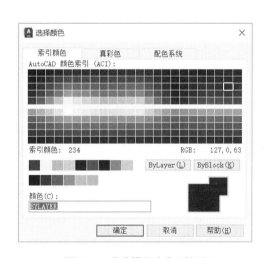

图 8-3　【选择颜色】对话框

下面来了解一下图 8-3 中的三种颜色模式。

索引颜色模式，也叫做映射颜色。在这种模式下，只能存储一个 8bit 色彩深度的文件，即最多 256 种颜色，而且颜色都是预先定义好的。一幅图像所有的颜色都在它的图像文件里定义，也就是将所有色彩映射到一个色彩盘里，这就叫色彩对照表。因此，当打开图像文件时，色彩对照表也一同被读入 Photoshop 中，Photoshop 在色彩对照表中找到最终的色彩值。若要转换为索引颜色，必须从每通道 8bit 的图像以及灰度或 RGB 图像开始。索引颜色模式通常用于保存 GIF 格式的网络图像。

索引颜色是 AutoCAD 中使用的标准颜色。每一种颜色用一个 AutoCAD 颜色索引编号(1~255 的整数)标识。标准颜色名称仅适用于 1~7 号颜色。颜色指定如下：1 号为红、2 号为黄、3 号为绿、4 号为青、5 号为蓝、6 号为洋红、7 号为白/黑。

真彩色(true-color)是指图像中的每个像素值都分成 R、G、B 三个基色分量，每个基色分量直接决定其基色的强度，这样产生的色彩称为真彩色。例如，图像深度为 24，用 R：G：B=8：8：8 来表示色彩，则 R、G、B 各占用 8bit 来表示各自基色分量的强度，每个基色分量的强度等级为 2^8=256 种。图像可容纳 2^{24} 种色彩。这样得到的色彩可以反映原图的真实色彩，故称真彩色。若使用 HSL 颜色模式，则可以指定颜色的色调、饱和度和亮度要素。

真彩色图像把颜色的种类提高了一大步，它为制作高质量的彩色图像带来了便利。真彩色也可以说是 RGB 的另一种叫法。从技术程度上来说，真彩色是指写到磁盘上的图像类型。而 RGB 颜色是指显示器的显示模式。不过这两个术语常常被当作同义词，因为从结果上来看它们是一样的，都有同时显示 16 余万种颜色的能力。RGB 图像是非映射的，它可以从系统的颜色表中自由获取所需的颜色，这种颜色直接与 PC 上的显示颜色对应。

配色系统包括几个标准 Pantone 配色系统，也可以输入其他配色系统，例如，DIC 颜色指南或 RAL 颜色集。输入用户定义的配色系统可以进一步扩充可供使用的颜色选择。这种模式需要具有很深的专业色彩知识，所以在实际操作中不必使用。

根据需要在【选择颜色】对话框的不同选项卡中选择需要的颜色，然后单击【确定】按钮，即可应用选择的颜色。另外，也可以在【特性】面板的【选择颜色】下拉列表中选择系统提供的几种颜色或自定义颜色。

☞**注意** 若 AutoCAD 系统的背景色设置为白色，则白色将显示为黑色。

3. 图层线型

线型是指图形基本元素中线条的组成和显示方式，如虚线和实线等。在 AutoCAD 中既有简单线型，又有由一些特殊符号组成的复杂线型，以满足不同国家或行业标准的要求。

在图层中绘图时，使用线型可以有效地传达视觉信息，它是由直线、横线、点或空格等组合的不同图案，为不同图层指定不同的线型，可达到区分线型的目的。若为图形对象指定某种线型，则对象将根据此线型的设置进行显示和打印。

在【图层特性管理器】选项板中选择一个图层，然后在【线型】列单击与该图层相关联的线型。

在设置线型时，也可以采用以下途径。

(1) 在【视图】选项卡的【选项板】面板中单击【特性】按钮，打开【特性】选项板，在【常规】选项组的【线型】下拉列表中选择线的类型。

☞**说明** 在这里我们需要知道一些"线型比例"的知识：通过全局修改或单个修改每个对象的线型比例因子，可以以不同的比例使用同一个线型。在默认情况下，全局线型和单个线型比例均设置为 1.0。比例越小，每个绘图单位中生成的重复图案就越多。例如，设置为 0.5 时，每一个图形单位在线型定义中显示重复两次的同一图案。不能显示完整线型图案的短线段显示为连续线。对于太短，甚至不能显示一个虚线小段的线段，可以使用更小的线型比例。

(2) 在【特性】面板的【选择线型】下拉列表中选择，主要有以下几种类型。

● ByLayer(随层)：逻辑线型，表示对象与其所在图层的线型保持一致。

● ByBlock(随块)：逻辑线型，表示对象与其所在块的线型保持一致。

● Continuous(连续)：连续的实线。

当然，用户可使用的线型不仅仅这几种。AutoCAD 系统提供了线型库文件，其中包含了数十种线型定义。用户可随时加载该文件，并使用其定义各种线型。若这些线型仍不能满足用户的需要，则用户可以自行定义某种线型，并在 AutoCAD 中使用。

下面是关于线型应用的几点说明。

● 当前线型：若某种线型被设置为当前线型，则新创建的对象(文字和插入的块除外)将自动使用该线型。

● 线型的显示：可以将线型与所有 AutoCAD 对象相关联，但是它们不随文字、点、视口、参照线、射线、三维多段线和块一起显示。若一条线过短，不能容纳最小的点划线序列，则显示为连续的直线。

● 若图形中的线型显示过于紧密或疏松，用户可设置比例因子来改变线型的显示比例。改变所有图形的线型比例，可使用全局比例因子；而对于个别图形的修改，则应使用对象比例因子。

4. 图层线宽

线宽设置就是改变线条的宽度，可用于除 TrueType 字体、光栅图像、点和实体填充(二维实体)之外的所有图形对象，通过更改图层和对象的线宽设置来更改对象显示于绘图区上的宽度特性。在 AutoCAD 中，使用不同宽度的线条表现对象的大小或类型，可以提高图形的表达能力和可读性。若为图形对象指定线宽，那么对象将根据此线宽的设置进行显示和打印。

在【图层特性管理器】选项板中选择一个图层，然后在【线宽】列单击与该图层相关联的线宽。

在 AutoCAD 中可用的线宽预定义值包括 0.00mm、0.05mm、0.09mm、0.13mm、0.15mm、0.18mm、0.20mm、0.25mm、0.30mm、0.35mm、0.40mm、0.50mm、0.53mm、0.60mm、0.70mm、0.80mm、0.90mm、1.00mm、1.06mm、1.20mm、1.40mm、1.58mm、2.00mm 和 2.11mm 等。

同理，在设置线宽时，也可以采用以下途径。

(1) 在【视图】选项卡的【选项板】面板中单击【特性】按钮 ▓，打开【特性】选项板，在【常规】选项组的【线宽】下拉列表中选择线的宽度。

(2) 在【特性】面板的【选择线宽】下拉列表中选择，主要有以下几种类型。

● ByLayer(随层)：逻辑线宽，表示对象与其所在图层的线宽保持一致。

● ByBlock(随块)：逻辑线宽，表示对象与其所在块的线宽保持一致。

● 【默认】：创建新图层时的默认线宽设置，其默认值为 0.25mm(0.01")。

关于线宽应用的几点说明如下。

● 若需要精确地表示对象的宽度，应使用指定宽度的多段线，而不要使用线宽。

● 若对象的线宽值为 0，那么在模型空间显示为 1 个像素宽，并将以打印设备允许的最细宽度打印。若对象的线宽值为 0.25mm(0.01")或更小，那么将在模型空间中以 1 个像素显示。

- 具有线宽的对象以超过一个像素的宽度显示时，可能会增加 AutoCAD 的重生成时间，因此，关闭线宽显示或将显示比例设成最小可优化显示性能。

> **注意** 图层特性(如线型和线宽)可以通过【图层特性管理器】选项板和【特性】选项板来设置，但对于重命名图层来说，只能在【图层特性管理器】选项板中修改，而不能在【特性】选项板中修改。对于块引用，所使用的图层也可以进行保存和恢复，但外部参照的保存图层状态不能被当前图形所使用。若使用 wblock 命令创建外部块文件，那么只有在创建时选择【Entire Drawing(整个图形)】项时，才能将保存的图层状态信息包含在内，并且仅涉及那些含有对象的图层。

8.1.2 图层管理

图层管理包括命名图层过滤器、删除图层、设置当前图层等。下面对图层的管理做详细讲解。

1. 命名图层过滤器

绘制一个图形时，可能需要创建多个图层，当只需列出部分图层时，通过【图层特性管理器】选项板的过滤图层设置，可以按一定的条件对图层进行过滤，最终只列出满足要求的部分图层。

在过滤图层时，可依据图层名称、颜色、线型、线宽、打印样式或图层的可见性等条件过滤图层。这样，可以更加方便地选择或清除具有特定名称或特性的图层。

单击【图层特性管理器】选项板中的【新建特性过滤器】按钮，弹出【图层过滤器特性】对话框，如图 8-4 所示。

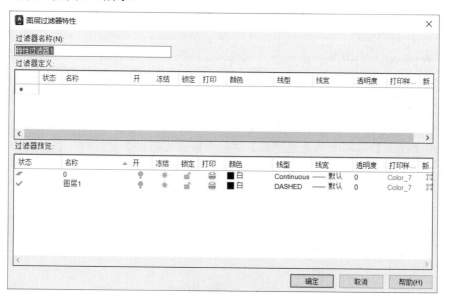

图 8-4 【图层过滤器特性】对话框

在【图层过滤器特性】对话框中可以选择或输入图层状态，进行特性设置，包括状态、名称、开、冻结、锁定、颜色、线型、线宽、打印样式、打印、新视口冻结等。

【过滤器名称】文本框：提供用于输入图层特性过滤器名称的空间。

【过滤器定义】列表框：显示图层特性。可以使用一个或多个特性定义过滤器。例如，可以将过滤器定义为显示所有的红色或蓝色且正在使用的图层。若用户想要包含多种颜色、线型或线宽，可以在下一行复制该过滤器，然后选择一种不同的设置。

【过滤器预览】列表框：显示根据用户定义进行过滤的结果。它显示选定此过滤器后将在【图层特性管理器】选项板的图层列表中显示的图层。

若在【图层特性管理器】选项板中选中【反转过滤器】复选框，那么可反向过滤图层，这样，可以方便地查看未包含某个特性的图层。使用图层过滤器的反转功能，可只列出被过滤的图层。例如，若图形中所有的场地规划信息均包括在名称中包含字符"site"的多个图层中，则可以先创建一个以名称(*site*)过滤图层的过滤器定义，然后选中【反向过滤器】复选框，这样，该过滤器就包括了除场地规划信息以外的所有信息。

2. 删除图层

可以通过从【图层特性管理器】选项板中删除图层来从图形中删除不使用的图层，但是只能删除未被参照的图层。被参照的图层包括图层 0 及 DEFPOINTS、包含对象(包括块定义中的对象)的图层、当前图层和依赖外部参照的图层。其操作步骤如下。

在【图层特性管理器】选项板中选择图层，单击【删除图层】按钮，如图 8-5 所示，则选定的图层被删除，继续单击【删除图层】按钮，可以连续删除不需要的图层。

3. 设置当前图层

绘图时，新创建的对象将置于当前图层上。当前图层可以是默认图层(0)，也可以是用户自己创建并命名的图层。通过将其他图层置为当前图层，可以从一个图层切换到另一个图层；随后创建的任何对象都与新的当前图层关联并采用其颜色、线型和其他特性。但是不能将冻结的图层或依赖外部参照的图层设置为当前图层。设置当前图层的操作步骤如下。

在【图层特性管理器】选项板中选择图层，单击【置为当前】按钮，则选定的图层被设置为当前图层。

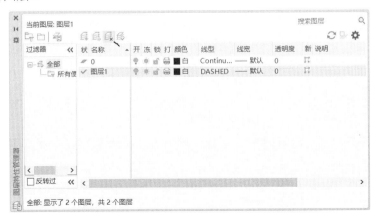

图 8-5　选择图层后单击【删除图层】按钮

4. 显示图层细节

【图层特性管理器】选项板用来显示图形中的图层列表及其特性。在 AutoCAD 中，使用【图层特性管理器】选项板不仅可以创建图层，设置图层的颜色、线型和线宽，还可以对图层进行更多的设置与管理，如图层的切换、重命名、删除，以及图层的显示控制、修改图层特性或添加说明。利用以下三种方法中的任一种方法都可以打开【图层特性管理器】选项板。

- 单击【图层】面板中的【图层特性】按钮🔳。
- 在命令输入行输入 "layer" 命令后按 Enter 键。
- 在菜单栏中选择【格式】|【图层】命令。

下面介绍【图层特性管理器】选项板中各选项的功能。

- 【新建特性过滤器】按钮📑：单击该按钮将弹出【图层过滤器特性】对话框，从中可以基于一个或多个图层特性创建图层过滤器。
- 【新建组过滤器】按钮📁：该按钮用来创建一个图层过滤器，其中包含用户选定并添加到该过滤器的图层。
- 【图层状态管理器】按钮📑：单击该按钮将弹出【图层状态管理器】对话框，从中可以将图层的当前特性设置保存到命名图层状态中，以后可以再恢复这些设置。
- 【新建图层】按钮🗂：该按钮用来创建新图层。列表中将显示名为"图层 1"的图层，该名称处于选中状态，从而用户可以直接输入一个新图层名。新图层将继承图层列表中当前选定图层的特性(颜色、开/关状态等)。
- 【在所有视口中都被冻结的新图层视口】按钮🗂：该按钮用来创建新图层，然后在所有现有布局视口中将其冻结。
- 【删除图层】按钮🗂：该按钮用来删除已经选定的图层。但是只能删除未被参照的图层，参照图层包括图层 0 和 DEFPOINTS、包含对象(包括块定义中的对象)的图层、当前图层和依赖外部参照的图层。局部打开图形中的图层也被视为参照并且不能被删除。

👉 **注意** 若处理的是共享工程中的图形或基于一系列图层标准的图形，删除图层时要特别小心。

- 【置为当前】按钮🗂：该按钮用来将选定图层设置为当前图层。用户创建的对象将被放置到当前图层中。
- 【当前图层】：显示当前图层的名称。
- 【搜索图层】：当输入字符时，将按名称快速过滤图层列表。关闭【图层特性管理器】选项板时并不保存此过滤器。
- 状态行：显示当前过滤器的名称、列表图中所显示图层的数量和图形中图层的数量。
- 【反转过滤器】复选框：选中该复选框将显示所有不满足选定图层特性过滤器中条件的图层。

【图层特性管理器】选项板中还有以下两个窗格。

● 树状图：显示图形中图层和过滤器的层次结构列表。顶层节点【全部】显示了图形中的所有图层。过滤器按字母顺序显示。【所有使用的图层】过滤器是只读过滤器。

● 列表图：显示图层和图层过滤器状态及其特性和说明。若在树状图中选定了某一个图层过滤器，则列表图仅显示该图层过滤器中的图层。树状图中的【所有使用的图层】过滤器用来显示图形中的所有图层和图层过滤器。当选定了某一个图层特性过滤器且没有符合其定义的图层时，列表图将为空。用户可以使用标准的键盘选择方法。要修改选定过滤器中某一个选定图层或所有图层的特性，可以单击该特性的图标。当图层过滤器中显示了混合图标或【多种】时，表明在过滤器的所有图层中该特性互不相同。

5. 保存、恢复和管理图层状态

可以通过单击【图层特性管理器】选项板中的【图层状态管理器】按钮，打开【图层状态管理器】对话框，运用该对话框可以保存、恢复和管理命名图层状态，如图 8-6 所示。

图 8-6　【图层状态管理器】对话框

下面介绍【图层状态管理器】对话框中主要选项的功能。

● 【图层状态】列表框：该列表框列出了保存在图形中的命名图层状态、保存它们的空间及可选说明等。

● 【新建】按钮：单击此按钮，将弹出【要保存的新图层状态】对话框，如图 8-7 所示，从中可以输入新命名图层状态的名称和说明。

● 【编辑】按钮：单击此按钮，将弹出【编辑图层状态】对话框，如图 8-8 所示，从中可以修改选定的命名图层状态。

● 【重命名】按钮：单击此按钮，在位编辑图层状态名。

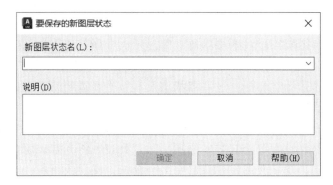

图 8-7　【要保存的新图层状态】对话框

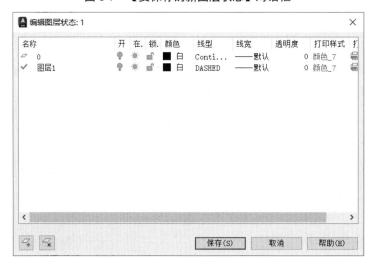

图 8-8　【编辑图层状态】对话框

- 【删除】按钮：单击此按钮，删除选定的命名图层状态。
- 【输入】按钮：单击此按钮，将弹出【输入图层状态】对话框，从中可以将上一次输出的图层状态(LAS)文件加载到当前图形。输入图层状态文件可能会导致创建其他图层。
- 【输出】按钮：单击此按钮，将弹出【输出文件状态】对话框，从中可以将选定的命名图层状态保存到图层状态(LAS)文件中。
- 【不列出外部参照中的图层状态】复选框：控制是否显示外部参照中的图层状态。
- 【恢复选项】选项组：指定恢复选定命名图层状态时所要恢复的图层状态设置和图层特性。其中：【关闭未在图层状态中找到的图层】复选框用于恢复命名图层状态时，关闭未保存设置的新图层，以便图形的外观与保存命名图层状态时一样；【将特性作为视口替代应用】复选框：视口替代将恢复为恢复图层状态时当前的视口。
- 【恢复】按钮：将图形中所有图层的状态和特性设置恢复为先前保存的设置。仅恢复保存该命名图层状态时选定的那些图层状态和特性设置。
- 【关闭】按钮：关闭【图层状态管理器】对话框并保存所做更改。

在【图层状态管理器】对话框中单击【更多恢复选项】按钮⊙，将弹出如图 8-9 所示的【图层状态管理器】对话框，会显示更多的恢复设置选项。

图 8-9　【图层状态管理器】对话框

- 【要恢复的图层特性】选项组：指定恢复选定命名图层状态时所要恢复的图层状态设置和图层特性。在【模型】选项卡中保存命名图层状态时，【在当前视口中的可见性】和【新视口已冻结/已解冻】复选框不可用。
- 【全部选择】按钮：选择所有设置。
- 【全部清除】按钮：从所有设置中删除选定设置。

AutoCAD 提供了 draworder 命令来修改对象的次序，该命令在输入行中提示如下：

```
命令：draworder
选择对象：找到 1 个
选择对象：
输入对象排序选项 [对象上(A)/对象下(U)/最前(F)/最后(B)] <最后>：B
```

命令行中各选项的作用如下。

- 最前：将选定的对象移动到图形次序的最前面。
- 最后：将选定的对象移动到图形次序的最后面。
- 对象上：将选定的对象移动到指定参照对象的上面。
- 对象下：将选定的对象移动到指定参照对象的下面。

若一次选中多个对象进行排序，则被选中对象之间的相对显示顺序并不改变，而只改变与其他对象的相对位置。

图层在实际应用中有极大优势。当一幅图过于复杂或图形中各部分相互干扰较大时，可以按一定的原则将一幅图分解为几个部分，然后分别将每一部分按相同的坐标系和比例画在不同的图层中，最终组成一幅完整的图形。

这时管理图层状态就很重要了，如当需要修改其中某一部分时，只需要设置图层状态，将需修改部分的图层单独显示出来进行修改，而不会影响其他部分。

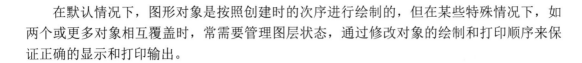

在默认情况下，图形对象是按照创建时的次序进行绘制的，但在某些特殊情况下，如两个或更多对象相互覆盖时，常需要管理图层状态，通过修改对象的绘制和打印顺序来保证正确的显示和打印输出。

8.2 块 应 用

在绘制图形时，如果图形中有大量相同或相似的内容，或者所绘制的图形与已有的图形文件相同，则可以把要重复绘制的图形创建成块(也称为图块)，并根据需要为块创建属性，指定块的名称、用途及设计者等信息，在需要时直接插入它们。当然，用户也可以把已有的图形文件以参照的形式插入当前图形中(即外部参照)，或是通过 AutoCAD 设计中心浏览、查找、预览、使用和管理 AutoCAD 的不同资源文件。块的广泛应用是由它本身的特点决定的。

一般来说，块具有以下特点。

1. 提高绘图速度

用 AutoCAD 绘图时，常常要绘制一些重复出现的图形。如果把这些经常要绘制的图形定义成块保存起来，绘制它们时就可以用插入块的方法实现，即把绘图变成了拼图，避免了重复性工作，同时又提高了绘图速度。

2. 节省存储空间

AutoCAD 要保存图中每一个对象的相关信息，如对象的类型、位置、图层、线型、颜色等，这些信息要占用存储空间。如果一幅图中绘有大量相同的图形，就会占据较大的磁盘空间。但如果把相同图形事先定义成一个块，绘制它们时就可以直接把块插入图中的各个相应位置。这样既满足了绘图要求，又可以节省磁盘空间。因为虽然在块的定义中包含了图形的全部对象，但系统只需要一次这样的定义。对块的每次插入，AutoCAD 仅需要记住这个块对象的有关信息(如块名、插入点坐标、插入比例等)，从而节省了磁盘空间。对于复杂但需多次绘制的图形，这一特点表现得更为显著。

3. 便于修改图形

一张工程图纸往往需要多次修改。如在机械设计中，旧国家标准用虚线表示螺栓的内径，新国标把内径用细实线表示。如果对旧图纸上的每一个螺栓按新国家标准修改，既费时又不方便。但如果原来各螺栓是通过插入块的方法绘制的，那么，只要简单地进行再定义块等操作，图中插入的所有该块均会自动进行修改。

4. 加入属性

很多块还要求有文字信息以进一步解释、说明。AutoCAD 允许为块定义这些文字属性，而且还可以在插入的块中显示或不显示这些属性，从图中提取这些信息并将它们传送到数据库中。

块是一个或多个对象组成的对象集合，常用于绘制复杂、重复的图形。一旦一组对象组合成块，就可以根据绘图需要将这组对象插入图中任意指定位置，而且还可以按不同的比例和旋转角度插入。

　　概括地讲，块操作是指通过操作达到用户使用块的目的，如创建块、保存块、插入块等对块进行的一些操作。

8.2.1　创建和编辑块

　　下面介绍创建和编辑块的方法。

1. 创建块

创建块是把一个或是一组实体定义为一个整体块。可以通过以下方式来创建块。

- 单击【插入】面板【块定义】选项组中的【创建块】按钮 。
- 在命令输入行输入"block"命令后按 Enter 键。
- 在命令输入行输入"bmake"命令后按 Enter 键。
- 在菜单栏中选择【绘图】|【块】|【创建】命令。

执行上述任一操作后，AutoCAD 会打开如图 8-10 所示的【块定义】对话框。

图 8-10　【块定义】对话框

下面介绍【块定义】对话框中各主要选项的功能。

1) 【名称】下拉列表框

该下拉列表框用来指定块的名称。如果将系统变量 EXTNAMES 设置为 1，块名最长可达 255 个字符，包括字母、数字、空格以及 Microsoft Windows 和 AutoCAD 没有用于其他用途的特殊字符。

　　块名称及块定义保存在当前图形中。

> **注意** 不能用 DIRECT、LIGHT、AVE_RENDER、RM_SDB、SH_SPOT 和 OVERHEAD 作为有效的块名称。

2) 【基点】选项组

该选项组用来指定块的插入基点，默认值是(0, 0, 0)。

- 【拾取点】按钮 ：单击此按钮，可以暂时关闭【块定义】对话框，以便用户能在当前图形中拾取插入基点，然后利用鼠标直接在绘图区选取。

- X 文本框：指定 X 坐标值。
- Y 文本框：指定 Y 坐标值。
- Z 文本框：指定 Z 坐标值。

3) 【对象】选项组

该选项组用来指定新块中要包含的对象，以及创建块之后是保留或删除选定的对象还是将它们转换成块引用。

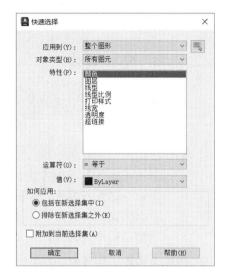

- 【选择对象】按钮 ：单击此按钮，可以暂时关闭【块定义】对话框，这时用户可以在绘图区选择图形实体作为将要定义的块实体。完成对象选择后，按 Enter 键即可重新显示【块定义】对话框。

- 【快速选择】按钮 ：单击该按钮，将弹出【快速选择】对话框，如图 8-11 所示，在该对话框中可以定义选择集。

图 8-11 【快速选择】对话框

- 【保留】单选按钮：创建块以后，将选定对象保留在图形中作为区别对象。
- 【转换为块】单选按钮：创建块以后，将选定对象转换成图形中的块引用。
- 【删除】单选按钮：创建块以后，从图形中删除选定的对象。
- 【未选定对象】按钮：创建块以后，显示选定对象的数目。

4) 【设置】选项组

该选项组用来指定块的设置。

- 【块单位】下拉列表框：指定块参照插入单位。
- 【超链接】按钮：单击该按钮将弹出【插入超链接】对话框，如图 8-12 所示，可以使用该对话框将某个超链接与块定义相关联。

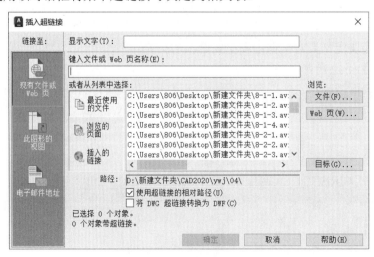

图 8-12 【插入超链接】对话框

5)【方式】选项组

● 【注释性】：指定块为 annotative。单击信息图标以了解有关注释性对象的更多信息。

● 【使块方向与布局匹配】：指定在图纸空间视口中块参照的方向与布局方向匹配。如果取消选中【注释性】复选框，则该复选框不可用。

● 【按统一比例缩放】复选框：指定是否阻止块参照不按统一比例缩放。

● 【允许分解】复选框：指定块参照是否可以被分解。

6)【说明】列表框

该列表框用来指定块的文字说明。

7)【在块编辑器中打开】复选框

选中此复选框后单击【块定义】对话框中的【确定】按钮，则在块编辑器中打开当前的块定义。

当需要重新创建块时，用户可以在命令输入行输入"block"后按 Enter 键，命令输入行提示如下：

```
命令: _block
输入块名或 [?]:              //输入块名
指定插入基点:               //确定插入基点位置
选择对象:                   //选择将要被定义为块的图形实体
```

提示　如果用户输入的是以前存在的块名，AutoCAD 会提示用户此块已经存在，用户是否需要重新定义它，命令输入行提示如下：

块"w"已存在。是否重定义? [是(Y)/否(N)] <N>:

当用户输入"n"后按 Enter 键，AutoCAD 会自动退出此命令。当用户输入 y 后按 Enter 键，AutoCAD 会提示用户继续插入基点位置。

2. 将块保存为文件

用户创建的块会保存在当前图形文件的块列表中，当保存图形文件时，块的信息和图形将一起保存。当再次打开该图形时，块信息也同时被载入。但是当用户需要将所定义的块应用于另一个图形文件时，就需要先将定义的块保存，然后再调出来使用。

使用 wblock 命令，块就会以独立的图形文件(dwg)形式保存。同样，任何 DWG 图形文件也可以作为块来插入。执行保存块的操作步骤如下。

在命令输入行输入"wblock"后按 Enter 键。

在打开的如图 8-13 所示的【写块】对话框中进行设置后，单击【确定】按钮即可。

下面介绍【写块】对话框中的主要参数设置。

1)【源】选项组

其中有 3 个选项可供用户选择。

● 【块】：选中该单选按钮，用户可以通过其下拉列表框选择将要保存的块名或是可以直接输入将要保存的块名。

● 【整个图形】：选中该单选按钮，AutoCAD 会认为用户选择整个图形作为块来保存。

● 【对象】：选中该单选按钮，用户可以选择一个图形实体作为块来保存。只有选中此单选按钮，用户才可以进行下面的设置：选择基点、选择实体等。

图 8-13　【写块】对话框

2) 【基点】和【对象】选项组

这两个选项组中的选项主要用于通过基点或对象的方式来选择目标。这部分内容与前面定义块的内容相同，在此就不再赘述了。

3) 【目标】选项组

该选项组用来指定文件的新名称和新位置以及插入块时所用的测量单位。用户可以将此块保存至相应的文件夹中。可以在【文件名和路径】下拉列表框中选择路径，或是单击按钮来指定路径。【插入单位】下拉列表框用来指定从设计中心拖动新文件并将其作为块插入使用不同单位的图形中时自动缩放所使用的单位值。如果用户希望插入时不自动缩放图形，则选择【无单位】选项。

> 注意 用户在执行 wblock 命令时，不必先定义一个块，只要直接将所选图形实体作为一个图块保存在磁盘上即可。当输入的块不存在时，AutoCAD 会弹出【AutoCAD 提示信息】对话框，提示块不存在，是否要重新选择。在多视窗中，wblock 命令只适用于当前窗口。存储后的块可以重复使用，而不需要从提供这个块的原始图形中选取。

3. 插入块的方法

定义块和保存块的目的是使用块，可以使用插入命令将块插入当前的图形中。

图块是 AutoCAD 操作中比较核心的工作，许多程序员与绘图工作者都建立了各种各样的图块。例如，工程制图中建立各个规格的齿轮与轴承，建筑制图中建立一些门、窗、楼梯、台阶等，以便在绘制时方便调用。

当用户将一个块插入图形中时，用户必须指定插入块的名称，插入点的位置、插入的比例系数以及图块的旋转角度。插入可以分为两类：单块插入和多重插入。下面分别来介绍这两个插入命令。

1）单块插入

单块插入的启动方法如下。

● 在命令输入行输入 "insert" 命令后按 Enter 键。

● 单击【插入】选项卡【块】面板中的【插入】按钮。

执行上述方法中的一种，将打开如图 8-14 所示的【块】选项板。下面来讲解其中选项的参数设置。

在【插入点】选项组中，当用户选中【在屏幕上指定】复选框时，插入点可以用鼠标动态选取；当用户取消选中【在屏幕上指定】复选框时，可以在下面的 X、Y、Z 文本框中输入用户所需的坐标值。

在【比例】选项组中，如果用户选中【在屏幕上指定】复选框时，则比例会是在插入时动态缩放；当用户取消选中【在屏幕上指定】复选框时，可以在下面的

图 8-14　【块】选项板

X、Y、Z 文本框中输入用户所需的比例值。在此处如果用户选中【统一比例】复选框，则只能在 X 文本框中输入统一的比例因子表示缩放系数。

在【旋转】选项组中，如果用户选中【在屏幕上指定】复选框时，则旋转角度在插入时确定。当用户取消选中【在屏幕上指定】复选框时，可以在下面的【角度】文本框中输入图块的旋转角度。

在【重复放置】选项组中，选中该复选框后，即可重复放置块到绘图区中。

在【分解】复选框中，用户可以通过选中它分解块并插入该块的单独部分。

2）多重插入

有时同一个块在一幅图中要插入多次，并且这种插入有一定的规律性。如阵列方式，这时可以直接采用多重插入命令。这种方法不但能极大节省绘图时间，提高绘图速度，而且节约了磁盘空间。

多重插入的步骤如下。

在命令输入行输入 "minsert" 命令后按 Enter 键，命令输入行提示如下：

```
命令: _minsert
输入块名或 [?] <新块>:                                    //输入将要被插入的块名
单位: 毫米    转换:    1.0000
指定插入点或 [基点(B)/比例(S)/X/Y/Z/旋转(R)]:            //输入插入块的基点
输入 X 比例因子, 指定对角点, 或 [角点(C)/XYZ(XYZ)] <1>:   //输入 X 方向的比例
输入 Y 比例因子或 <使用 X 比例因子>:                        //输入 Y 方向的比例
指定旋转角度 <0>:                                         //输入旋转块的角度
输入行数 (---) <1>:                                       //输入阵列的行数
输入列数 (||||) <1>:                                      //输入阵列的列数
输入行间距或指定单位单元 (---):                            //输入行间距
指定列间距 (||||):                                        //输入列间距
```

按照提示进行相应的操作即可。

4. 设置基点

要设置当前图形的插入基点，可以使用以下三种方法。

- 单击【插入】选项卡【块定义】面板中的【设置基点】按钮。
- 在菜单栏中选择【绘图】|【块】|【基点】命令。
- 在命令输入行输入"base"命令后按 Enter 键。

采用其中任意一种方法后，命令输入行提示如下：

```
命令: _base
输入基点 <0.0000,0.0000,0.0000>:        //指定点，或按 Enter 键
```

基点是用当前 UCS 中的坐标来表示的。当向其他图形插入当前图形或将当前图形作为其他图形的外部参照时，此基点将被用作插入基点。

8.2.2 块属性

在一个块中，附带很多信息，这些信息就称为属性。它是块的一个组成部分，从属于块，可以随块一起保存并随块一起插入图形中，它为用户提供了一种将文本附于块的交互式标记，每当用户插入一个带有属性的块时，AutoCAD 就会提示用户输入相应的数据。

属性在第一次建立块时可以被定义，或者是在块插入时增加属性，AutoCAD 还允许用户自定义一些属性。属性具有以下特点。

一个属性包括属性标志和属性值两个方面。

在定义块之前，每个属性要用命令进行定义。由它来具体规定属性默认值、属性标志、属性提示以及属性的显示格式等具体信息。属性定义后，该属性在图中显示出来，并把有关信息保留在图形文件中。

在插入块之前，AutoCAD 将通过属性提示要求用户输入属性值。插入块后，属性以属性值表示。因此同一个定义块，在不同的插入点可以有不同的属性值。如果在定义属性时，把属性值定义为常量，那么 AutoCAD 将不询问属性值。

1. 创建块属性

块属性是附属于块的非图形信息，是块的组成部分，可包含在块定义的文字对象中。在定义一个块时，属性必须预先定义而后选定。通常属性用于在块的插入过程中进行自动注释。

要创建一个块的属性，用户可以使用 ddattdef 或 attdef 命令先建立一个属性定义来描述属性特征，包括标记、提示符、属性值、文本格式、位置以及可选模式等。创建块属性的步骤如下。

选用下列任一种方法打开【属性定义】对话框。

- 在命令输入行中输入"ddattdef"或"attdef"命令后按 Enter 键。
- 在菜单栏中选择【绘图】|【块】|【定义属性】命令。
- 单击【插入】选项卡【块定义】面板中的【定义属性】按钮。

在打开的如图 8-15 所示的【属性定义】对话框中，设置块的一些插入点及属性标记等，然后单击【确定】按钮即可完成块属性的创建。

图 8-15　【属性定义】对话框

下面介绍【属性定义】对话框中的参数设置。

1) 【模式】选项组

在此选项组中，有以下几个复选框，用户可以任意组合这几种模式作为用户的设置。

- 【不可见】：当该模式被选中时，属性为不可见。当用户只想把属性数据保存到图形中而不想显示或输出时，应选中该复选框。反之则取消选中该复选框。
- 【固定】：当该模式被选中时，属性用固定的文本值设置。如果用户插入的是常数模式的块时，则在插入后，如果不重新定义块，则不能编辑块。
- 【验证】：在该模式下把属性值插入图形文件前可检验可变属性的值。在插入块时，AutoCAD 显示可变属性的值，等待用户按 Enter 键确认。
- 【预设】：选中该模式可以创建自动可接受默认值的属性。插入块时，不再提示输入属性值，但它与常数不同，块在插入后还可以进行编辑。
- 【锁定位置】：锁定块参照中属性的位置。解锁后，属性可以相对于使用夹点编辑的块的其他部分移动，并且可以调整多行属性的大小。
- 【多行】：指定属性值可以包含多行文字。选中此模式后，可以指定属性的边界宽度。

🗋 注意　在动态块中，由于属性的位置包括在动作的选择集中，因此必须将其锁定。

2) 【属性】选项组

在【属性】选项组中，有以下 3 个设置参数。

- 【标记】：每个属性都有一个标记，作为属性的标识符。属性标签可以是除了空格和"！"号之外的任意字符。

🗋 注意　AutoCAD 会自动将标签中的小写字母转换成大写字母。

- 【提示】：是用户设定的插入块时的提示。如果该属性值不为常数值，当用户插入该属性的块时，AutoCAD 将使用该字符串，提示用户输入属性值。如果设置了常数模式，那么该提示将不会出现。

- 【默认】：可变属性一般默认为【未输入】。插入带属性的块时，AutoCAD 将显示默认属性值，如果用户按 Enter 键，则将接受默认值。单击该文本框右侧的【插入字段】按钮，将弹出【字段】对话框，可以插入一个字段作为属性的全部或部分值，如图 8-16 所示。

图 8-16　【字段】对话框

3) 【插入点】选项组

在此选项组中，用户可以通过选中【在屏幕上指定】复选框，利用鼠标在绘图区选择某一点，也可以直接在下面的 X、Y、Z 文本框中输入用户将设置的坐标值。

4) 【文字设置】选项组

在此选项组中，用户可以设置以下几项。

- 【对正】：该下拉列表框可以设置块属性的文字对齐情况。用户可以在如图 8-17 所示的下拉列表中选择某项作为用户设置的对齐方式。
- 【文字样式】：该下拉列表框可以设置块属性的文字样式。用户可以通过在如图 8-18 所示的下拉列表中选择某项作为用户设置的文字样式。

图 8-17　【对正】下拉列表　　　　图 8-18　【文字样式】下拉列表

- 【注释性】：选中该复选框，用户可以自动完成缩放注释的过程，从而使注释能够以正确的大小在图纸上打印或显示。
- 【文字高度】：如果用户设置的文字样式中已经设置了文字高度，则此文本框为灰色，表示用户不可设置该文本框；否则用户可以通过单击该文本框后的  按钮来利用鼠标在绘图区动态地选取或是直接在该文本框中输入文字高度。
- 【旋转】：如果用户设置的文字样式中已经设置了文字旋转角度，则此文本框为灰色，表示用户不可设置该文本框；否则用户可以通过单击该文本框后的 按钮来利用鼠标在绘图区动态地选取角度或是直接在该文本框中输入文字旋转角度。
- 【边界宽度】：换行前，请指定多线属性中文字行的最大长度。值为 0.000 表示对文字行的长度没有限制。此文本框不适用于单线属性。

5) 【在上一个属性定义下对齐】复选框

该复选框用来将属性标记直接置于定义的上一个属性的下面。如果之前没有创建属性定义，则此复选框不可用。

2. 编辑属性定义

创建完属性后，就可以定义带属性的块。定义带属性的块可以按照以下步骤进行。

在命令输入行中输入"block"命令后按 Enter 键，或是在菜单栏中选择【绘图】|【块】|【创建】命令，打开【块定义】对话框。下面的操作和创建块基本相同，其步骤可以参考创建块步骤，在此就不再赘述。

☞ 注意　先创建块，再给这个块加上定义属性，最后再把两者创建成一个块。

3. 编辑块属性

定义带属性的块后，用户需要插入此块，在插入带有属性的块后，还能再次用 attedit 或是 ddatte 命令来编辑块的属性。可以通过以下方法来编辑块的属性。

在命令输入行中输入"attedit"或"ddatte"后按 Enter 键，用鼠标选取某块，打开【编辑属性】对话框。方法如下。

选择【修改】|【对象】|【属性】|【块属性管理器】菜单命令，打开【块属性管理器】对话框，单击其中的【编辑】按钮，将打开【编辑属性】对话框，如图 8-19 所示，用户可以在此对话框中修改块的属性。

图 8-19　【编辑属性】对话框

下面介绍【编辑属性】对话框中各选项卡的功能。

1）【属性】选项卡

定义将值指定给属性的方式以及已指定的值在绘图区域是否可见，然后设置提示用户输入值的字符串。【属性】选项卡也显示标识该属性的标签名称。

2）【文字选项】选项卡

设置用于定义图形中属性文字显示方式的特性。在【特性】选项卡中可以修改属性文字的颜色。

3）【特性】选项卡

定义属性所在图层以及属性行的颜色、线宽和线型。如果图形使用打印样式，可以使用【特性】选项卡为属性指定打印样式。

4. 使用【块属性管理器】对话框

在前文的讲述中，已经运用【块属性管理器】对话框中的选项编辑块属性，下面将对其功能作具体的讲解。

选择【修改】|【对象】|【属性】|【块属性管理器】菜单命令，将打开【块属性管理器】对话框，如图 8-20 所示。

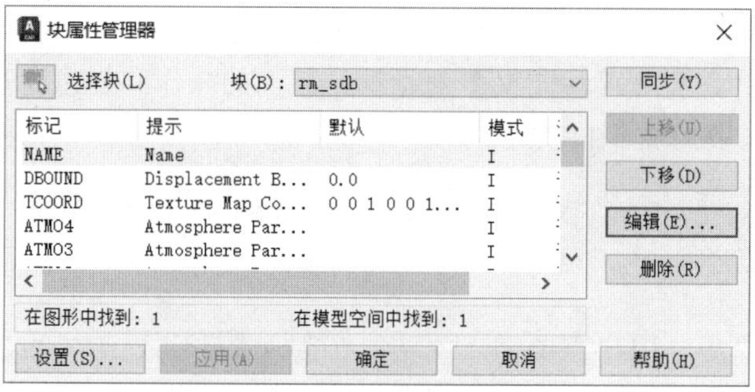

图 8-20 【块属性管理器】对话框

【块属性管理器】对话框用于管理当前图形中块的属性定义。用户可以通过它在块中编辑属性定义、从块中删除属性以及更改插入块时系统提示用户输入属性值的顺序。

选定块的属性显示在属性列表中，在默认情况下，【标记】、【提示】、【默认】和【模式】属性特性显示在属性列表中。单击【设置】按钮，用户可以指定想要在列表中显示的属性特性。

对于每一个选定块，属性列表下的说明都会标识出当前图形和在当前布局中相应块的实例数目。

下面讲解【块属性管理器】对话框中各选项的功能。

- 【选择块】按钮 ：单击此按钮，可以使用定点设备从图形区域选择块。
- 【块】下拉列表框：可以列出具有属性的当前图形中的所有块定义，用户可以从中选择要修改属性的块。
- 属性列表：显示所选块中每个属性的特征。
- 【在图形中找到】：当前图形中选定块的实例数。
- 【在模型空间中找到】：当前模型空间或布局中选定块的实例数。

- 【设置】按钮：单击该按钮，可以打开【块属性设置】对话框，如图 8-21 所示。在该对话框中可以自定义【块属性管理器】对话框中属性信息的列出方式，控制【块属性管理器】对话框中属性列表的外观。其中，【在列表中显示】选项组指定要在属性列表中显示的特性。在列表中仅显示选定的特性。其中的【标记】复选框总是选定的。【全部选择】按钮用来选择所有特性。【全部清除】按钮用来清除所有特性。【突出显示重复的标记】复选框用于打开或关闭重复强调标记。如果选中该复选框，在属性列表中，重复属性标记显示为红色。如果取消选中该复选框，则在属性列表中不突出显示重复的标记。【将修改应用到现有参照】复选框指定是否更新正在修改其属性的块的所有现有实例。如果选中该复选框，则通过新属性定义更新此块的所有实例。如果取消选中该复选框，则仅通过新属性定义更新此块的新实例。

图 8-21　【块属性设置】对话框

- 【应用】按钮：应用用户所做的更改，但不关闭对话框。
- 【同步】按钮：用来更新具有当前定义属性特性的选定块的全部实例。此项操作不会影响每个块中赋给属性的值。
- 【上移】按钮：在提示序列的早期阶段移动选定的属性标签。当选定固定属性时，该按钮不可用。
- 【下移】按钮：在提示序列的后期阶段移动选定的属性标签。当选定常量属性时，该按钮不可用。
- 【编辑】按钮：单击该按钮，可以打开【编辑属性】对话框，对块属性进行编辑修改。
- 【删除】按钮：从块定义中删除选定的属性。如果在单击【删除】按钮之前已选中【块属性设置】对话框中的【将修改应用到现有参照】复选框，将删除当前图形中全部块实例的属性。对于仅具有一个属性的块，【删除】按钮不可用。

8.2.3　动态块

　　块是大多数图形中的基本构成部分，用于表示现实中的物体。现实物体的不同种类需要定义各种不同的块，这就需要成千上万的块定义，在这种情况下，如果块的某个外观有些区别，用户就需要分解开图块来编辑其中的几何图形。这种解决方法会产生大量的、矛

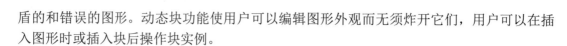

盾的和错误的图形。动态块功能使用户可以编辑图形外观而无须炸开它们，用户可以在插入图形时或插入块后操作块实例。

1. 动态块概述

动态块具有灵活性和智能性，其特点如下。

1) 选择多种图形的可见性

块定义可包含特别符号的多个外观形状。在插入动态块后，用户可选择使用哪种外观形状。例如，一个单一的块可保存水龙头的多个视图、多种安装尺寸或多种阀的符号。

2) 使用多个不同的插入点

在插入动态块时，可以遍历块的插入点来查找更适合的插入点进行插入。这样可以消除用户在插入块后还要移动块的麻烦。

3) 贴齐到图中的图形

当用户将块移动到图中的其他图形附近时，块会自动贴齐到这些对象上。

4) 编辑图块几何图形

指定动态块中的夹点可使用户移动、缩放、拉伸、旋转和翻转块中的部分几何图形。编辑块可以强迫在最大值和最小值间指定或直接在定义好属性的固定列表中选择值。例如，有一个螺钉的块，可以在总长 1～4 个图形单位间拉伸。在拉伸螺钉时，长度按 0.5 个单位的增量增加，而且螺纹也在拉伸过程中自动增加或减少。又如，有一个插图编号的块，包含了圆、文字和引线，用户可以绕圆旋转引线，而文字和圆则保持原有状态。又如，有一个门的块，用户可拉伸门的宽度和翻转门轴的方向。

2. 创建动态块

用户可以使用块编辑器创建动态块。

块编辑器是专门用于创建块定义并添加动态行为的编写区域。块编辑器提供了专门的编写选项板。通过这些选项板可以快速地访问块编写工具。除了块编写选项板之外，块编辑器还提供绘图区域，用户可以根据需要在程序的主绘图区域中绘制和编辑几何图形。用户可以指定块编辑器绘图区域的背景颜色。选择【工具】|【块编辑器】菜单命令，将打开【编辑块定义】对话框，如图 8-22 所示，指定块名称后单击【确定】按钮，即可打开【块编写选项板】工具选项板，如图 8-23 所示。

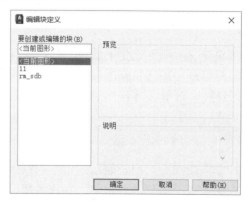

图 8-22　【编辑块定义】对话框

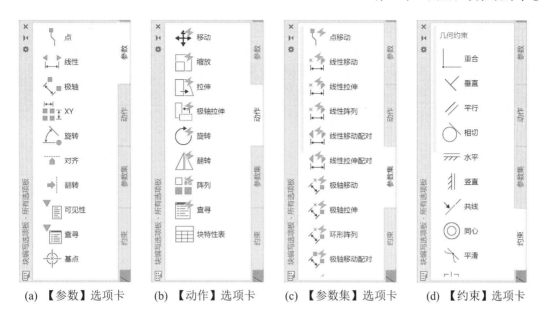

(a)【参数】选项卡　　(b)【动作】选项卡　　(c)【参数集】选项卡　　(d)【约束】选项卡

图 8-23　【块编写选项板】工具选项板

用户可以从头创建块，也可以向现有的块定义中添加动态行为，也可以像在绘图区域中一样创建几何图形。

创建动态块的步骤如下。

1) 在创建动态块之前规划动态块的内容

在创建动态块之前，应了解其外观以及它在图形中的使用方式。在命令输入行中输入确定当操作动态块参照时，块中的哪些对象会更改或移动，还要确定这些对象将如何更改。例如，用户可以创建一个可调整大小的动态块。另外，在调整块参照的大小时可能会显示其他几何图形。这些因素决定了添加到块定义中的参数和动作的类型，以及如何使参数、动作和几何图形共同作用。

2) 绘制几何图形

可以在绘图区域或块编辑器中绘制动态块中的几何图形，也可以使用图形中的现有几何图形或现有的块定义。

3) 了解块元素如何共同作用

在向块定义中添加参数和动作之前，应了解它们相互之间以及它们与块中的几何图形的相关性。在向块定义添加动作时，需要将动作、参数以及几何图形的选择集相关联。此操作将创建相关性。向动态块参照添加多个参数和动作时，需要设置正确的相关性，以便块参照在图形中正常工作。

4) 添加参数

按照命令输入行的提示向动态块定义中添加适当的参数。

5) 添加动作

向动态块定义中添加适当的动作。按照命令输入行的提示进行操作，确保将动作与正确的参数和几何图形相关联。动作决定在插入或编辑图块实例时怎样更改几何图形。

6) 定义动态块参照的操作方式

用户可以指定在图形中操作动态块参照的方式。可以通过自定义夹点和自定义特性来

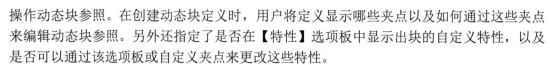

操作动态块参照。在创建动态块定义时，用户将定义显示哪些夹点以及如何通过这些夹点来编辑动态块参照。另外还指定了是否在【特性】选项板中显示出块的自定义特性，以及是否可以通过该选项板或自定义夹点来更改这些特性。

7) 保存块并在图形中进行测试

保存动态块定义并退出块编辑器，然后将动态块参照插入一个图形中，并测试该块的功能。

由于动态块的编辑方式和参数设置比较多，这里不再逐一介绍，希望读者能够多加练习以加深理解。

8.3 设 计 中 心

AutoCAD 2024 设计中心为用户提供了一个直观且高效的管理工具，它与 Windows 资源管理器类似。在绘制图形的过程中，会遇到大量相似的图形，如机械行业的标准件、电子行业的电气元件，以及建筑行业的门窗等，如果重复绘制这些图形，效率极其低下。如果使用设计中心，则可以将已有的图形文件以块的形式插入需要的图形文件中，这样就可以减小图形文件的容量，节省存储空间，进而提高绘图速度。

8.3.1 通过设计中心打开图形

通过设计中心打开图形的操作方法如下。

● 在菜单栏中选择【工具】|【选项板】|【设计中心】命令。

● 在【视图】选项卡的【选项板】面板中单击【设计中心】按钮。

● 在命令行中输入"adcenter"命令后按 Enter 键。

执行以上任一操作，都将打开如图 8-24 所示的 DESIGNCENTER(设计中心)特性面板。

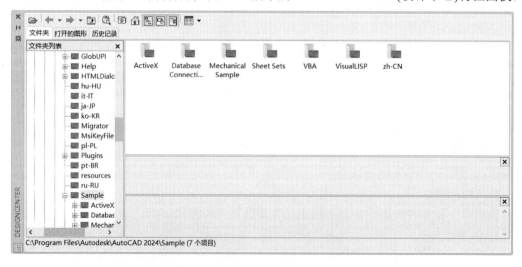

图 8-24 DESIGNCENTER 特性面板

从【文件夹列表】窗格中找到任意一个 AutoCAD 文件，右击该文件，在弹出的快捷菜单中选择【在应用程序窗口中打开】命令，将图形打开，如图 8-25 所示。

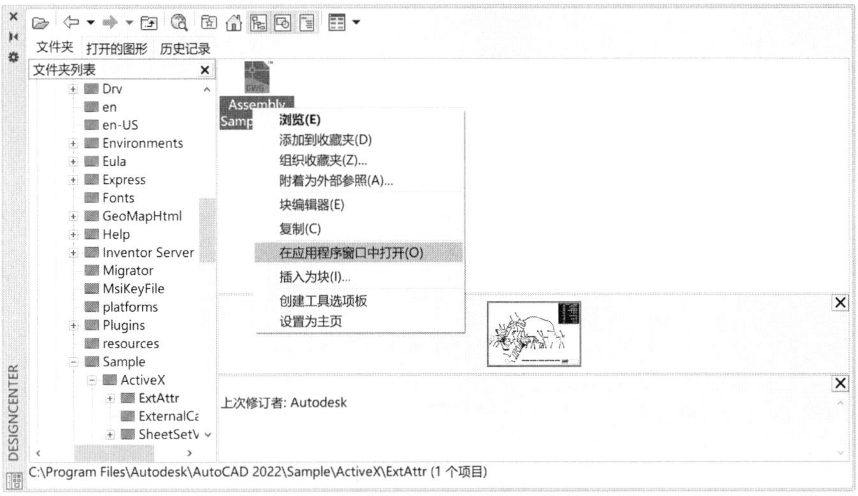

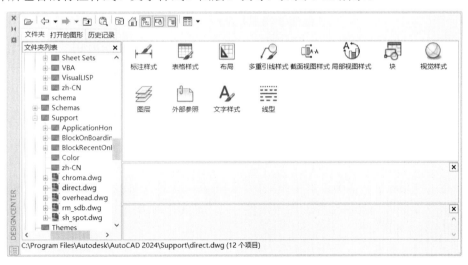

图 8-25 选择【在应用程序窗口中打开】命令

8.3.2 通过设计中心插入块

通过设计中心可以把其他图形中的块引用到当前图形中。下面介绍具体的插入块的方法。

(1) 打开一个 dwg 图形文件。

(2) 在【选项板】面板中单击【设计中心】按钮，将打开 DESIGNCENTER 特性面板。

(3) 在【文件夹列表】窗格中，双击要插入当前图形中的文件，在右侧将会显示出图形文件所包含的标注样式、文字样式、图层、块等，如图 8-26 所示。

图 8-26 DESIGNCENTER 特性面板

(4) 双击【块】选项，在右侧将会显示图形中包含的所有块，如图 8-27 所示。

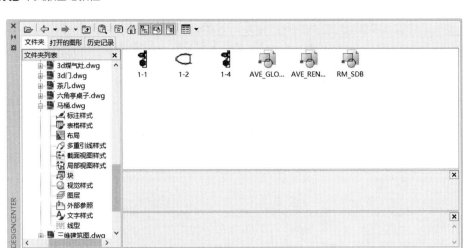

图 8-27　双击【块】选项

(5) 双击要插入的块，将打开【插入】对话框，如图 8-28 所示。

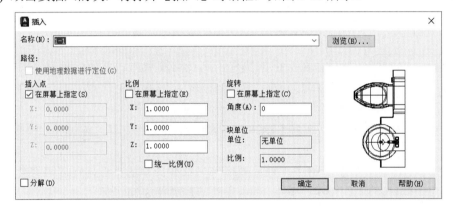

图 8-28　【插入】对话框

(6) 在【插入】对话框中可以指定插入点的位置、旋转角度和比例等，设置完成后单击【确定】按钮，返回当前图形，完成对块的插入。

8.3.3　设计中心的拖放功能

我们可以把其他文件中块、文字样式、标注样式、表格、外部参照、图层和线型等复制到当前文件中，其操作步骤如下。

(1) 在【选项板】面板中单击【设计中心】按钮，打开 DESIGNCENTER 特性面板。

(2) 双击要插入当前图形中的图形文件，在右侧将显示图形中包含的标注样式、文字样式、图层、块等。

(3) 双击【块】选项，将会显示图像中包含的所有块。

(4) 拖动一个块到当前图形，即可把块复制到图形文件中，如图 8-29 所示。

(5) 如果按住 Ctrl 键，选择要复制的所有图层设置，然后按住鼠标左键拖动到当前文件到绘图区，这样就可以把图层设置一并复制到图形文件中。

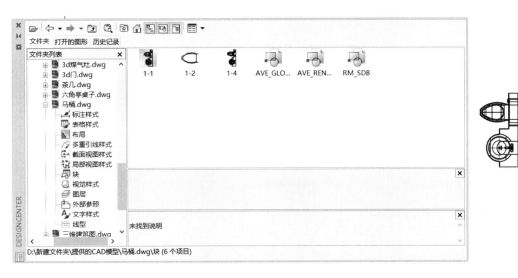

图 8-29　拖放块到当前图形

8.3.4　通过设计中心引用外部参照

外部参照是将一个文件作为外部参照插入另一个文件中，其操作步骤如下。

(1) 新建一个图形文件，在【视图】选项卡的【选项板】面板中单击【设计中心】按钮，打开 DESIGNCENTER 特性面板。

(2) 在【文件夹列表】窗格中找到一个图形文件所在目录，在右侧的文件显示栏中，右击该文件，在弹出的快捷菜单中选择【附着为外部参照】命令，将打开【附着外部参照】对话框，如图 8-30 所示。

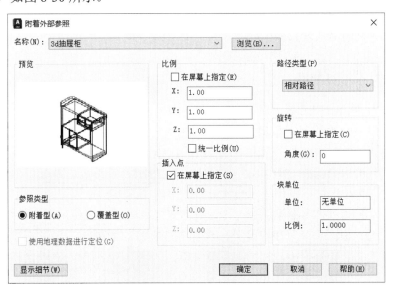

图 8-30　【附着外部参照】对话框

(3) 在【附着外部参照】对话框中进行外部参照设置，设置完成后，单击【确定】按钮，返回到绘图区，指定插入图形的位置，外部参照图形就被插入到了当前图形中。

8.4 CAD 协同设计中的外部参照工具

协同设计是由多人共同协作完成的设计，用户利用协同设计功能可以非常有效地在同一地点或者不同地点、不同机器上对同一个项目进行设计。

AutoCAD 2024 提供的支持协同设计的工具有：外部参照、CAD 标准、设计中心、链入和嵌入图形、保护和签名图形、电子传递以及发布图形集等。其中设计中心及块的相关内容已在前文有所介绍，下面着重介绍外部参照。

8.4.1 外部参照概述

外部参照(External Reference，Xref)提供了另一种更为灵活的图形引用方法。使用外部参照可以将多个图形链接到当前图形中，并且作为外部参照的图形会随着源图形的修改而更新。此外，外部参照不会明显地增加当前图形的文件大小，从而可以节省磁盘空间，也利于保证系统的性能。

当一个图形文件被作为外部参照插入当前图形中时，外部参照中每个图形的数据仍然分别保存在各自的源图形文件中，当前图形中所保存的只是外部参照的名称和路径。无论一个外部参照文件多么复杂，AutoCAD 都会把它作为一个单一对象来处理，而不允许进行分解。用户可对外部参照进行比例缩放、移动、复制、镜像或旋转等操作，还可以控制外部参照的显示状态，但这些操作都不会影响到源图形。

AutoCAD 允许在绘制当前图形的同时，显示多达 32 000 个图形参照，并且可以对外部参照进行嵌套，嵌套的层次可以为任意多层。当打开或打印附着有外部参照的图形文件时，AutoCAD 会自动对每一个外部参照图形文件进行重载，从而确保每个外部参照图形文件反映的都是它们的最新状态。

8.4.2 使用外部参照

以外部参照方式将图形插入某一图形(称之为主图形)后，被插入图形文件的信息并不直接加入主图形中，主图形只是记录参照的关系，比如，参照图形文件的路径等信息。如果外部参照中包含有任何可变块属性，它们将被忽略。另外，对主图形的操作不会改变外部参照图形文件的内容。当打开具有外部参照的图形时，系统会自动把各外部参照图形文件重新调入内存并在当前图形中显示出来。

选择【插入】|【外部参照】菜单命令，将打开【外部参照】选项板，如图 8-31 所示。

在 AutoCAD 中，用户可以在【外部参照】选项板中对外部参照进行编辑和管理。单击该选项板中的【附着】按钮，打开其下拉菜单，如图 8-32 所示，有不同格式的外部参照文件；选择任意一个外部参照文件，打开【选择参照文件】对话框，如图 8-33 所示，在其中进行相应的设置后，单击【打开】按钮，在【外部参照】选项板下方的【详细信息】列表中将显示该外部参照的名称、加载状态、文件大小、参照类型、参照日期及参照文件的保存路径等，如图 8-34 所示。

图 8-31 【外部参照】选项板

图 8-32 【附着】下拉菜单

图 8-33 【选择参照文件】对话框

事物总是在变化的，当插入的外部参照不能满足我们的需求时，则需要对外部参照进行修改。最直接的修改方法就是对外部源文件的修改，如果这样，我们就先查找源文件，然后将其打开。不过 AutoCAD 给我们提供了简便方式。

图 8-34 显示外部参照的详细信息

选择【工具】|【外部参照和块在位编辑】菜单命令，在其子菜单中我们既可以选择【打开参照】方式，也可以选择【在位编辑参照】方法。

(1) 打开参照。

编辑外部参照最简单、最直接的方法就是在单独的窗口中打开参照的图形文件，而无须使用【选择参照文件】对话框来浏览该外部参照。如果图形参照中包含嵌套的外部参照，则会打开选中对象嵌套层次最深的图形参照。这样，用户便可以访问该参照图形中的所有对象。

(2) 在位编辑参照。

通过在位编辑参照，可以在当前图形的可视化上下文中修改参照。

通常每个图形都包含一个或多个外部参照和多个块参照。在使用块参照时，可以选择块并进行修改，查看并编辑其特性，以及更新块定义。我们不能编辑使用 minsert 命令插入的块参照。

在使用外部参照时，可以选择要使用的参照，修改其对象，然后将修改保存到参照图形中。在进行较小的修改时，则不需要在图形之间来回切换。

☞ **注意** 如果打算对参照进行较大的修改，则打开参照图形直接修改即可。如果使用在位参照编辑对参照进行较大修改，会使在位参照编辑任务期间的当前图形文件的大小明显增加。

8.4.3 参照管理器

AutoCAD 图形可以参照多种外部文件，包括图形、文字字体、图像和打印配置。这些参照文件的路径保存在每个 AutoCAD 图形中。有时我们可能需要将图形文件或它们参照的文件移动到其他文件夹或其他磁盘驱动器中，这时就需要更新保存的参照路径。打开每个图形文件，然后手动更新保存的每个参照路径是一个冗长乏味的过程。

但我们是幸运的，AutoCAD 为我们提供了有效工具。

Autodesk 参照管理器提供了多种工具，可以列出选定图形中的参照文件，我们可以修改保存的参照路径而不必打开 AutoCAD 中的图形文件。利用参照管理器，我们可以轻松地标识并修复包含未融入参照的图形，但它依然有所限制。参照管理器并非对当前图形所参照的所有文件都提供支持。不受支持的参照包括与文字样式无关联的文字字体、OLE 链接、超级链接、数据库文件链接、PMP 文件以及 Web 上的 URL 的外部参照。如果参照管理器遇到 URL 的外部参照，它会将参照报告为"未找到"。

参照管理器是单机应用程序，可以选择【开始】|【程序】|【AutoCAD 2024-简体中文】|【参照管理器】命令，打开【参照管理器】窗口，如图 8-35 所示。

当双击【参照管理器】窗口右侧的信息条后，将会打开【编辑选定的路径】对话框，如图 8-36 所示。

选择存储路径并单击【确定】按钮后，【参照管理器】对话框中的可应用项将发生改变，如图 8-37 所示。

在【参照管理器】对话框中单击【应用修改】按钮，将打开【概要】对话框，如图 8-38 所示。

单击【详细信息】按钮，即可在弹出的【详细信息】对话框中查看具体内容，如图 8-39 所示。

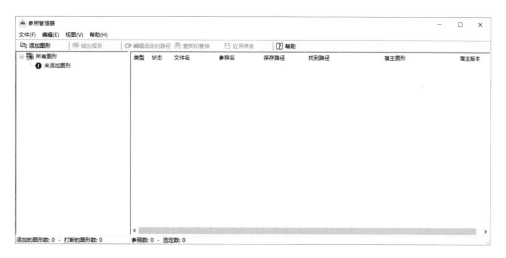

图 8-35　【参照管理器】窗口

图 8-36　设置新路径

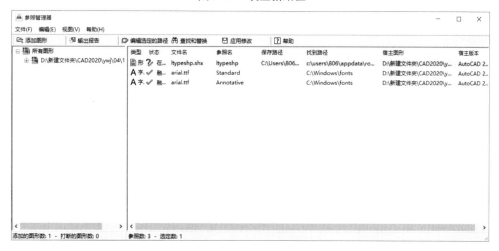

图 8-37　部分功能按钮启用

图 8-38　【概要】对话框

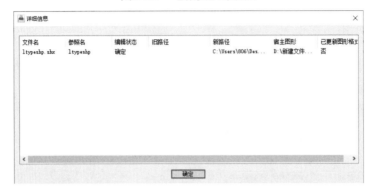

图 8-39　【详细信息】对话框

8.5　实战设计范例

8.5.1　绘制宾馆平面图范例

📖 本范例完成文件：范例文件/第 8 章/8-1.dwg

⚙️ **范例操作**

step 01 ▶ 新建一个图形文件，单击【图层】面板中的【图层特性】按钮🗂，在打开的
【图层特性管理器】选项板中单击【新建图层】按钮🗂，新建【墙体】图层、【门窗】图
层和【标注】图层，设置图层参数，如图 8-40 所示，然后选择【墙体】图层，单击【置为
当前】按钮🗂，将其设置为当前图层。

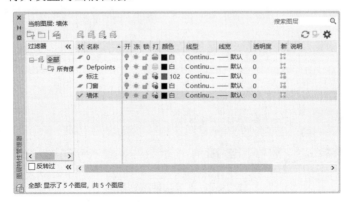

图 8-40　创建图层

step 02　单击【绘图】面板中的【矩形】按钮□，绘制尺寸为 30×60 的多线矩形，将其作为房间墙体，如图 8-41 所示。

step 03　单击【绘图】面板中的【直线】按钮／，绘制间距为 10 的直线图形，如图 8-42 所示。

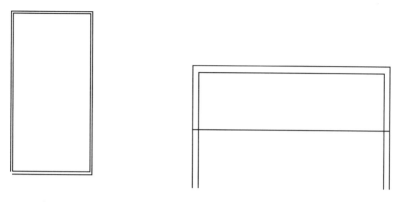

图 8-41　绘制多线矩形　　　　　　　　图 8-42　绘制直线

step 04　单击【修改】面板中的【修剪】按钮✂，修剪图形，如图 8-43 所示。

step 05　选择【绘图】|【多线】菜单命令，绘制多线，然后使用直线工具绘制直线图形，如图 8-44 所示。

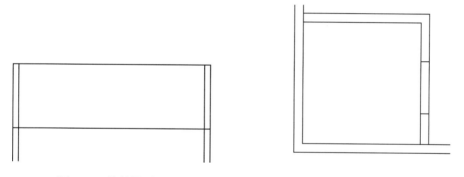

图 8-43　修剪图形　　　　　　　　　　图 8-44　绘制多线和直线

step 06　打开【图层特性管理器】选项板，设置【门窗】图层为当前图层，然后使用圆弧和直线工具，绘制门，如图 8-45 所示。

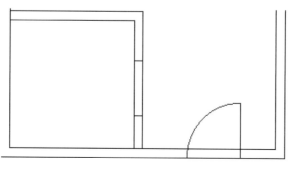

图 8-45　绘制门

step 07 单击【修改】面板中的【修剪】按钮🔏，修剪图形，得到单间平面，如图 8-46 所示。

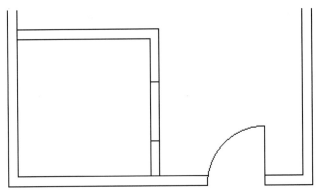

图 8-46　修剪图形

step 08 单击【修改】面板中的【复制】按钮🔗，复制房间图形，如图 8-47 所示。

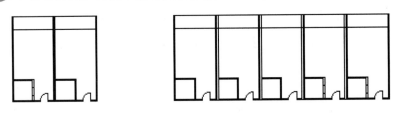

图 8-47　复制房间图形

step 09 设置【墙体】图层为当前图层，选择【绘图】|【多线】菜单命令，绘制多线，如图 8-48 所示。

step 10 单击【修改】面板中的【复制】按钮🔗，复制图形，如图 8-49 所示。

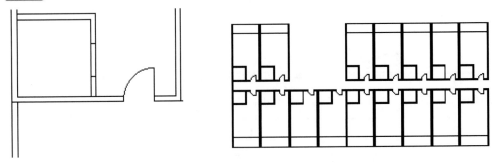

图 8-48　绘制多线　　　　　　　　　　　图 8-49　复制图形

step 11 选择【绘图】|【多线】菜单命令，绘制多线，然后绘制直线图形，将其作为电梯图形，如图 8-50 所示。

step 12 单击【绘图】面板中的【图案填充】按钮🔳，设置参数，填充电梯图形，如图 8-51 所示。

step 13 绘制直线图形作为楼梯，如图 8-52 所示。

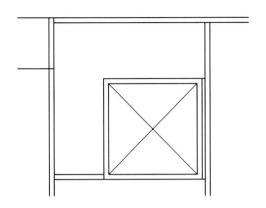

图 8-50 绘制电梯图形

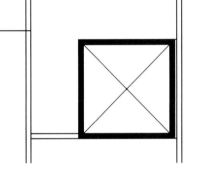

图 8-51 填充电梯图形

step 14 单击【默认】选项卡【注释】面板中的【多行文字】按钮A，添加"房间"等文字，如图 8-53 所示。

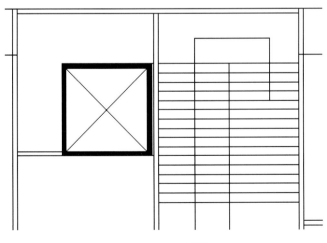

图 8-52 绘制楼梯

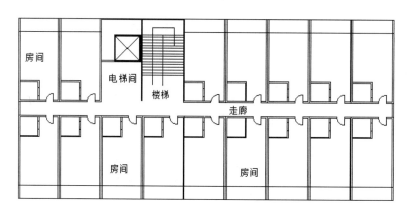

图 8-53　添加文字

step 15 设置【标注】图层为当前图层，单击【注释】选项卡【标注】面板中的【线性】按钮，添加建筑尺寸，完成宾馆平面图的绘制，如图 8-54 所示。

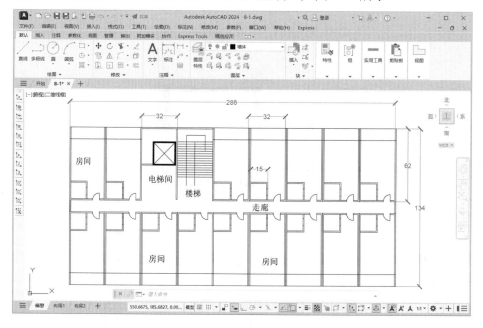

图 8-54　宾馆平面图

8.5.2　编写机械零件序号范例

📄 本范例完成文件：范例文件/第 8 章/8-2.dwg

⚙️ **范例操作**

step 01 打开阀体零件图，单击【默认】选项卡【绘图】面板中的【圆】按钮，在零件图右侧绘制半径为 0.4 的圆形，如图 8-55 所示。

step 02 单击【默认】选项卡【注释】面板中的【引线】按钮，添加引线，如图 8-56 所示。

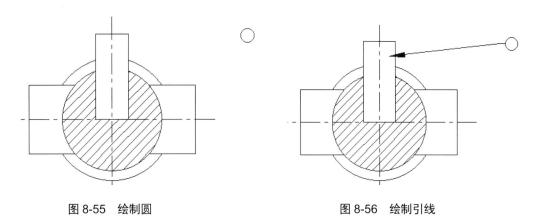

图 8-55 绘制圆   图 8-56 绘制引线

step 03 单击【插入】面板【块定义】选项组中的【创建块】按钮，打开【块定义】对话框，在其中设置参数和块名称，如图 8-57 所示，单击【确定】按钮，将刚才绘制的圆和引线图形创建为块。

图 8-57 创建块

step 04 单击【插入】选项卡【块】面板中的【插入】按钮，添加新创建的图块，如图 8-58 所示。

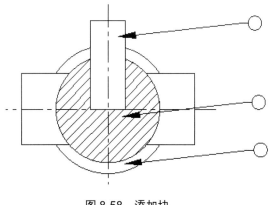

图 8-58 添加块

step 05 单击【默认】选项卡【注释】面板中的【多行文字】按钮 **A**，添加数字序号，完成编写机械零件序号范例的制作，如图 8-59 所示。

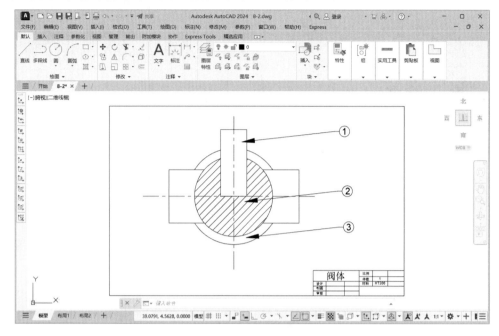

图 8-59 添加数字序号

本 章 小 结

本章首先介绍了 AutoCAD 2024 新建图层与图层管理的命令与方法，读者通过对图层的了解和运用，能够在绘制和编辑复杂图形的过程中，更加得心应手。本章还介绍了如何在 AutoCAD 2024 中创建和编辑块、创建和管理属性块等，并对 AutoCAD 动态块的使用方法进行了详细的讲解。通过本章的学习，读者应能够熟练掌握创建、编辑和插入块的方法，这样在以后绘图的过程中会节省很多时间。另外，本章还介绍了设计中心和 CAD 协同设计中的外部参照工具，希望读者能有所了解和应用。

第 9 章

图形输出打印

本章导言

在 AutoCAD 2024 中绘制好图形后，就需要将绘制好的图形用打印机或绘图仪输出，或者导成其他文件。因此通过本章的学习，读者可以掌握如何添加与配置绘图设备、如何设置打印样式、如何设置页面，以及如何打印绘图文件等知识。

9.1 创 建 布 局

布局是一种图纸空间环境，它模拟图纸页面，提供直观的打印设置。在布局中可以创建并放置视口对象，还可以添加标题栏或其他几何图形。用户可以在图形中创建多个布局以显示不同视图，每个布局可以包含不同的打印比例和图纸尺寸。布局显示的图形与图纸页面上打印出来的图形完全一样。

9.1.1 模型空间和图纸空间

AutoCAD 最有用的功能就是可在两个环境中完成绘图和设计工作，这两个环境即模型空间和图纸空间。模型空间又可分为平铺式的模拟空间和浮动式的模型空间。大部分设计和绘图工作都是在平铺式模型空间中完成的，而图纸空间是模拟手工绘图的空间，它是为绘制平面图而准备的一张虚拟图纸，是一个二维空间的工作环境。从某种意义上来说，图纸空间就是为布局图面、打印出图而设计的，用户还可在其中添加诸如边框、注释、标题和尺寸标注等内容。

我们可以根据坐标标志来区分模型空间和图纸空间，当处于模型空间时，屏幕显示 UCS 标志，当处于图纸空间时，屏幕显示图纸空间标志，即一个直角三角形，所以旧版本将图纸空间又称作"三角视图"。

> 注意 模型空间和图纸空间是两种不同的制图空间，在同一个图形中无法同时在这两个环境中工作。

9.1.2 在图纸空间中创建布局

在 AutoCAD 中，可以使用【布局向导】命令来创建新布局，也可以通过 layout 命令以模板的方式来创建新布局，下面将主要介绍以向导方式创建布局的过程。

● 在菜单栏中选择【插入】|【布局】|【创建布局向导】命令。

● 在命令输入行输入"layout"命令后按 Enter 键。

执行上述任一操作后，AutoCAD 会打开如图 9-1 所示的【创建布局-开始】对话框。该对话框用于为新布局命名。左侧是创建中要进行的 8 个步骤，前面标有三角符号的是当前步骤。可以在右侧的【输入新布局的名称】文本框中输入名称。

单击【下一页】按钮，弹出如图 9-2 所示的【创建布局-打印机】对话框。

图 9-2 所示的对话框用于选择打印机，在【为新布局选择配置的绘图仪】列表框中列出了本机可用的打印机设备，从中选择一种打印机作为输出设备。然后单击【下一页】按钮，弹出如图 9-3 所示的【创建布局-图纸尺寸】对话框。

图 9-3 所示的对话框用于选择打印图纸的大小和所用的单位。

在其中的下拉列表框中列出了可用的各种格式的图纸，它由选择的打印设备决定，可从中选择一种格式。

【图形单位】选项组用于控制图形单位，可以选择毫米、英寸或像素。当图形单位有所变化时，【图纸尺寸】选项组中的图形尺寸也相应变化。

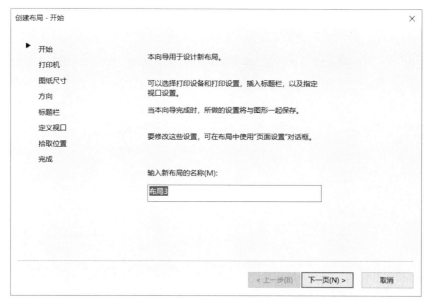

图 9-1　【创建布局-开始】对话框

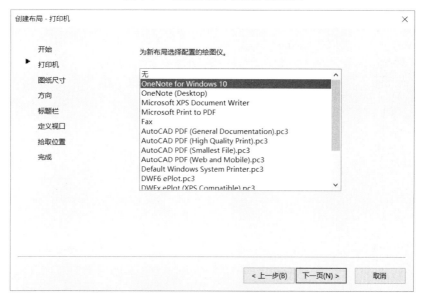

图 9-2　【创建布局-打印机】对话框

单击【下一页】按钮，将弹出如图 9-4 所示的【创建布局-方向】对话框。此对话框用于设置打印的方向，其中的两个单选按钮分别表示不同的打印方向。

● 【横向】单选按钮：表示按横向打印。

● 【纵向】单选按钮：表示按纵向打印。

完成打印方向的设置后，单击【下一页】按钮，将弹出如图 9-5 所示的【创建布局-标题栏】对话框。

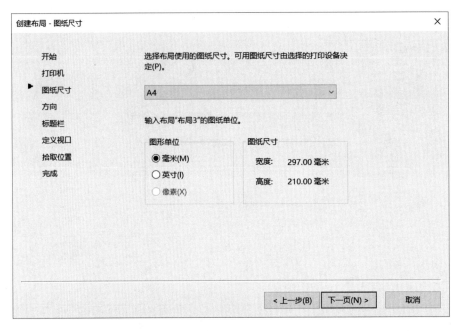

图 9-3　【创建布局-图纸尺寸】对话框

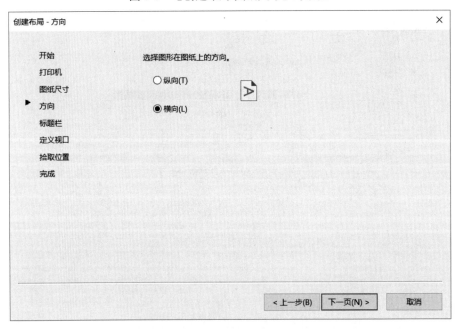

图 9-4　【创建布局-方向】对话框

【创建布局-标题栏】对话框用于选择图纸的边框和标题栏的样式。

【路径】：列出了当前可用的样式，可从中选择一种样式。

【预览】：显示所选样式的预览图像。

【类型】：可指定所选择的标题栏图形文件是作为块还是外部参照插入当前图形中。

单击【下一页】按钮，将弹出如图 9-6 所示的【创建布局-定义视口】对话框。

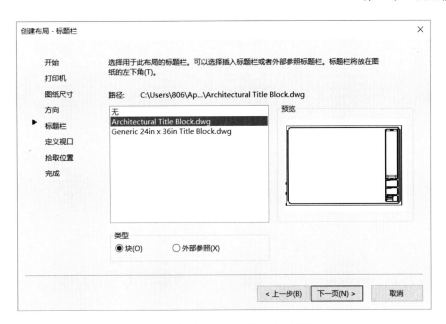

图 9-5　【创建布局-标题栏】对话框

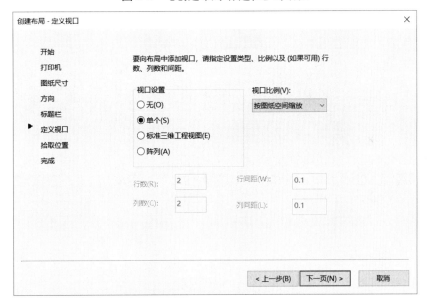

图 9-6　【创建布局-定义视口】对话框

【创建布局-定义视口】对话框可指定新创建的布局默认视口设置和比例等。分为以下两组设置。

● 【视口设置】：该选项组用于设置当前布局定义视口数。

● 【视口比例】：该下拉列表框用于设置视口的比例。

如果选中【阵列】单选按钮，下面的文本框将变为可用，可以输入视口的行数和列数，以及视口的行间距和列间距；

单击【下一页】按钮，弹出如图 9-7 所示的【创建布局-拾取位置】对话框。

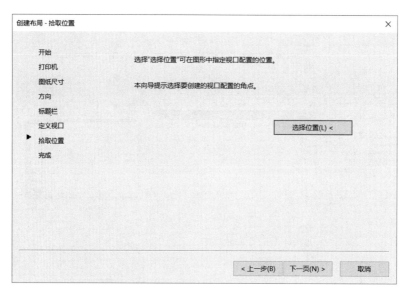

图 9-7 　【创建布局-拾取位置】对话框

　　【创建布局-拾取位置】对话框用于制定视口的大小和位置。单击【选择位置】按钮，系统将暂时关闭该对话框，返回到图形窗口，从中制定视口的大小和位置。选择恰当的适口大小和位置后，出现如图 9-8 所示的【创建布局-完成】对话框。

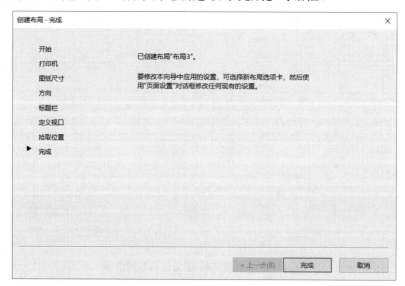

图 9-8 　【创建布局-完成】对话框

　　如果对当前的设置都很满意，单击【完成】按钮完成新布局的创建，系统自动返回布局空间，显示新创建的布局。

　　除了可使用上面的向导创建新的布局外，还可以使用 layout 命令在命令行创建布局。用 layout 命令能以多种方式创建新布局，如从已有的模板开始创建、从已有的布局开始创建或从头开始创建。另外，还可以用该命令管理已创建的布局，如删除、改名、保存以及设置等。

9.1.3　浮动视口

与模型空间一样，用户也可以在布局空间中建立多个视口，以便显示模型的不同视图。在布局空间建立视口时，可以确定视口的大小，并且可以将其定位于布局空间的任意位置，因此，布局空间视口通常被称为浮动视口。在创建布局时，浮动视口是一个非常重要的工具，它用于显示模型空间和布局空间中的图形。

在创建布局后，系统会自动创建一个浮动视口。如果该视口不符合要求，用户可以将其删除，然后重新建立新的浮动视口。在浮动视口中双击，即可进入浮动模型空间，其边界将以粗线显示，如图 9-9 所示。在 AutoCAD 2024 中，可以通过以下两种方法创建浮动视口。

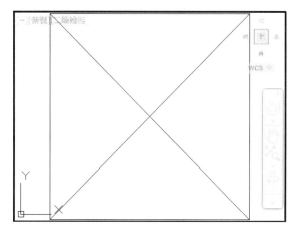

图 9-9　浮动视口

(1) 选择【视图】|【视口】|【新建视口】菜单命令，将打开【视口】对话框，在【标准视口】列表框中选择【垂直】选项时，创建的浮动视口如图 9-10 所示。

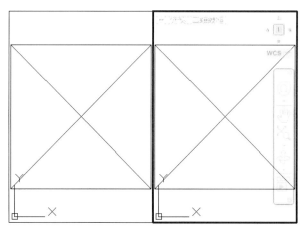

图 9-10　创建的浮动视口

(2) 使用夹点编辑创建浮动视口：在浮动视口外双击，选择浮动视口的边界，然后在右上角的夹点上拖曳鼠标，先将该浮动视口缩小，如图 9-11 所示，然后连续按两次 Enter

键，在命令提示行中选择【复制】选项，对该浮动视口进行复制，并将其移动至合适位置，效果如图9-12所示。

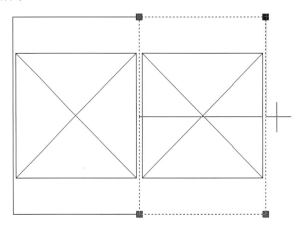

图 9-11　缩小浮动视口

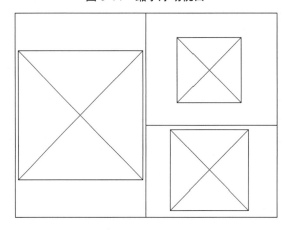

图 9-12　复制并调整浮动视口

　　浮动视口实际上是一个对象，可以像编辑其他对象一样编辑浮动视口，如进行删除、移动、拉伸和缩放等操作。

　　要对浮动视口内的图形对象进行编辑修改，只能在模型空间中进行，而不能在布局空间中进行。用户可以切换到模型空间，对其中的对象进行编辑。

9.2　图　形　输　出

　　AutoCAD 可以将图形输出为各种格式的文件，以方便用户把 AutoCAD 中绘制好的图形文件在其他软件中继续进行编辑或修改。

9.2.1　输出的文件类型

　　选择【文件】|【输出】菜单命令，可以打开【输出数据】对话框，在【文件类型】下

拉列表中列出了输出的文件类型，如图 9-13 所示。

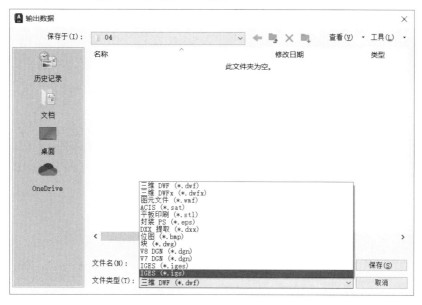

图 9-13　【输出数据】对话框中列出了输出的文件类型

(1) 按 Enter 键，文件将以默认格式保存。

(2) 命令输入行中会出现"EXPORT 要发布的对象[全部(A)选择(S)]<全部>："，然后按 Enter 键。

(3) 命令输入行中会出现"EXPORT 与材质一起分布[否(N)是(Y)]<是>："，再次按 Enter 键。弹出如图 9-14 所示的【查看三维 DWF】对话框，如果要查看文件，则单击【是(Y)】按钮，反之则单击【否(N)】按钮。

图 9-14　【查看三维 DWF】对话框

9.2.2　输出 PDF 文件

AutoCAD 2024 具有直接输出 PDF 文件的功能，下面介绍其使用方法。

在功能区切换到【输出】选项卡，可以看到【输出为 DWF/PDF】面板，如图 9-15 所示。

在【输出为 DWF/PDF】面板中单击【输出】按钮，弹出【另存为 PDF】对话框，如图 9-16 所示，设置【文件名】，单击【保存】按钮，即可输出 PDF 文件。

图 9-15 【输出为 DWF/PDF】面板

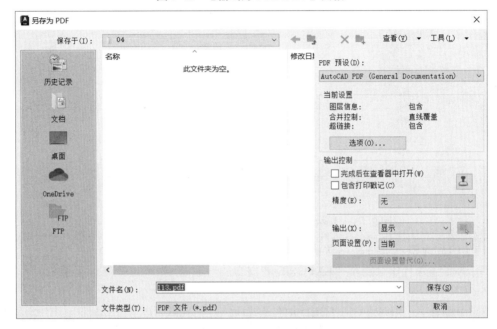

图 9-16 【另存为 PDF】对话框

9.3 页 面 设 置

通过指定页面设置可以准备要打印或发布的图形。这些设置连同布局都将保存在图形文件中。建立布局后，可以修改页面设置中的设置或应用其他页面设置。用户可以通过以下方法设置页面。

9.3.1 页面设置管理器

利用【页面设置管理器】对话框设置页面的方法如下。

(1) 选择【文件】|【页面设置管理器】菜单命令或在命令输入行中输入"pagesetup"命令后按 Enter 键，AutoCAD 会自动打开如图 9-17 所示的【页面设置管理器】对话框。

(2) 【页面设置管理器】对话框可以为当前布局或图纸指定页面设置，也可以创建命名页面设置、修改现有页面设置，或从其他图纸中输入页面设置。

下面介绍【页面设置管理器】对话框中的选项。

① 【当前布局】：列出要应用页面设置的当前布局。如果从图纸集管理器中打开页面设置管理器，则显示当前图纸集的名称。如果从某个布局打开页面设置管理器，则显示

当前布局的名称。

图 9-17　【页面设置管理器】对话框

② 【页面设置】选项组中各选项的含义如下。

● 【当前页面设置】：该选项用来显示应用于当前布局的页面设置。在创建整个图纸集后，不能再对其应用页面进行设置，因此，如果从图纸集管理器中打开页面设置管理器，将显示"不适用"。

● 页面设置列表：列出可应用于当前布局的页面设置，或列出发布图纸集时可用的页面设置。

● 【置为当前】：单击该按钮，可将所选页面设置设置为当前布局的当前页面设置。不能将当前布局设置为当前页面设置。【置为当前】按钮对图纸集不可用。

● 【新建】：单击该按钮，在弹出的【新建页面设置】对话框中可以进行新的页面设置。

● 【修改】：单击该按钮，可以对页面设置的参数进行修改。

● 【输入】：单击该按钮，将弹出【从文件选择页面设置】对话框(标准文件选择对话框)，从中可以选择图形格式(DWG)、DWT 或图形交换格式(DXF)™文件，从这些文件中输入一个或多个页面设置。

③ 【选定页面设置的详细信息】：该选项组中显示所选页面设置的信息。

④ 【创建新布局时显示】：该复选框用来指定当选中新的布局选项卡或创建新的布局时，是否显示【页面设置】对话框。要想重置此功能，则在【选项】对话框的【显示】选项卡中选中新建布局时显示【页面设置】对话框选项。

9.3.2　新建页面设置

下面介绍新建页面设置的具体方法。

在【页面设置管理器】对话框中单击【新建】按钮，将弹出【新建页面设置】对话框，如图 9-18 所示，从中可以为新建页面设置名称，并指定要使用的基础页面设置。

(1)【新页面设置名】：该文本框用来指定新建页面设置的名称。

(2)【基础样式】：该列表框用来指定新建页面设置要使用的基础页面设置。单击【确定】按钮，将弹出【页面设置】对话框以及所选页面设置的设置，必要时可以修改这些设置。

如果从图纸集管理器打开【新建页面设置】对话框，将只列出页面设置替代文件中的命名页面设置。

图 9-18　【新建页面设置】对话框

- 【<无>】：指定不使用任何基础页面设置。可以修改【页面设置】对话框中显示的默认设置。
- 【<默认输出设备>】：指定将【选项】对话框的【打印和发布】选项卡中指定的默认输出设备设置为新建页面设置的打印机。
- 【*模型*】：指定新建页面设置使用上一个打印作业中指定的设置。

9.3.3　修改页面设置

下面介绍修改页面设置的具体方法。

在【页面设置管理器】对话框中单击【修改】按钮，弹出【页面设置-模型】对话框，如图 9-19 所示，从中可以编辑所选页面设置的设置。

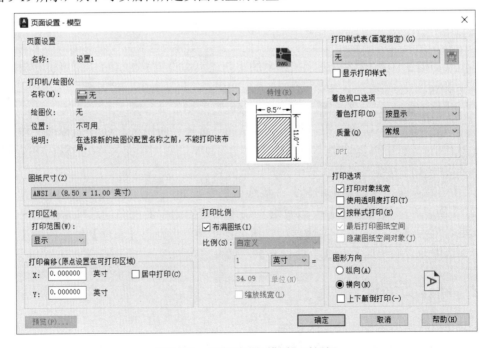

图 9-19　【页面设置-模型】对话框

下面介绍【页面设置-模型】对话框中部分选项的含义。

(1)【图纸尺寸】下拉列表框。

该下拉列表框中包含所选打印设备可用的标准图纸尺寸，例如：A4、A3、A2、A1、B5、B4…如图 9-20 所示为【图纸尺寸】下拉列表，如果未选择绘图仪，将显示全部标准图纸尺寸的列表以供选择。

如果所选绘图仪不支持布局中选定的图纸尺寸，将显示警告，用户可以选择绘图仪的默认图纸尺寸或自定义图纸尺寸。

使用【添加绘图仪】向导创建 PC3 文件时，将为打印设备设置默认的图纸尺寸。在【页面设置】对话框中选择的图纸尺寸将随布局一起保存，并将替代 PC3 文件设置。

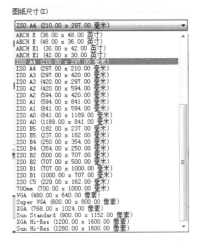

图 9-20　【图纸尺寸】下拉列表

页面的实际可打印区域(取决于所选打印设备和图纸尺寸)在布局中由虚线表示。

如果打印的是光栅图像(如 BMP 或 TIFF 文件)，打印区域大小的指定将以像素为单位而不是英寸或毫米。

(2)【打印区域】选项组。

该选项组用来指定要打印的图形区域。在【打印范围】下拉列表中可以选择要打印的图形区域，图 9-21 所示为【打印范围】下拉列表。

(a) 页面设置为【模型】时的【打印范围】下拉列表　　(b) 页面设置为【布局】时的【打印范围】下拉列表

图 9-21　【打印范围】下拉列表

- 【布局】：选择该选项将打印图纸和打印区域中的所有对象。此选项仅在页面设置为【布局】时可用。
- 【窗口】：选择该选项将打印选择窗口指定的图形部分。当要指定打印区域的两个角点时，该选项才可用。选择该选项可以使用定点设备指定要打印区域的两个角点，或输入坐标值。
- 【范围】：选择该选项将打印包含对象的图形的部分当前空间。当前空间内的所有几何图形都将被打印。打印之前，可能会重新生成图形以重新计算范围。
- 【图形界限】：选择该选项，在打印布局时将打印指定图纸尺寸的可打印区域内的所有内容，其原点从布局中的(0,0)点计算得出。从【模型】选项卡打印时，将打印栅格界限定义的整个图形区域。如果当前视口不显示平面视图，该选项与【范围】选项效果相同。

- 【显示】：选择该选项将打印【模型】选项卡当前视口中的视图或【布局】选项卡中当前图纸空间视图中的视图。

(3) 【打印偏移】选项组。

该选项组根据【指定打印偏移时相对于】选项(【选项】对话框的【打印和发布】选项卡)中的设置，指定打印区域相对于可打印区域左下角或图纸边界的偏移。【页面设置-模型】对话框的【打印偏移】选项组在括号中显示指定的打印偏移选项。

图纸的可打印区域由所选输出设备决定，在布局中以虚线表示。修改为其他输出设备时，可能会修改可打印区域。

通过在 X 和 Y 文本框中输入正值或负值，可以偏移图纸上的几何图形。图纸中的绘图仪单位为英寸或毫米。

- 【居中打印】：自动计算 X 偏移和 Y 偏移值，在图纸上居中打印。当【打印区域】设置为【布局】时，此选项不可用。
- X：该文本框相对于【打印偏移】选项组中的设置指定 X 方向上的打印原点。
- Y：该文本框相对于【打印偏移】选项组中的设置指定 Y 方向上的打印原点。

(4) 【打印比例】选项组。

该选项组用来控制图形单位与打印单位之间的相对尺寸。打印布局时，默认缩放比例设置为 1：1。从【模型】选项卡打印时，默认设置为【布满图纸】。

> **注意** 如果在【打印区域】选项组中指定了【布局】选项，那么无论在【比例】下拉列表框中指定了何种设置，都将以 1：1 的比例打印布局。

- 【布满图纸】：选中该复选框将缩放打印图形以布满所选图纸尺寸，并在【比例】下拉列表框、【英寸】文本框和【单位】文本框中显示自定义的缩放比例因子。
- 【比例】：该下拉列表框用来定义打印的精确比例。【自定义】选项可定义用户指定的比例。可以通过输入与图形单位数等价的英寸(或毫米)数来创建自定义比例。

> **注意** 可以使用 SCALELISTEDIT 命令修改比例列表。

- 【英寸】/【毫米】：该文本框指定与定义的单位数等价的英寸数或毫米数。
- 【单位】：该文本框指定与定义的英寸数、毫米数或像素数等价的单位数。
- 【缩放线宽】：选中该复选框将与打印比例成正比缩放线宽。线宽通常指定打印对象的线的宽度并按线宽尺寸打印，而不考虑打印比例。

(5) 【着色视口选项】选项组。

该选项组用来指定着色和渲染视口的打印方式，并确定它们的分辨率大小和每英寸点数(DPI)。

- 【着色打印】：该下拉列表框用来指定视图的打印方式，包含以下几个选项。
  - 【按显示】：按对象在屏幕上的显示方式打印。
  - 【传统线框】：在线框中打印对象，不考虑其在屏幕上的显示方式。
  - 【传统隐藏】：打印对象时消除隐藏线，不考虑其在屏幕上的显示方式。
  - 【概念】：打印对象时应用"概念"视觉样式，不考虑其在屏幕上的显示方式。
  - 【真实】：打印对象时应用"真实"视觉样式，不考虑其在屏幕上的显示方式。
  - 【渲染】：按渲染的方式打印对象，不考虑其在屏幕上的显示方式。

- 【质量】：该下拉列表框用来指定着色和渲染视口的打印分辨率。
- DPI：该文本框用来指定渲染和着色视图的每英寸点数，最大可为当前打印设备的最大分辨率。只有在【质量】下拉列表框中选择【自定义】选项后，此选项才可用。

(6) 【打印选项】选项组。

该选项组用来指定线宽、打印样式、着色打印和对象的打印次序等。

- 【打印对象线宽】：该复选框用来指定是否打印为对象或图层指定的线宽。
- 【按样式打印】：该复选框用来指定是否打印应用于对象和图层的打印样式。如果选中该复选框，也将自动选中【打印对象线宽】复选框。
- 【最后打印图纸空间】：选中该复选框将首先打印模型空间几何图形。通常先打印图纸空间几何图形，然后再打印模型空间几何图形。
- 【隐藏图纸空间对象】：该复选框用来指定 HIDE 操作是否应用于图纸空间视口中的对象。此复选框仅在【布局】选项卡中可用。此设置的效果反映在打印预览中，而不反映在布局中。

(7) 【图形方向】选项组。

该选项组可以支持纵向或横向的绘图仪指定图形在图纸上的打印方向。

- 【纵向】：放置并打印图形时，选中该单选按钮可以使图纸的短边位于图形页面的顶部，如图 9-22 所示。
- 【横向】：放置并打印图形时，选中该单选按钮可以使图纸的长边位于图形页面的顶部，如图 9-23 所示。
- 【上下颠倒打印】：选中该复选框可以上下颠倒地放置并打印图形，如图 9-24 所示。

图 9-22　图形方向为纵向时　　　图 9-23　图形方向为横向时　　　图 9-24　图形方向为上下
　　　　　打印的效果　　　　　　　　　　打印的效果　　　　　　　　　颠倒时打印的效果

9.4　打　印　设　置

打印是将绘制好的图形用打印机或绘图仪输出。通过本节的学习，读者可以掌握如何添加与配置绘图设备、如何设置打印样式、如何设置页面，以及如何打印绘图文件。

9.4.1　打印预览

用户设置好所有的配置后，单击【输出】选项卡【打印】面板中的【打印】按钮🖶或在命令输入行中输入"plot"命令后按 Enter 键或 Ctrl+P 组合键，或选择【文件】|【打印】菜单命令，将打开如图 9-25 所示的【打印-模型】对话框。在该对话框中，显示了用户最近设置的一些选项，用户还可以更改这些选项设置，如果用户认为其设置符合自己的

要求，则单击【确定】按钮，AutoCAD 将会自动开始打印。

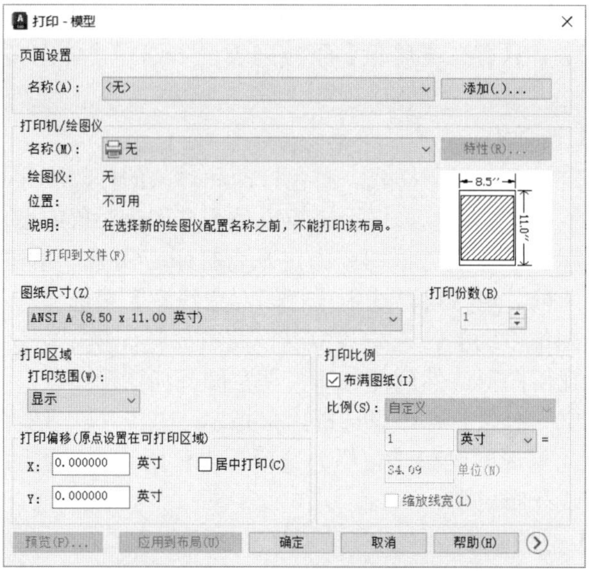

图 9-25　【打印-模型】对话框

　　在将图形发送到打印机或绘图仪之前，最好先生成打印图形的预览。生成预览可以节约时间和材料。

　　用户可以在对话框中预览图形。预览显示图形在打印时的确切外观，包括线宽、填充图案和其他打印样式选项。

　　预览图形时，将隐藏活动工具栏和工具选项板，并显示临时的【预览】工具栏，其中提供了打印、平移和缩放图形的按钮。

　　在【打印】和【页面设置】对话框中，缩微预览还在页面上显示可打印区域和图形的位置。

　　预览打印的步骤如下。

　　(1) 选择【文件】|【打印】菜单命令，打开【打印-模型】对话框。

　　(2) 在【打印-模型】对话框中，单击【预览】按钮。

　　(3) 打开【预览】窗口，光标将改变为实时缩放光标。

　　(4) 单击鼠标右键，将弹出快捷菜单，包括【打印】、【平移】、【缩放】、【缩放窗口】或【缩放为原窗口】(缩放至原来的预览比例)命令。

　　(5) 按 Esc 键退出预览并返回到【打印-模型】对话框。

　　(6) 如果需要，继续调整其他打印设置，然后再次预览打印图形。

　　(7) 设置正确后，单击【确定】按钮以打印图形。

9.4.2　打印图形

　　绘制图形后，可以使用多种方法输出。我们可以将图形打印在图纸上，也可以创建成文件以供其他应用程序使用。以上两种情况都需要进行打印设置。

　　打印图形的步骤如下。

(1) 选择【文件】|【打印】菜单命令，打开【打印-模型】对话框。

(2) 在【打印-模型】对话框的【打印机/绘图仪】选项组中，从【名称】下拉列表中选择一种绘图仪。图 9-26 所示为【名称】下拉列表。

图 9-26　【名称】下拉列表

(3) 在【图纸尺寸】下拉列表框中选择图纸尺寸。在【打印份数】微调框中，设置要打印的份数。在【打印区域】选项组中，指定图形中要打印的部分。在【打印比例】选项组中，从【比例】下拉列表框中选择缩放比例。

(4) 有关其他选项的信息，单击【更多选项】按钮 ⊙，如图 9-27 所示。如不需要则可单击【更少选项】按钮 ⊙。

图 9-27　单击【更多选项】按钮 ⊙ 后的【打印-模型】对话框

(5) 在【打印样式表(画笔指定)】下拉列表框中选择打印样式表。在【着色视口选项】和【打印选项】选项组中，进行适当的设置。在【图形方向】选项组中，选择一种方向。

> 注意 打印戳记只在打印时出现，不与图形一起保存。

(6) 单击【确定】按钮即可进行最终的打印。

9.5 设 计 范 例

9.5.1 输出图形范例

📎 本范例完成文件：范例文件/第 9 章/9-1.dwg

⚙️ **范例操作**

step 01 打开 CAD 图形文件，如图 9-28 所示。

图 9-28 打开的 CAD 图形文件

step 02 选择【文件】|【输出】菜单命令，打开【输出数据】对话框，设置输出文件类型为【位图】，并设置文件名，如图 9-29 所示，单击【保存】按钮。

step 03 此时命令行中显示设置选择输出图形的对象，设置为按照视口输出，如图 9-30 所示，在绘图区中使用鼠标框选图形，即选择了输出的图形范围。

step 04 单击鼠标确定后便输出了位图文件。位图文件如图 9-31 所示，至此范例制作完成。

图 9-29 设置输出文件

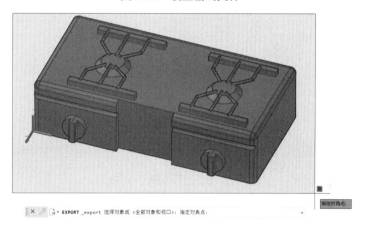

图 9-30 设置输出图形的范围

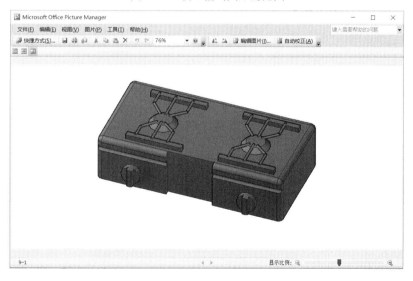

图 9-31 输出的位图文件

9.5.2　打印文件范例

本范例完成文件：范例文件/第 9 章/9-2.dwg

范例操作

step 01　打开 CAD 图形文件，如图 9-32 所示。

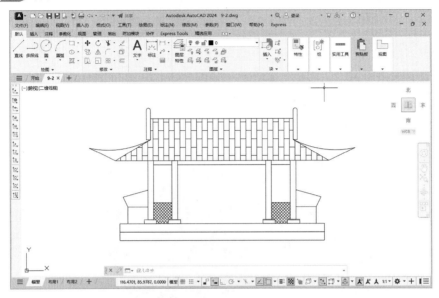

图 9-32　打开的图形文件

step 02　选择【文件】|【打印】菜单命令，打开【打印-模型】对话框，设置其中的各项参数，如图 9-33 所示，单击【预览】按钮。

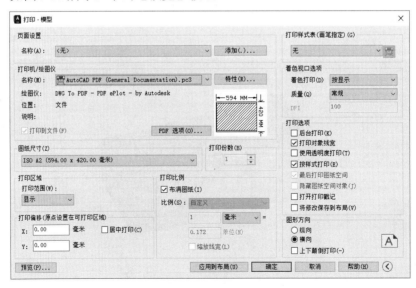

图 9-33　设置打印参数

step 03　此时打开【预览】窗口，光标将改变为实时缩放光标，在其中放大查看打印效果，如图 9-34 所示，单击【关闭】按钮，将返回【打印-模型】对话框，单击【确定】按钮，即可将图形打印出来。

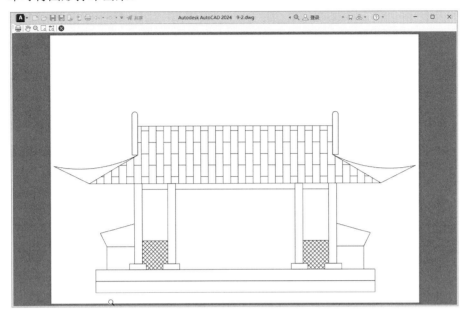

图 9-34　打印预览

本 章 小 结

本章主要介绍了 AutoCAD 2024 图形输出打印方法，讲解了图纸打印输出的一般内容，读者通过对本章的学习，可以在以后的图形输出与打印当中根据不同的需求来进行设置。

第 10 章

绘制三维模型

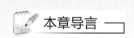 本章导言

在 AutoCAD 2024 中有一项重要的功能，即三维绘图。三维绘图是二维绘图的延伸，也是绘图中较为高端的绘图方式。本章主要向用户介绍三维绘图的基础知识，包括轴视图和透视图的概念、坐标系和视点的使用，同时讲解基本的三维图形界面和绘制方法，介绍绘制三维实体图的方法和命令，使用户对三维实体绘图有所认识。

10.1　三维界面和坐标系

　　三维立体是一个直观的立体的表现方式，但要在平面基础上表示三维图形，则需要具备一些三维知识，并且对平面的立体图形有所认识。在 AutoCAD 2024 中包含三维绘图的界面，更加适合三维绘图的习惯。另外，要进行三维绘图，我们首先要了解用户坐标系。下面来认识三维建模界面和用户坐标系，并了解用户坐标系的一些基本操作。

图 10-1　选择【三维建模】命令

10.1.1　三维界面

　　【三维建模】界面是 AutoCAD 2024 中的一种界面形式，启动【三维建模】界面的方法比较简单，在状态栏中单击【切换工作空间】按钮　，在打开的下拉菜单中选择【三维建模】命令，如图 10-1 所示，即可启动【三维建模】界面，如图 10-2 所示，下面对其进行简单介绍。

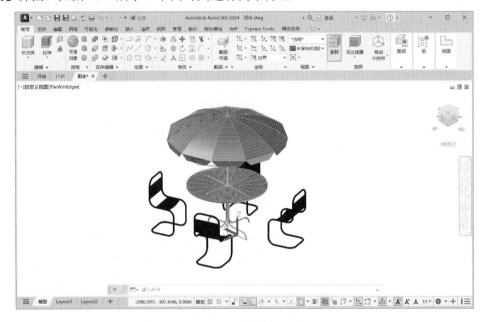

图 10-2　【三维建模】界面

　　【三维建模】界面和普通界面的结构基本相同，但是其面板区变为了三维面板，主要包括【建模】、【网格】、【实体编辑】、【绘图】、【修改】和【截面】等面板，集成了多个工具按钮，方便三维绘图的使用。

10.1.2　坐标系简介

　　前文已经了解了坐标系，下面来介绍用户坐标系。

用户坐标系是用于创建坐标、操作平面和观察的一种可移动的坐标系统。用户坐标系由用户来指定，它可以在任意平面上定义 XY 平面，并根据这个平面，垂直拉伸出 Z 轴，组成坐标系。这极大地方便了三维物体绘制时坐标的定位。

打开【视图】选项卡，常用的关于坐标系的命令就设置在如图 10-3 所示的【坐标】面板中，用户只需单击其中的按钮即可启动对应的坐标系命令。也可以使用【工具】菜单中【新建 UCS】子菜单中的各种命令，如图 10-4 所示。

图 10-3　【坐标】面板

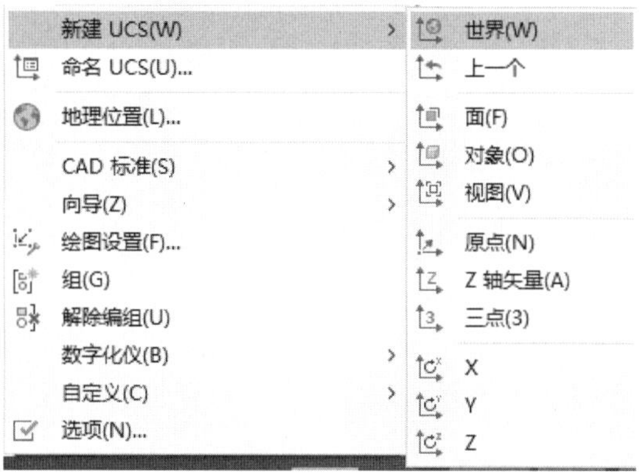

图 10-4　【新建 UCS】子菜单

AutoCAD 的大多数几何编辑命令取决于 UCS 的位置和方向，图形将绘制在当前 UCS 的 XY 平面上。UCS 命令设置用户坐标系在三维空间中的方向。它定义二维对象的方向和 THICKNESS 系统变量的拉伸方向。它也提供 rotate(旋转)命令的旋转轴，并为指定点提供默认的投影平面。当使用定点设备定义点时，定义的点通常置于 XY 平面上。如果 UCS 旋转使 Z 轴位于与观察平面平行的平面上(XY 平面对于观察者来说显示为一条边)，那么可能很难查看该点的位置。这种情况下，将把该点定位在与观察平面平行的包含 UCS 原点的平面上。例如，如果观察方向沿着 X 轴，那么用定点设备指定的坐标将定义在包含 UCS 原点的 YZ 平面上。不同的对象新建的 UCS 也有所不同，如表 10-1 所示。

表 10-1　不同对象新建 UCS 的情况

对　象	新建 UCS 的情况
圆弧	圆弧的圆心成为新 UCS 的原点，X 轴通过距离选择点最近的圆弧端点
圆	圆的圆心成为新 UCS 的原点
直线	距离选择点最近的直线上的端点成为新 UCS 的原点，选择新 X 轴，直线位于新 UCS 的 XZ 平面上。直线第二个端点在新系统中的 Y 坐标为 0
二维多段线	多段线的起点为新 UCS 的原点，X 轴沿从起点到下一个顶点的线段延伸

10.1.3 新建 UCS

启动 UCS 可以执行下面两种操作中的其中一项。

● 单击【可视化】选项卡【坐标】面板中的【原点】按钮 ⨽。
● 在命令输入行输入"ucs"命令后按 Enter 键。

在命令输入行将会出现如下提示：

```
命令: ucs
当前 UCS 名称: *世界*
指定 UCS 的原点或 [面(F)/命名(NA)/对象(OB)/上一个(P)/视图(V)/世界(W)/X/Y/Z/Z 轴
(ZA)] <世界>:
```

提示 ucs 命令不能选择下列对象: 三维实体、三维多段线、三维网络、视窗、多线、
面、样条曲线、椭圆、射线、构造线、引线、多行文字。

新建用户坐标系(UCS)，输入"N"(新建)时，命令输入行有如下提示，提示用户选择新建用户坐标系的方法：

```
指定 UCS 的原点或 [面(F)/命名(NA)/对象(OB)/上一个(P)/视图(V)/世界(W)/X/Y/Z/Z 轴
(ZA)] <世界>: N
指定新 UCS 的原点或 [Z 轴(ZA)/三点(3)/对象(OB)/面(F)/视图(V)/X/Y/Z] <0,0,0>:
```

使用下列 7 种方法可以建立新坐标系。

1. 原点

通过指定当前用户坐标系 UCS 的新原点，保持其 X、Y 和 Z 轴方向不变，从而定义新的 UCS，如图 10-5 所示。命令输入行提示如下：

```
指定新 UCS 的原点或 [Z 轴(ZA)/三点(3)/对象(OB)/面(F)/视图(V)/X/Y/Z] <0,0,0>:
// 指定点
```

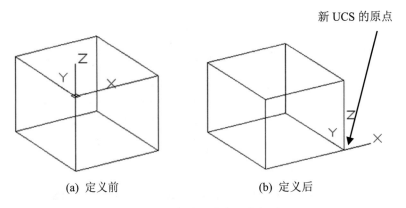

新 UCS 的原点

(a) 定义前　　　　　　　(b) 定义后

图 10-5　指定原点定义坐标系

2. Z 轴(ZA)

用特定的 Z 轴正半轴定义 UCS。命令输入行提示如下：

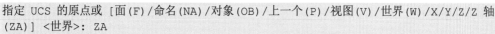

```
指定 UCS 的原点或 [面(F)/命名(NA)/对象(OB)/上一个(P)/视图(V)/世界(W)/X/Y/Z/Z 轴
(ZA)] <世界>: ZA
指定新原点或 [对象(O)] <0,0,0>:                    //指定点
在正 Z 轴范围上指定点:                             //指定点
```

指定新原点和位于新建 Z 轴正半轴上的点。【Z 轴】选项使 XY 平面倾斜，如图 10-6
所示。

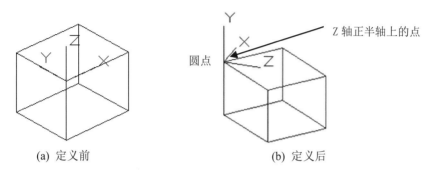

(a) 定义前   (b) 定义后

图 10-6 自定 Z 轴坐标系

3. 三点(3)

指定新 UCS 原点及其 X 和 Y 轴的正方向。Z 轴由右手螺旋定则确定。可以使用此选
项指定任意可能的坐标系。也可以在 UCS 面板中单击【3 点 UCS】按钮，命令输入行
提示如下：

```
指定新 UCS 的原点或 [Z 轴(ZA)/三点(3)/对象(OB)/面(F)/视图(V)/X/Y/Z] <0,0,0>:3
指定新原点 <0,0,0>: _ner                       //捕捉如图 10-7(a)所示的最近点
在正 X 轴范围上指定点 <1.0000,-106.9343,0.0000>: @0,10,0     //按相对坐标确定 X 轴
                                                            //通过的点
在 UCS XY 平面的正 Y 轴范围上指定点 <-1.0000,-106.9343,0.0000>: @-10,0,0
                                                    //按相对坐标确定 Y 轴通过的点
```

效果如图 10-7(b)所示。

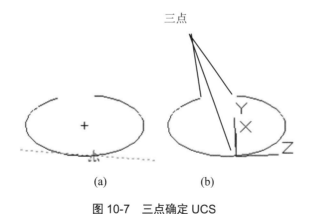

三点

(a)   (b)

图 10-7 三点确定 UCS

第一点指定新 UCS 的原点。第二点定义了 X 轴的正方向。第三点定义了 Y 轴的正方
向。第三点可以位于新 UCS 的 XY 平面 Y 轴正半轴上的任何位置。

4. 对象(OB)

根据选定三维对象定义新的坐标系。新坐标系 UCS 的 Z 轴正方向为选定对象的拉伸方向，如图 10-8 所示。命令输入行提示如下：

```
指定新 UCS 的原点或 [Z 轴(ZA)/三点(3)/对象(OB)/面(F)/视图(V)/X/Y/Z] <0,0,0>: OB
选择对齐 UCS 的对象：                      //选择对象
```

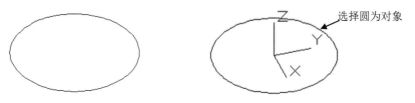

图 10-8　选择对象定义坐标系

对象(OB)选项不能用于下列对象：三维实体、三维多段线、三维网格、面域、样条曲线、椭圆、射线、参照线、引线、多行文字等不能拉伸的图形对象。

对于非三维面的对象，新 UCS 的 XY 平面与当绘制该对象时生效的 XY 平面平行。但 X 和 Y 轴可作不同的旋转。

5. 面(F)

将 UCS 与实体对象的选定面对齐。要选择一个面，需在此面的边界内或面的边上单击，被选中的面将亮显，UCS 的 X 轴将与找到的第一个面上的最近的边对齐。命令输入行提示如下：

```
指定 UCS 的原点或 [面(F)/命名(NA)/对象(OB)/上一个(P)/视图(V)/世界(W)/X/Y/Z/Z 轴
(ZA)] : f
选择实体对象的面：
输入选项 [下一个(N)/X 轴反向(X)/Y 轴反向(Y)] <接受>:
```

命令行提示中各选项的解释如下。

- 【下一个】：将 UCS 定位于邻接的面或选定边的后向面。
- 【X 轴反向】：将 UCS 绕 X 轴旋转 180°。
- 【Y 轴反向】：将 UCS 绕 Y 轴旋转 180°。
- 【接受】：如果按 Enter 键，则接受该位置。否则将重复出现提示，直到接受位置为止，如图 10-9 所示。

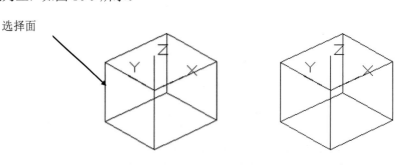

图 10-9　选择面定义坐标系

6. 视图(V)

以垂直于观察方向(平行于屏幕)的平面为 XY 平面，建立新的坐标系。UCS 原点保持不变，如图 10-10 所示。

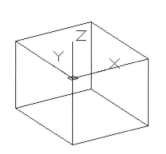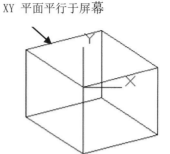

XY 平面平行于屏幕

图 10-10　用视图方法定义坐标系

7. X/Y/Z

绕指定轴旋转当前 UCS。命令输入行提示如下：

```
指定新 UCS 的原点或 [Z 轴(ZA)/三点(3)/对象(OB)/面(F)/视图(V)/X/Y/Z] <0,0,0>:X
                                              //或者输入 Y 或者 Z
指定绕 X 轴的旋转角度 <0>:                     //指定角度
```

输入正或负的角度以旋转 UCS。AutoCAD 用右手定则来确定绕该轴旋转的正方向。通过指定原点和一个或多个绕 X、Y 或 Z 轴的旋转，可以定义任意的 UCS，如图 10-11 所示。也可以通过 UCS 面板中的【绕 X 轴旋转当前 UCS】按钮、【绕 Y 轴旋转当前 UCS】按钮、【绕 Z 轴旋转当前 UCS】按钮来实现。

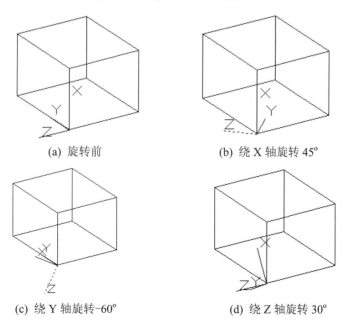

(a) 旋转前　　　　　　　　　　(b) 绕 X 轴旋转 45º

(c) 绕 Y 轴旋转-60º　　　　　　(d) 绕 Z 轴旋转 30º

图 10-11　坐标系绕坐标轴旋转

10.1.4 命名 UCS

新建 UCS 后，还可以对 UCS 进行命名。

用户可以使用下面的方法启动 UCS 命名工具。

● 在命令输入行输入"dducs"命令，然后按 Enter 键。

● 选择【工具】|【命名 UCS】菜单命令。

此时会打开 UCS 对话框，如图 10-12 所示。

图 10-12　UCS 对话框

UCS 对话框中的参数用来设置和管理 UCS 坐标，下面分别对这些参数设置进行讲解。

1. 【命名 UCS】选项卡

【命名 UCS】选项卡如图 10-12 所示，在其中列出了已有的 UCS。

在列表框中选取一个 UCS，然后单击【置为当前】按钮，则将该 UCS 坐标设置为当前坐标系。

在列表框中选取一个 UCS，单击【详细信息】按钮，则打开【UCS 详细信息】对话框，如图 10-13 所示，在这个对话框中详细列出了该 UCS 坐标系的原点坐标，X、Y、Z 轴的方向。

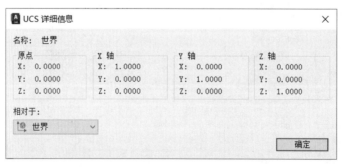

图 10-13　【UCS 详细信息】对话框

2. 【正交 UCS】选项卡

【正交 UCS】选项卡如图 10-14 所示，在列表框中有【俯视】、【仰视】、【前视】、

【后视】、【左视】和【右视】6 种在当前图形中的正投影类型。

3. 【设置】选项卡

【设置】选项卡如图 10-15 所示。下面介绍该选项卡中各项参数的设置。

在【UCS 图标设置】选项组中，选中【开】复选框，则在当前视图中显示用户坐标系的图标；选中【显示于 UCS 原点】复选框，将在用户坐标系的起点显示图标；选中【应用到所有活动视口】复选框，则在当前图形的所有活动视口显示图标。

在【UCS 设置】选项组中，选中【UCS 与视口一起保存】复选框，则与当前视口一起保存坐标系，该选项由系统变量 UCSVP 控制；选中【修改 UCS 时更新平面视图】复选框，则当窗口的坐标系改变时，保存平面视图，该选项由系统变量 UCSFOLLOW 控制。

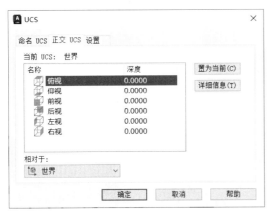

图 10-14　【正交 UCS】选项卡

图 10-15　【设置】选项卡

10.1.5　正交 UCS

AutoCAD 提供了六个正交 UCS ，用户可以使用 UCS 命令指定其中的一个。这些 UCS 设置通常用于查看和编辑三维模型。命令输入行提示如下。

```
指定 UCS 的原点或 [面(F)/命名(NA)/对象(OB)/上一个(P)/视图(V)/世界(W)/X/Y/Z/Z 轴
(ZA)] <世界>:G
输入选项 [俯视(T)/仰视(B)/前视(F)/后视(BA)/左视(L)/右视(R)] :    //输入选项
```

在默认情况下，正交 UCS 设置将相对于世界坐标系(WCS)的原点和方向确定当前 UCS 的方向。UCSBASE 系统变量控制 UCS，这个 UCS 是正交设置的基础。使用 UCS 命令的【移动】选项可修改正交 UCS 设置中的原点或 Z 向深度。

10.1.6　设置 UCS

想要了解当前用户坐标系的方向，我们可以将用户坐标系图标显示出来。有几种版本的用户坐标系图标可供用户使用，可以改变其大小、位置和颜色。

为了指示 UCS 的位置和方向，系统将在 UCS 原点或当前视口的左下角显示 UCS 图标。

如图 10-16 所示，我们可以选择三种图标中的一种来表示 UCS。

(a) 二维 UCS 图标　　　　(b) 三维 UCS 图标　　　　(c) 着色 UCS 图标

图 10-16　UCS 图标

用户使用 ucsicon 命令在显示二维或三维 UCS 图标之间进行选择。系统将显示着色三维视图的着色 UCS 图标。要指示 UCS 的原点和方向，可以使用 ucsicon 命令在 UCS 原点显示 UCS 图标。

如果图标显示在当前 UCS 的原点处，则图标中有一个加号(+)。如果图标显示在视口的左下角，则图标中没有加号。

如果存在多个视口，则每个视口都显示自己的 UCS 图标。

系统将使用多种方法显示 UCS 图标，以帮助用户了解工作平面的方向。如图 10-17 所示是一些图标的样例。

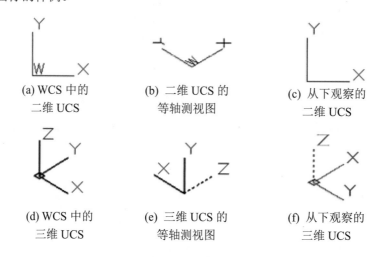

(a) WCS 中的　　　　(b) 二维 UCS 的　　　　(c) 从下观察的
二维 UCS　　　　　　等轴测视图　　　　　　二维 UCS

(d) WCS 中的　　　　(e) 三维 UCS 的　　　　(f) 从下观察的
三维 UCS　　　　　　等轴测视图　　　　　　三维 UCS

图 10-17　图标样例

我们也可以使用 ucsicon 命令改变三维 UCS 图标的大小、颜色、箭头类型和图标线宽度。

如果沿着一个与 UCS XY 平面平行的平面观察，二维 UCS 图标将变成 UCS 断笔图标。断笔图标指示 XY 平面的边几乎与观察方向垂直。此图标警告用户不能使用定点设备指定坐标。

使用定点设备定位点时，断笔图标通常位于 XY 平面上。如果旋转 UCS 使 Z 轴位于与观察平面平行的平面上(即，如果 XY 平面垂直于观察平面)，则很难确定该点的位置。这种情况下，将把该点定位在与观察平面平行的包含 UCS 原点的平面上。例如，如果观察方向是沿 X 轴方向，则使用定点设备指定的坐标将位于包含 UCS 原点的 YZ 平面上。

使用三维 UCS 图标有助于了解坐标投影在哪个平面上，三维 UCS 图标不使用断笔图标。

10.1.7　移动 UCS

通过平移当前 UCS 的原点或修改其 Z 轴深度可以重新定义 UCS，但保留其 XY 平面的方向不变。修改 Z 轴深度将使 UCS 相对于当前原点沿自身 Z 轴的正方向或负方向移动。命令输入行提示如下：

```
指定 UCS 的原点或 [面(F)/命名(NA)/对象(OB)/上一个(P)/视图(V)/世界(W)/X/Y/Z/Z 轴
(ZA)] <世界>:M
指定新原点或 [Z 向深度(Z)] <0，0，0>:               //指定或输入 z
```

(1) 新原点：修改 UCS 的原点位置。

(2) Z 向深度(Z)：指定 UCS 原点在 Z 轴上移动的距离。命令输入行提示如下：

```
指定 z 向深度 <0>:                                 //输入距离
```

如果有多个活动视口，若改变视口来指定新原点或 Z 向深度时，那么所做的修改将被应用到命令开始执行时的当前视口中的 UCS 上，且命令结束后此视图将被置为当前视图。

10.1.8　三维坐标系

三维视点是指用户在三维空间中观察三维模型的位置。视点的 X、Y、Z 坐标确定了一个由原点发出的矢量，这个矢量就是观察方向。由视点沿矢量方向向原点观察，所看到的图形称为视图。

10.2　设置三维视点和动态观察

绘制三维图形时常需要改变视点，以满足从不同角度观察图形各部分的需要。同时，应用三维动态可视化工具，用户可以从不同视点动态观察各种三维图形。

10.2.1　使用【视点】命令

可以通过【视点预设】对话框选择视点。具体操作步骤如下。

选择【视图】|【三维视图】|【视点预设】菜单命令，或者在命令输入行输入"vpoint"，按 Enter键，将打开【视点预设】对话框，如图 10-18 所示，其中各参数设置方法如下。

- 【绝对于 WCS】：选中该单选按钮，所设置的坐标系基于世界坐标系。
- 【相对于 UCS】：选中该单选按钮，所设置的坐标系相对于当前用户坐标系。
- 列表框左侧的方形分度盘：表示观察点在

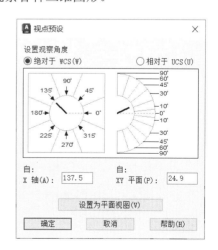

图 10-18　【视点预设】对话框

XY 平面投影与 X 轴夹角。有 8 个位置可选。

- 列表框右侧的半圆分度盘：表示观察点与原点连线与 XY 平面夹角。有 9 个位置可选。

- 【X 轴】：在该文本框内可输入 360°以内任意值来设置观察方向与 X 轴的夹角。

- 【XY 平面】：在该文本框内可输入±90°内任意值来设置观察方向与 XY 平面的夹角。

- 【设置为平面视图】：单击该按钮，则取标准值，与 X 轴夹角为 270°，与 XY 平面夹角为 90°。

10.2.2 其他特殊视点

在视点摄制过程中，还可以选取预定义标准观察点，用户可以从 AutoCAD 2024 预定义的 10 个标准视图中直接选取。

在菜单栏中，选择【视图】|【三维视图】的 10 个标准命令，如图 10-19 所示，即可定义观察点。这些标准视图包括：俯视图、仰视图、左视图、右视图、主视图、后视图、西南等轴测视图、东南等轴测视图、东北等轴测视图和西北等轴测视图。

10.2.3 三维动态观察器

应用三维动态可视化工具，用户可以从不同视点动态观察各种三维图形。

选择【视图】|【动态观察】菜单命令，如图 10-20 所示，可以启动三种动态观察工具。

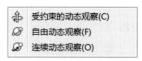

图 10-19 【三维视图】菜单　　　　　图 10-20 【动态观察】子菜单

启动三维动态观察器后，如图 10-21 所示。按住鼠标左键不放，移动光标，坐标系原点、观察对象相应转动，实现动态观察，对象呈现不同的观察状态。释放鼠标左键，画面将定位。

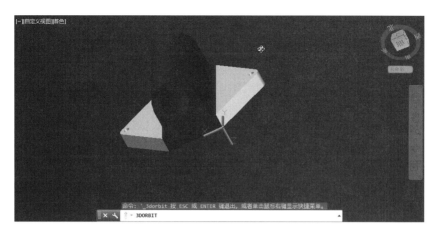

图 10-21　三维动态观察

10.3　绘制三维曲面

AutoCAD 2024 可绘制线框模型、表面模型和实体模型等三维图形，并且可以对三维图形进行编辑。

10.3.1　绘制三维面

【三维面】命令用来创建任意方向的三边或四边三维面，四点可以不共面。调用【三维面】命令的方法如下。

- 在菜单栏中选择【绘图】|【建模】|【网格】|【三维面】命令。
- 在命令输入行输入"3dface"命令，然后按 Enter 键。

命令输入行提示如下：

```
命令: 3dface
指定第一点或 [不可见(I)]:
指定第二点或 [不可见(I)]:
指定第三点或 [不可见(I)] <退出>:            //直接按 Enter 键，生成三边面，指定点继续
指定第四点或 [不可见(I)] <创建三侧面>:
```

在命令提示行中若指定第四点，则命令提示行继续提示指定第三点或退出，直接按 Enter 键，则生成四边平面或曲面。若继续确定点，则上一个第三点和第四点连线成为后续平面的第一边，三维面递进生长。命令行提示如下：

```
指定第三点或 [不可见(I)] <退出>:
指定第四点或 [不可见(I)] <创建三侧面>:
```

绘制成的三边平面、四边面和多个面如图 10-22 所示。

命令提示行中主要选项说明如下。

(1) 第一点：定义三维面的起点。在输入第一点后，可按顺时针或逆时针方向输入其余的点，以创建普通三维面。如果四个顶点在同一个平面上，那么 AutoCAD 将创建一个类似于面域对象的平面。在着色或渲染对象时，该平面将被填充。

(2) 不可见(I)：控制三维面各边的可见性，以便建立有孔对象的正确模型。在边的第一点之前输入"i"或"invisible"，可以使该边不可见。不可见属性必须在使用任何对象捕捉模式、XYZ 过滤器或输入边的坐标之前定义。我们可以创建所有边都不可见的三维面，这样的面是虚幻面，它不显示在线框图中，但在线框图形中会遮挡形体。

| (a) 三边平面 | (b) 四边面 | (c) 多个面 |

图 10-22　三维面

10.3.2　绘制基本三维曲面

三维线框模型(wire model)是三维形体的框架，是一种较直观和简单的三维表达方式。AutoCAD 2024 中的三维线框模型只是空间点之间相连直线、曲线信息的集合，没有面和体的定义，因此，它不能进行消隐、着色或渲染。但是它具有简洁、好编辑的优点。

1. 三维线条

二维绘图中使用的直线(line)和样条曲线(spline)命令可直接用来绘制三维图形，其操作方式与二维绘图相同，在此不再重复介绍，只是绘制三维线条，输入点的坐标值时，要输入 X、Y、Z 的坐标值。

2. 三维多段线

三维多段线是由多条空间线段首尾相连的段线，它可以作为单一对象编辑，但其与二维多段线有所区别，它只能将线段首尾相连，不能设计线段的宽度。图 10-23 所示为三维多段线。

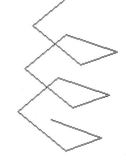

图 10-23　三维多段线

绘制三维多段线的方法如下。

● 在菜单栏中选择【绘图】|【三维多段线】命令。
● 在命令输入行输入"3dpoly"命令，然后按 Enter 键。

命令输入行提示如下：

```
指定多段线的起点：
指定直线的端点或 [放弃(U)]：
指定直线的端点或 [放弃(U)]：
指定直线的端点或 [闭合(C)/放弃(U)]：
```

从前一点到新指定的点绘制一条直线。命令提示不断重复，直到按 Enter 键结束命令为止。如果在命令输入行输入"U"命令，则结束绘制三维多段线，如果输入指定三点后，输入命令"C"，则多段线闭合。指定点可以用鼠标选择或者输入点的坐标。

三维多段线和二维多段线的比较如表 10-2 所示。

表 10-2　三维多段线和二维多段线的比较

比较项目	三维多段线	二维多段线
相同点	•多段线是一个对象； •可以分解； •可以用 pedit 命令进行编辑	
不同点	•Z 坐标值可以不同； •不含弧线段，只有直线段； •不能有宽度； •不能有厚度； •只有实线一种线形	•Z 坐标值均为 0； •包括弧线段等多种线段； •可以有宽度； •可以有厚度； •有多种线形

10.3.3　绘制三维网格

使用三维网格命令可以生成矩形三维多边形网格，主要用于图解二维函数。调用三维网格命令的方法如下。

在命令输入行输入"3dmesh"命令，然后按 Enter 键。

命令输入行提示如下：

```
命令：3dmesh
输入 M 方向上的网格数量：
输入 N 方向上的网格数量：
为顶点 (0，0) 指定位置：
为顶点 (0，1) 指定位置：
为顶点 (1，0) 指定位置：
为顶点 (1，1) 指定位置：
为顶点 (2，0) 指定位置：
为顶点 (2，1) 指定位置：
```

注意　M 和 N 的数值为 2～256。

绘制的三维网格如图 10-24 所示。

10.3.4　绘制旋转网格曲面

【旋转网格】命令可以将对象绕指定轴旋转，生成旋转网格曲面。调用【旋转网格】命令的方法有以下几种。

- 在菜单栏中选择【绘图】|【建模】|【网格】|【旋转网格】命令。
- 单击【网格】选项卡【图元】面板中的【旋转网格】按钮  。

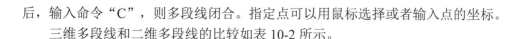

图 10-24　三维网格

● 在命令输入行输入"revsurf"命令，然后按 Enter 键。

命令输入行提示如下：

```
命令: revsurf
当前线框密度: SURFTAB1=6  SURFTAB2=6
选择要旋转的对象:                    //选择一个对象
选择定义旋转轴的对象:                //选择一个对象，通常为直线
指定起点角度 <0>:
指定包含角 (+=逆时针, -=顺时针) <360>:
```

绘制的旋转网格曲面如图 10-25 所示。

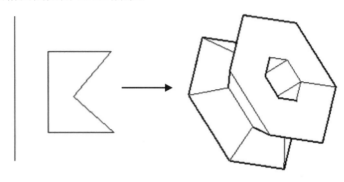

图 10-25 旋转网格曲面

☞**注意** 在执行【旋转网格】命令前，应绘制好轮廓曲线和旋转轴。

☞**提示** 在命令输入行输入"SURFTAB1"或"SURFTAB2"命令后，按 Enter 键，可调整线框的密度值。

10.3.5 绘制平移网格曲面

【平移网格】命令可以绘制一个由路径曲线和方向矢量决定的多边形网格。调用【平移网格】命令的方法有以下几种。

● 在菜单栏中选择【绘图】|【建模】|【网格】|【平移网格】命令。
● 单击【网格】选项卡【图元】面板中的【平移网格】按钮　。
● 在命令输入行输入"tabsurf"命令，然后按 Enter 键。

命令输入行提示如下：

```
命令: _tabsurf
当前线框密度: SURFTAB1=6
选择用作轮廓曲线的对象:
选择用作方向矢量的对象:
```

☞**注意** 在执行【平移网格】命令前，应绘制好轮廓曲线和方向矢量。轮廓曲线可以是直线、圆弧、曲线等。

绘制的平移网格曲面如图 10-26 所示。

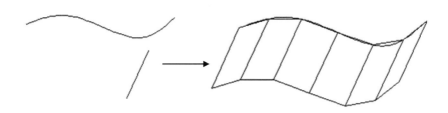

图 10-26　平移网格曲面

10.3.6　绘制直纹网络曲面

【直纹网格】命令用于在两个对象之间建立一个 2*N 的直纹网格曲面。调用【直纹网格】命令的方法有以下几种。

- 在菜单栏中选择【绘图】|【建模】|【网格】|【直纹网格】命令。
- 单击【网格】选项卡【图元】面板中的【直纹网格】按钮 。
- 在命令输入行输入"rulesurf"命令，然后按 Enter 键。

命令输入行提示如下：

```
命令: rulesurf
当前线框密度: SURFTAB1=6
选择第一条定义曲线:
选择第二条定义曲线:
```

注意　要生成直纹网格，两个对象只能封闭曲线对封闭曲线，开放曲线对开放曲线。

绘制的直纹网格曲面如图 10-27 所示。

10.3.7　绘制边界网格曲面

【边界网格】命令可以把四个称为边界的对象创建为孔斯曲面片网格。边界可以是圆弧、直线、多段线、样条曲线和椭圆弧，并且必须形成闭合环和公共端点。孔斯曲面片是插在四个边界间的双三次曲面(一条 M 方向上的曲线和一条 N 方向上的曲线)。调用【边界网格】命令的方法有以下几种。

- 在菜单栏中选择【绘图】|【建模】|【网格】|【边界网格】命令。
- 单击【网格】选项卡【图元】面板中的【边界网格】按钮 。
- 在命令输入行输入"edgesurf"命令，然后按 Enter 键。

命令输入行提示如下：

```
命令: edgesurf
当前线框密度: SURFTAB1=6  SURFTAB2=6
选择用作曲面边界的对象 1:
选择用作曲面边界的对象 2:
选择用作曲面边界的对象 3:
选择用作曲面边界的对象 4:
```

绘制的边界网格曲面如图 10-28 所示。

图 10-27　直纹网格曲面　　　　　　　　　　　图 10-28　边界网格曲面

10.4　绘制三维实体

在 AutoCAD 2024 中，提供了多种基本的实体模型，可以直接建立实体模型，如长方体、球体、圆柱体、圆锥体、楔体、圆环体等多种模型。

10.4.1　绘制长方体

下面介绍绘制长方体命令的调用方法。

- 在菜单栏中选择【绘图】|【建模】|【长方体】命令。
- 单击【常用】选项卡【建模】面板中的【长方体】按钮 。
- 在命令输入行输入"box"命令，然后按 Enter 键。

命令输入行提示如下：

```
命令：box
指定第一个角点或 [中心(C)]：                    //指定长方体的第一个角点
指定其他角点或 [立方体(C)/长度(L)]：            //输入C，则创建立方体
指定高度或 [两点(2P)]：
```

☞ 提示　其中，【长度(L)】是指按照指定长、宽、高的值创建长方体。长度与 X 轴对应，宽度与 Y 轴对应，高度与 Z 轴对应。

绘制完成的长方体如图 10-29 所示。

10.4.2　绘制球体

绘制球体命令的调用方法有以下几种。

- 在菜单栏中选择【绘图】|【建模】|【球体】命令。
- 单击【常用】选项卡【建模】面板中的【球体】按钮 。
- 在命令输入行输入"sphere"命令，然后按 Enter 键。

命令输入行提示如下：

```
命令：_sphere
指定中心点或 [三点(3P)/两点(2P)/切点、切点、半径(T)]：
指定半径或 [直径(D)]：
```

绘制完成的球体如图 10-30 所示。

图 10-29　长方体　　　　　　　　　图 10-30　球体

10.4.3　绘制圆柱体

圆柱底面既可以是圆，也可以是椭圆。绘制圆柱体命令的调用方法有以下几种。

● 　在菜单栏中选择【绘图】|【建模】|【圆柱体】命令。

● 　单击【常用】选项卡【建模】面板中的【圆柱体】按钮。

● 　在命令输入行输入"cylinder"命令，然后按 Enter 键。

下面来绘制圆柱体，命令输入行提示如下：

```
命令：cylinder
指定底面的中心点或 [三点(3P)/两点(2P)/切点、切点、半径(T)/椭圆(E)]：
//输入坐标或者指定点
指定底面半径或 [直径(D)]：
指定高度或 [两点(2P)/轴端点(A)]：
```

绘制完成的圆柱体如图 10-31 所示。

下面来绘制椭圆柱体，命令输入行提示如下：

```
命令：cylinder
指定底面的中心点或 [三点(3P)/两点(2P)/切点、切点、半径(T)/椭圆(E)]：E
//执行绘制椭圆柱体选项
指定第一个轴的端点或 [中心(C)]：c　　　//执行中心点选项
指定中心点：
指定到第一个轴的距离：
指定第二个轴的端点：
指定高度或 [两点(2P)/轴端点(A)]：
```

绘制完成的椭圆柱体如图 10-32 所示。

图 10-31　圆柱体　　　　　　　　　图 10-32　椭圆柱体

10.4.4　绘制圆锥体

绘制圆锥体命令的调用方法有以下几种。

- 在菜单栏中选择【绘图】|【建模】|【圆锥体】命令。
- 单击【常用】选项卡【建模】面板中的【圆锥体】按钮。
- 在命令输入行输入"cone"命令，然后按 Enter 键。

命令输入行提示如下：

```
命令：cone
指定底面的中心点或 [三点(3P)/两点(2P)/切点、切点、半径(T)/椭圆(E)]:
//输入 E 可以绘制椭圆锥体
指定底面半径或 [直径(D)]:
指定高度或 [两点(2P)/轴端点(A)/顶面半径(T)]:
```

绘制完成的圆锥体如图 10-33 所示。

10.4.5　绘制楔体

绘制楔体命令的调用方法有以下几种。

- 在菜单栏中选择【绘图】|【建模】|【楔体】命令。
- 单击【常用】选项卡【建模】面板中的【楔体】按钮。
- 在命令输入行输入"wedge"命令，然后按 Enter 键。

命令输入行提示如下：

```
命令：wedge
指定第一个角点或 [中心(C)]:
指定其他角点或 [立方体(C)/长度(L)]:
指定高度或 [两点(2P)]:
```

绘制完成的楔体如图 10-34 所示。

图 10-33　圆锥体　　　　　　图 10-34　楔体

10.4.6　绘制圆环体

绘制圆环体命令的调用方法有以下几种。

- 在菜单栏中选择【绘图】|【建模】|【圆环体】命令。
- 单击【常用】选项卡【建模】面板中的【圆环体】按钮◎。
- 在命令输入行输入"torus"命令，然后按 Enter 键。

命令输入行提示如下：

```
命令: torus
指定中心点或 [三点(3P)/两点(2P)/切点、切点、半径(T)]:
指定半径或 [直径(D)]:              //指定圆环体中心到圆环圆管中心的距离
指定圆管半径或 [两点(2P)/直径(D)]:  //指定圆环体圆管的半径
```

绘制完成的圆环体如图 10-35 所示。

10.4.7　绘制拉伸实体

【拉伸】命令用来拉伸二维对象以生成三维实体，二维对象可以是多边形、圆、椭圆、样条封闭曲线等。绘制拉伸体命令的调用方法有以下几种。

- 在菜单栏中选择【绘图】|【建模】|【拉伸】命令。
- 单击【常用】选项卡【建模】面板中的【拉伸】按钮📕。
- 在命令输入行输入"extrude"命令，然后按 Enter 键。

命令输入行提示如下：

```
命令: _extrude
当前线框密度:  ISOLINES=4，闭合轮廓创建模式 = 实体
选择要拉伸的对象或 [模式(MO)]: _MO 闭合轮廓创建模式 [实体(SO)/曲面(SU)] <实体>: _SO
                                              //选择一个图形对象
选择要拉伸的对象或 [模式(MO)]: 找到 1 个
选择要拉伸的对象或 [模式(MO)]:
指定拉伸的高度或 [方向(D)/路径(P)/倾斜角(T)/表达式(E)]: P  //沿路径进行拉伸
选择拉伸路径或 [倾斜角(T)]:                        //选择作为路径的对象
```

👉 提示 可以选取直线、圆、圆弧、椭圆、多段线等作为拉伸路径的对象。

绘制完成的拉伸实体如图 10-36 所示。

图 10-35　圆环体

图 10-36　拉伸实体

10.4.8　绘制旋转实体

旋转是将闭合曲线绕一条旋转轴旋转生成回转三维实体。绘制旋转实体命令的调用方

法有以下几种。

- 在菜单栏中选择【绘图】|【建模】|【旋转】命令。
- 单击【默认】选项卡【建模】面板中的【旋转】按钮 。
- 在命令输入行输入"revolve"命令，然后按 Enter 键。

命令输入行提示如下：

```
命令: revolve
当前线框密度:  ISOLINES=4，闭合轮廓创建模式 = 实体
选择要旋转的对象或 [模式(MO)]: 找到 1 个                    // 选择旋转对象
选择要旋转的对象或 [模式(MO)]:
指定轴起点或根据以下选项之一定义轴 [对象(O)/X/Y/Z] <对象>:    // 选择轴起点
指定轴端点:                                              // 选择轴端点
指定旋转角度或 [起点角度(ST)/反转(R)/表达式(EX)] <360>:
```

☞ **注意** 执行【旋转】命令，要事先选择好对象。

绘制完成的旋转实体如图 10-37 所示。

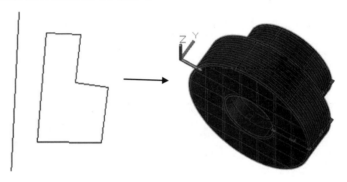

图 10-37 旋转实体

10.5 实战设计范例

10.5.1 绘制箱体模型范例

📥 **本范例完成文件**：范例文件/第 10 章/10-1.dwg

⚙ **范例操作**

step 01 新建一个文件，单击【默认】选项卡【绘图】面板中的【矩形】按钮 ，绘制 16×10 的矩形，如图 10-38 所示。

step 02 单击【常用】选项卡【建模】面板中的【拉伸】按钮 ，拉伸矩形，距离为 14，如图 10-39 所示。

step 03 单击【实体编辑】面板中的【抽壳】按钮 ，创建抽壳特征，厚度为 0.5，如图 10-40 所示。

step 04 单击【绘图】面板中的【圆】按钮 ，绘制半径为 4 的圆形，如图 10-41 所示。

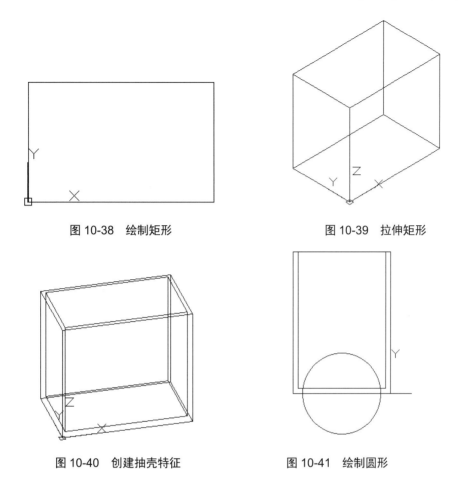

图 10-38　绘制矩形　　　　　　　　图 10-39　拉伸矩形

图 10-40　创建抽壳特征　　　　　　图 10-41　绘制圆形

step 05　单击【建模】面板中的【拉伸】按钮，拉伸圆形，距离为 20，如图 10-42 所示。

step 06　单击【常用】选项卡【实体编辑】面板中的【并集】按钮，选择特征进行并集运算，如图 10-43 所示。

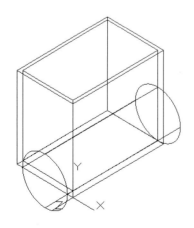
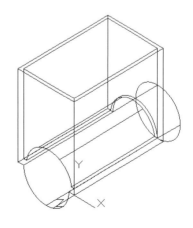

图 10-42　拉伸圆形　　　　　　　　图 10-43　并集运算

step 07　再次绘制半径为 3 的圆形，如图 10-44 所示。

step 08 单击【建模】面板中的【拉伸】按钮 ▯，拉伸圆形，如图 10-45 所示。

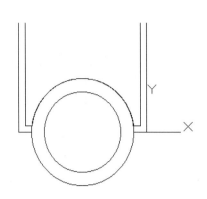

图 10-44　绘制圆形

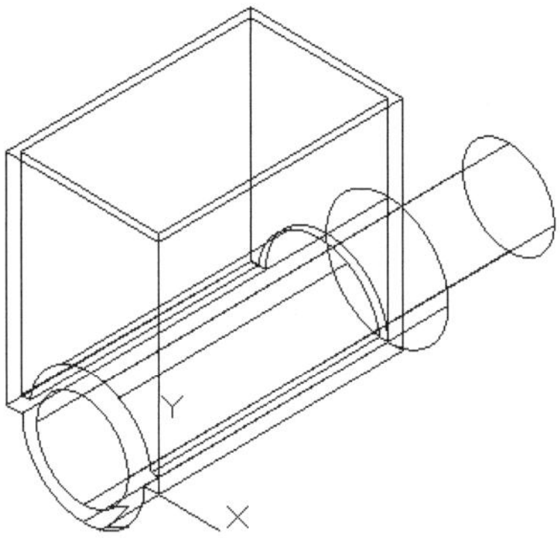

图 10-45　拉伸圆形

step 09 单击【实体编辑】面板中的【差集】按钮 ▯，选择特征进行差集运算，如图 10-46 所示。

step 10 绘制 14×12 的矩形，如图 10-47 所示。

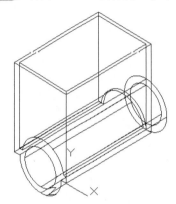
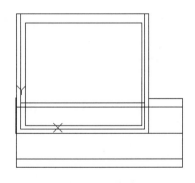

图 10-46　差集运算

图 10-47　绘制矩形

step 11 单击【建模】面板中的【拉伸】按钮 ▯，拉伸矩形，如图 10-48 所示。

step 12 选择特征进行差集运算，如图 10-49 所示。

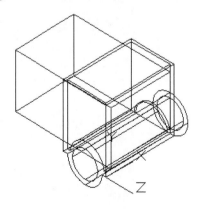
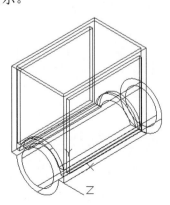

图 10-48　拉伸矩形

图 10-49　差集运算

step 13 绘制半径为 2 的圆形，如图 10-50 所示。

step 14 单击【建模】面板中的【拉伸】按钮，拉伸圆形，得到圆柱体，如图 10-51 所示。

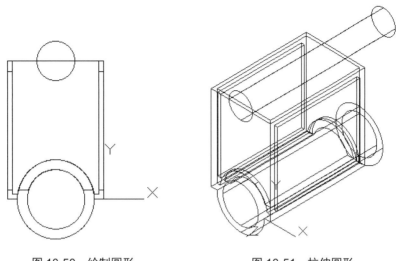

图 10-50 绘制圆形 图 10-51 拉伸圆形

step 15 选择特征进行差集运算，结果如图 10-52 所示。

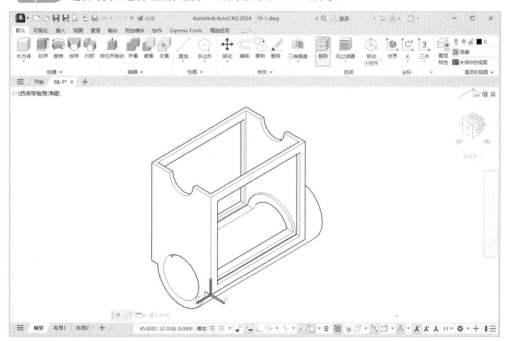

图 10-52 差集运算

至此，箱体模型创建已完成，其着色后的效果如图 10-53 所示。

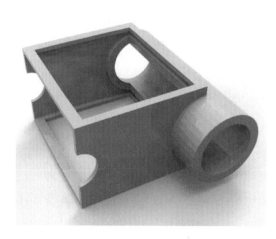

图 10-53　箱体模型

10.5.2　绘制吧椅模型范例

📑 **本范例完成文件**：范例文件/第 10 章/10-2.dwg

🔧 **范例操作**

step 01 新建文件，单击【绘图】面板中的【圆】按钮 ⊘，绘制半径为 40 的圆形，如图 10-54 所示。

step 02 单击【常用】选项卡【建模】面板中的【拉伸】按钮 📭，拉伸圆形，距离为 4，如图 10-55 所示。

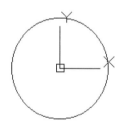

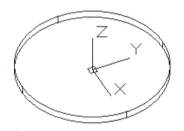

图 10-54　绘制圆形　　　　　　　　　图 10-55　拉伸圆形

step 03 单击【绘图】面板中的【圆】按钮 ⊘，绘制半径分别为 6 和 10 的圆形，如图 10-56 所示。

step 04 单击【移动】按钮 ✛，向上移动圆形，距离为 140，如图 10-57 所示。

step 05 单击【常用】选项卡【建模】面板中的【放样】按钮 🝙，创建放样特征，如图 10-58 所示。

step 06 单击【常用】选项卡【实体编辑】面板中的【并集】按钮 🔲，选择特征进行并集运算，如图 10-59 所示。

step 07 单击【实体】选项卡【实体编辑】面板中的【圆角边】按钮 🔲，创建半径为 6 的倒圆角，如图 10-60 所示。

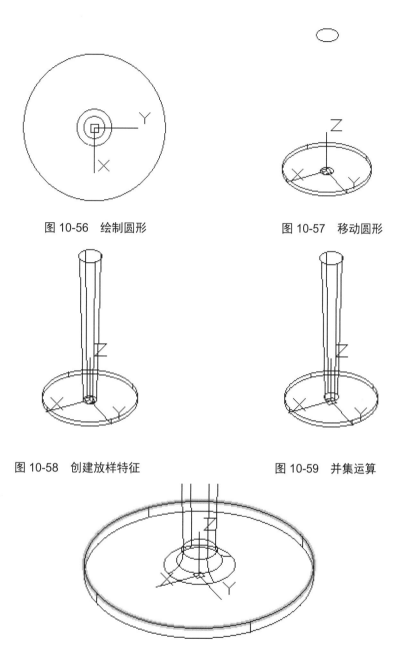

图 10-56　绘制圆形　　　　　　　　图 10-57　移动圆形

图 10-58　创建放样特征　　　　　　图 10-59　并集运算

图 10-60　创建圆角特征

step 08 单击【常用】选项卡【建模】面板中的【球体】按钮⬭，创建半径为 40 的球体，如图 10-61 所示。

step 09 单击【常用】选项卡【实体编辑】面板中的【并集】按钮◀，选择特征进行并集运算，如图 10-62 所示。

step 10 单击【常用】选项卡【坐标】面板中的 Y 按钮⟲，设置新坐标系，如图 10-63 所示。

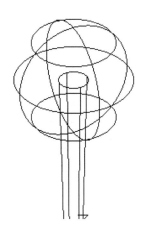

图 10-61　创建球体

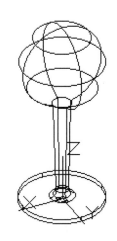

图 10-62　并集运算

step 11 单击【默认】选项卡【绘图】面板中的【矩形】按钮 □，绘制矩形，如图 10-64 所示。

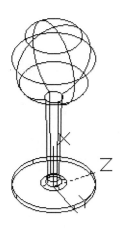

图 10-63　设置新坐标系

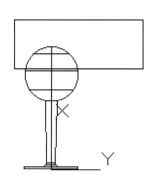

图 10-64　绘制矩形

step 12 单击【修改】面板中的【旋转】按钮 ⟳，将矩形旋转 30°，如图 10-65 所示。

step 13 单击【建模】面板中的【拉伸】按钮，拉伸矩形，如图 10-66 所示。

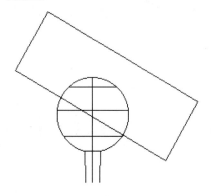

图 10-65　旋转矩形

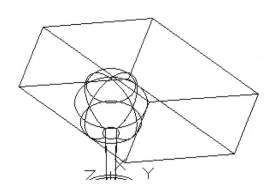

图 10-66　拉伸矩形

step 14 单击【常用】选项卡【实体编辑】面板中的
【差集】按钮 ⬚，选择特征进行差集运算，如图 10-67
所示。

step 15 单击【常用】选项卡【坐标】组中的 Y 按钮
⤵，设置新坐标系，如图 10-68 所示。

step 16 在上部绘制半径为 28 的圆形，如图 10-69
所示。

step 17 单击【移动】按钮 ✛，移动圆形，距离为
120，如图 10-70 所示。

step 18 单击【建模】面板中的【拉伸】按钮 ⬚，拉
伸圆形，如图 10-71 所示。

图 10-67　差集运算

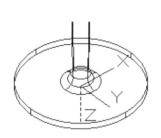

图 10-68　设置新坐标系

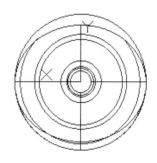

图 10-69　绘制圆形

图 10-70　移动圆形

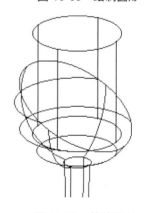

图 10-71　拉伸圆形

step 19 单击【常用】选项卡【实体编辑】面板中的【差集】按钮 ⬚，选择特征进
行差集运算，结果如图 10-72 所示。

至此，吧椅模型创建完成，着色后的模型如图 10-73 所示。

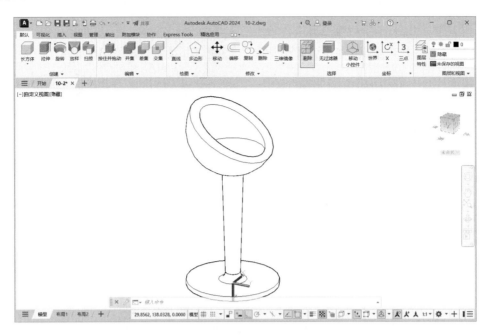

图 10-72　差集运算

图 10-73　吧椅模型

本 章 小 结

三维立体是一个直观立体的表现方式，要在平面的基础上表示三维图形，需要了解和掌握三维绘图知识，本章主要介绍了在 AutoCAD 2024 中绘制三维图形的方法，其中主要包括创建三维坐标和视点、绘制三维曲面和实体对象等。读者通过学习本章，可以掌握绘制三维模型实体的方法，也可以对二维绘图和三维绘图之间的关系有进一步的了解。

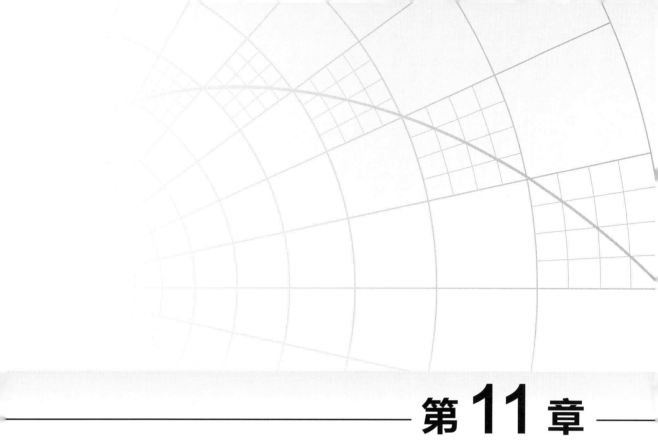

第11章

编辑三维模型和渲染

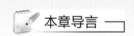 本章导言

　　三维绘图是图形绘制中较为高端的绘图方式，我们经常需要对三维模型进行修改编辑，才能完成复杂的三维模型结构绘制。本章主要为用户介绍三维模型编辑的基础知识，包括剖切、截面和三维操作，同时讲解布尔运算和实体面操作等，最后讲解三维效果和渲染，使用户能够全面掌握三维实体绘图方法。

11.1 编辑三维对象

与二维图形对象一样，用户也可以编辑三维图形对象，并且二维图形对象编辑中的大多数命令都适用于三维图形。下面将介绍编辑三维图形对象的命令，包括剖切实体、截面、三维阵列、三维镜像、三维旋转等。

11.1.1 剖切实体

AutoCAD 2024 提供了对三维实体进行剖切的功能，用户可以利用这个功能方便地绘制实体的剖切面。【剖切】命令的调用方法有以下几种。

● 在菜单栏中选择【修改】|【三维操作】|【剖切】命令。
● 单击【常用】选项卡【实体编辑】面板中的【剖切】按钮 。
● 在命令输入行输入 "slice" 命令，然后按 Enter 键。

此时命令输入行提示如下：

```
命令: slice
选择要剖切的对象: 找到 1 个              //选择剖切对象
选择要剖切的对象:
指定 切面 的起点或 [平面对象(O)/曲面(S)/Z 轴(Z)/视图(V)/XY(XY)/YZ(YZ)/ZX(ZX)/三点
(3)] <三点>:                          //选择点 1
指定平面上的第二个点:                   //选择点 2
指定平面上的第三个点:                   //选择点 3
在所需的侧面上指定点或 [保留两个侧面(B)] <保留两个侧面>:      //输入 B，则两侧都保留
```

剖切后的实体如图 11-1 所示。

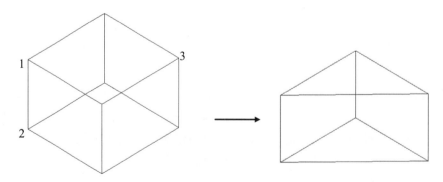

图 11-1 剖切实体

11.1.2 截面

创建截面的目的是显示三维对象的内部细节。通过截面命令，可以创建截面对象作为穿过实体、曲面、网格或面域的剪切平面。然后打开活动截面，在三维模型中移动截面对象，以实时显示其内部细节。可以通过多种方法对齐截面对象。

1. 将截面平面与三维面对齐

设置截面平面的一种方法是单击现有三维对象的面(移动光标时，会出现一个点轮廓，表示要选择的平面的边)，截面平面将自动与所选面的平面对齐，如图 11-2 所示。

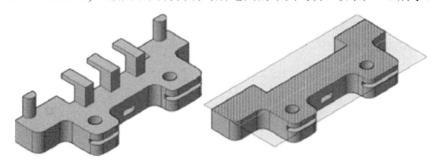

图 11-2　与面对齐的截面对象

2. 创建直剪切平面

拾取两个点以创建直剪切平面，如图 11-3 所示。

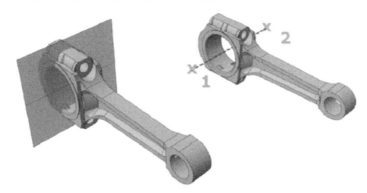

图 11-3　创建直剪切平面

3. 添加折弯段

截面平面可以是直线，也可以包含多个截面或折弯截面。例如，包含折弯的截面是从圆柱体切除扇形楔体后形成的，如图 11-4 所示。

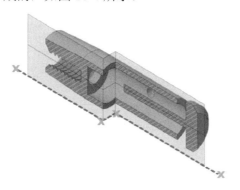

图 11-4　添加的折弯段

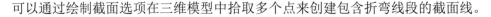

可以通过绘制截面选项在三维模型中拾取多个点来创建包含折弯线段的截面线。

4. 创建正交截面

可以将截面对象与当前 UCS 的指定正交方向对齐(如前视、后视、仰视、俯视、左视或右视),如图 11-5 所示。

将正交截面平面放置于通过图形中所有三维对象的三维范围的中心位置处。

5. 创建面域以表示横截面

通过 section 命令,可以创建二维对象,用于表示穿过三维实体对象的平面横截面。使用此传统方法创建横截面时无法使用活动截面功能,如图 11-6 所示。

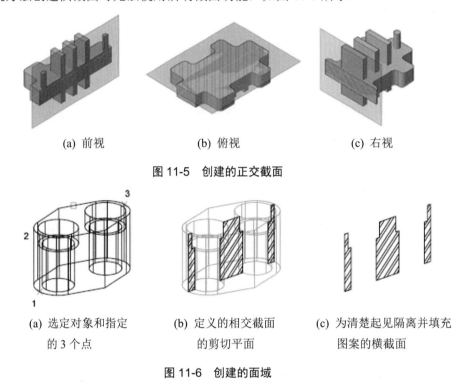

| (a) 前视 | (b) 俯视 | (c) 右视 |

图 11-5　创建的正交截面

| (a) 选定对象和指定
的 3 个点 | (b) 定义的相交截面
的剪切平面 | (c) 为清楚起见隔离并填充
图案的横截面 |

图 11-6　创建的面域

使用以下方法可以定义横截面的面。

- 指定三个点。
- 指定二维对象,如圆、椭圆、圆弧、样条曲线或多段线。
- 指定视图。
- 指定 Z 轴。
- 指定 XY、YZ 或 ZX 平面。

11.1.3　三维阵列

【三维阵列】命令用于在三维空间创建对象的矩形和环形阵列,【三维阵列】命令的调用方法有以下几种。

- 在菜单栏中选择【修改】|【三维操作】|【三维阵列】命令
- 在命令输入行输入"3darray"命令，然后按 Enter 键。

命令输入行提示如下：

```
命令：3darray
正在初始化... 已加载 3DARRAY。
选择对象：                        //选择要阵列的对象
选择对象：
输入阵列类型 [矩形(R)/环形(P)] <矩形>：
```

这里有两种阵列方式：矩形阵列和环形阵列，下面分别进行介绍。

1．矩形阵列

在行(X 轴)、列(Y 轴)和层(Z 轴)矩阵中复制对象。一个阵列必须至少有两个行、列或层。命令输入行提示如下：

```
输入阵列类型 [矩形(R)/环形(P)] <矩形>：R
输入行数 (---) <1>：
输入列数 (|||) <1>：
输入层数 (...) <1>：
指定行间距 (---)：
指定列间距 (|||)：
指定层间距 (...)：
```

输入正值将沿 X、Y、Z 轴的正向生成阵列。输入负值将沿 X、Y、Z 轴的负向生成阵列。

矩形阵列得到的图形如图 11-7 所示。

图 11-7　矩形阵列

2．环形阵列

环形阵列是指绕旋转轴复制对象。命令输入行提示如下：

```
输入阵列类型 [矩形(R)/环形(P)] <矩形>：P
输入阵列中的项目数目：                    //输入要阵列的数目
指定要填充的角度 (+=逆时针, -=顺时针) <360>：
旋转阵列对象？[是(Y)/否(N)] <是>：
指定阵列的中心点：
指定旋转轴上的第二点：
```

环形阵列得到的图形如图 11-8 所示。

图 11-8　环形阵列

11.1.4　三维镜像

【三维镜像】命令用来沿指定的镜像平面创建三维镜像。【三维镜像】命令的调用方法有以下几种。

● 在菜单栏中选择【修改】|【三维操作】|【三维镜像】命令。

● 单击【常用】选项卡【修改】面板中的【三维镜像】按钮 。

● 在命令输入行输入"mirror3d"命令，然后按 Enter 键。

命令输入行提示如下：

```
命令: _mirror3d
选择对象:                    //选择要镜像的图形
选择对象:
指定镜像平面 (三点) 的第一个点或[对象(O)/最近的(L)/Z 轴(Z)/视图(V)/XY 平面(XY)/YZ
平面(YZ)/ZX 平面(ZX)/三点(3)] <三点>:
```

命令输入行中各选项的说明如下。

(1) 对象(O)：使用选定平面对象的平面作为镜像平面。输入"O"，命令输入行提示如下：

```
选择圆、圆弧或二维多段线线段:
是否删除源对象? [是(Y)/否(N)] <否>:
```

如果输入"Y"，AutoCAD 将会把被镜像的对象放到图形中并删除原始对象。如果输入"N"或按 Enter 键，AutoCAD 将会把被镜像的对象放到图形中并保留原始对象。

(2) 最近的(L)：使用以前最后定义的镜像平面对选定的对象进行镜像处理。输入"L"，命令输入行提示如下：

```
是否删除源对象? [是(Y)/否(N)] <否>:
```

如果输入"Y"，AutoCAD 将会把被镜像的对象放到图形中并删除原始对象。如果输入"N"或按 Enter 键，AutoCAD 将会把被镜像的对象放到图形中并保留原始对象。

(3) Z 轴(Z)：根据平面上的一个点和平面法线上的一个点定义镜像平面。

```
在镜像平面上指定点:
在镜像平面的 Z 轴 (法向) 上指定点:
是否删除源对象? [是(Y)/否(N)] <否>:
```

如果输入"Y"，AutoCAD 将会把被镜像的对象放到图形中并删除原始对象。如果输入"N"或按 Enter 键，AutoCAD 将会把被镜像的对象放到图形中并保留原始对象。

(4) 视图(V)：将镜像平面与当前视窗中通过指定点的视图平面对齐。

```
在视图平面上指定点 <0,0,0>:              //指定点或按 Enter 键
是否删除源对象? [是(Y)/否(N)] <否>:      //输入"Y"或"N"或按 Enter 键
```

如果输入"Y"，AutoCAD 将会把被镜像的对象放到图形中并删除原始对象。如果输入"N"或按 Enter 键，AutoCAD 将会把被镜像的对象放到图形中并保留原始对象。

(5) XY 平面(XY)、YZ 平面(YZ)、ZX 平面(ZX)：将镜像平面与一个通过指定点的标准平面(XY、YZ 或 ZX)对齐。

```
指定 (XY,YZ,ZX) 平面上的点 <0,0,0>:
```

(6) 三点(3)：通过三个点定义镜像平面。如果通过指定一点指定此选项，则 AutoCAD 将不再显示"在镜像平面上指定第一点"提示。

```
在镜像平面上指定第一点:
在镜像平面上指定第二点:
在镜像平面上指定第三点:
是否删除源对象? [是(Y)/否(N)] <N>:
```

三维镜像后得到的图形如图 11-9 所示。

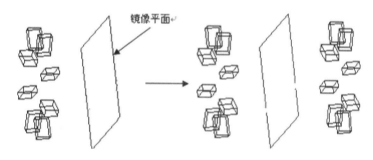

图 11-9　三维镜像

11.1.5　三维旋转

【三维旋转】命令用来在三维空间内旋转三维对象。【三维旋转】命令的调用方法有以下几种。

- 在菜单栏中选择【修改】|【三维操作】|【三维旋转】命令。
- 单击【常用】选项卡【修改】面板中的【三维旋转】按钮 ⊕。
- 在命令输入行输入"3drotate"命令，然后按 Enter 键。

命令输入行提示如下：

```
命令: _3drotate
UCS 当前的正角方向: ANGDIR=逆时针  ANGBASE=0
选择对象: 找到 1 个
选择对象:
指定基点:
```

拾取旋转轴：
指定角的起点或输入角度：
指定角的端点：正在重生成模型。

三维实体和旋转后的效果如图 11-10 所示。

图 11-10　三维实体和旋转后的效果

11.2　编辑三维实体

下面介绍针对三维实体所进行的编辑命令，使用这些编辑命令可以进一步绘制更复杂的三维图形，包括布尔运算、面编辑和体编辑等命令，它们主要集中在【修改】菜单的【实体编辑】子菜单和【实体编辑】面板中，如图 11-11 所示。

图 11-11　【实体编辑】子菜单和【实体编辑】面板

11.2.1　并集运算

并集运算是将两个以上三维实体合为一体。【并集】命令的调用方法有以下几种。

● 在菜单栏中选择【修改】|【实体编辑】|【并集】命令。

- 单击【常用】选项卡【实体编辑】面板中的【并集】按钮 。
- 在命令输入行输入"union"命令，然后按 Enter 键。

命令输入行提示如下：

```
命令：union
选择对象：              //选择第 1 个实体
选择对象：              //选择第 2 个实体
选择对象：
```

实体进行并集运算后的结果如图 11-12 所示。

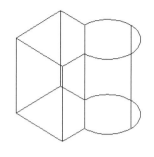

图 11-12　并集运算

11.2.2　差集运算

差集运算是从一个三维实体中去除与其他实体的公共部分。【差集】命令的调用方法有以下几种。

- 在菜单栏中选择【修改】|【实体编辑】|【差集】命令。
- 单击【常用】选项卡【实体编辑】面板中的【差集】按钮 。
- 在命令输入行输入"subtract"命令，然后按 Enter 键。

命令输入行提示如下：

```
命令：_subtract
选择要从中减去的实体、曲面和面域...
选择对象：              //选择被减去的实体
选择要减去的实体、曲面和面域 ..
选择对象：              //选择减去的实体
```

实体进行差集运算后的结果如图 11-13 所示。

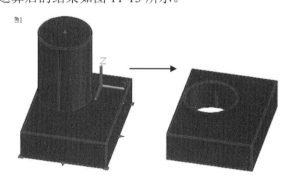

图 11-13　差集运算

11.2.3　交集运算

交集运算是将几个实体相交的公共部分保留。【交集】命令的调用方法有以下几种。

- 在菜单栏中选择【修改】|【实体编辑】|【交集】命令。
- 单击【常用】选项卡【实体编辑】面板中的【交集】按钮 。
- 在命令输入行输入"intersect"命令，然后按 Enter 键。

命令输入行提示如下：

```
命令: _intersect
选择对象:            //选择第 1 个实体
选择对象:            //选择第 2 个实体
```

实体进行交集运算后的结果如图 11-14 所示。

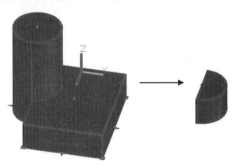

图 11-14　交集运算

11.2.4　拉伸面

拉伸面主要用于对实体的某个面进行拉伸处理，从而形成新的实体。选择【修改】|
【实体编辑】|【拉伸面】菜单命令，或者单击【常用】选项卡【实体编辑】面板中的【拉
伸面】按钮，即可进行拉伸面操作，命令输入行提示如下：

```
命令: _solidedit
实体编辑自动检查: SOLIDCHECK=1
输入实体编辑选项 [面(F)/边(E)/体(B)/放弃(U)/退出(X)] <退出>: _face
输入面编辑选项
[拉伸(E)/移动(M)/旋转(R)/偏移(O)/倾斜(T)/删除(D)/复制(C)/颜色(L)/材质(A)/放弃
(U)/退出(X)] <退出>: _extrude
选择面或 [放弃(U)/删除(R)]:                    //选择实体上的面
选择面或 [放弃(U)/删除(R)/全部(ALL)]:
指定拉伸高度或 [路径(P)]:                      //输入 P 则选择拉伸路径
指定拉伸的倾斜角度 <0>:
已开始实体校验。
已完成实体校验。
```

实体经过拉伸面操作后的结果如图 11-15 所示。

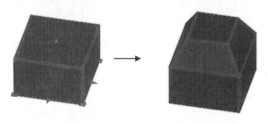

图 11-15　拉伸面

11.2.5　移动面

移动面主要用于对实体的某个面进行移动处理，从而形成新的实体。选择【修改】|

【实体编辑】|【移动面】菜单命令，或者单击【常用】选项卡【实体编辑】面板中的【移动面】按钮，即可进行移动面操作，命令输入行提示如下：

```
命令：_solidedit
实体编辑自动检查：SOLIDCHECK=1
输入实体编辑选项 [面(F)/边(E)/体(B)/放弃(U)/退出(X)] <退出>：_face
输入面编辑选项
[拉伸(E)/移动(M)/旋转(R)/偏移(O)/倾斜(T)/删除(D)/复制(C)/颜色(L)/材质(A)/放弃
(U)/退出(X)] <退出>：_move
选择面或 [放弃(U)/删除(R)]：                    //选择实体上的面
选择面或 [放弃(U)/删除(R)/全部(ALL)]：
指定基点或位移：                              //指定第1点
指定位移的第二点：                            //指定第2点
已开始实体校验。
已完成实体校验。
```

实体经过移动面操作后的结果如图 11-16 所示。

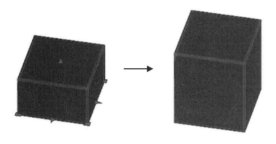

图 11-16 移动面

11.2.6 偏移面

偏移面是按指定的距离或通过指定的点，将面均匀地偏移。正值会增大实体的大小或体积；负值会减小实体的大小或体积。选择【修改】|【实体编辑】|【偏移面】菜单命令，或者单击【常用】选项卡【实体编辑】面板中的【偏移面】按钮，即可进行偏移面操作，命令输入行提示如下：

```
命令：_solidedit
实体编辑自动检查：SOLIDCHECK=1
输入实体编辑选项 [面(F)/边(E)/体(B)/放弃(U)/退出(X)] <退出>：_face
输入面编辑选项
[拉伸(E)/移动(M)/旋转(R)/偏移(O)/倾斜(T)/删除(D)/复制(C)/颜色(L)/材质(A)/放弃
(U)/退出(X)] <退出>：
_offset
选择面或 [放弃(U)/删除(R)]：找到一个面。             //选择实体上的面
选择面或 [放弃(U)/删除(R)/全部(ALL)]：
指定偏移距离：100                              //指定偏移距离
已开始实体校验。
已完成实体校验。
输入面编辑选项
[拉伸(E)/移动(M)/旋转(R)/偏移(O)/倾斜(T)/删除(D)/复制(C)/颜色(L)/材质(A)/放弃(U)/
退出(X)] <退出>：O                            //输入编辑选项
```

实体经过偏移面操作后的结果如图 11-17 所示。

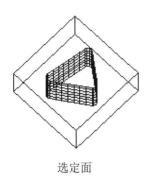
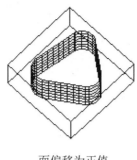
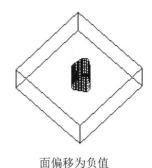

选定面　　　　　　　　　　面偏移为正值　　　　　　　　　　面偏移为负值

图 11-17　偏移面

11.2.7　删除面

删除面包括删除圆角和倒角，使用此操作可删除圆角和倒角边，并在稍后进行修改。如果更改生成无效的三维实体，将不删除面，选择【修改】|【实体编辑】|【删除面】菜单命令，或者单击【常用】选项卡【实体编辑】面板中的【删除面】按钮 ，命令输入行提示如下：

```
命令: _solidedit
实体编辑自动检查: SOLIDCHECK=1
输入实体编辑选项 [面(F)/边(E)/体(B)/放弃(U)/退出(X)] <退出>: _face
输入面编辑选项
[拉伸(E)/移动(M)/旋转(R)/偏移(O)/倾斜(T)/删除(D)/复制(C)/颜色(L)/材质(A)/放弃
(U)/退出(X)] <退出>: _delete
选择面或 [放弃(U)/删除(R)]: 找到一个面。              //选择的面
选择面或 [放弃(U)/删除(R)/全部(ALL)]:
已开始实体校验。
已完成实体校验。
输入面编辑选项
[拉伸(E)/移动(M)/旋转(R)/偏移(O)/倾斜(T)/删除(D)/复制(C)/颜色(L)/材质(A)/放弃
(U)/退出(X)] <退出>: D                              //选择面的编辑选项
```

实体经过删除面操作后的结果如图 11-18 所示。

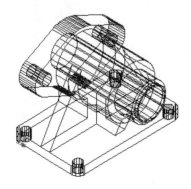
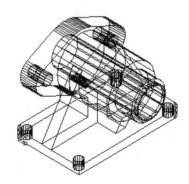

图 11-18　删除面前后对比

11.2.8　旋转面

旋转面主要用于对实体的某个面进行旋转处理，从而形成新的实体。选择【修改】|【实体编辑】|【旋转面】菜单命令，或者单击【常用】选项卡【实体编辑】面板中的【旋转面】按钮，即可进行旋转面操作，命令输入行提示如下：

```
命令: _solidedit
实体编辑自动检查: SOLIDCHECK=1
输入实体编辑选项 [面(F)/边(E)/体(B)/放弃(U)/退出(X)] <退出>: _face
输入面编辑选项
[拉伸(E)/移动(M)/旋转(R)/偏移(O)/倾斜(T)/删除(D)/复制(C)/颜色(L)/材质(A)/放弃
(U)/退出(X)] <退出>: _rotate
选择面或 [放弃(U)/删除(R)]:                    //选择实体上的面
选择面或 [放弃(U)/删除(R)/全部(ALL)]:
指定轴点或 [经过对象的轴(A)/视图(V)/X 轴(X)/Y 轴(Y)/Z 轴(Z)] <两点>:
在旋转轴上指定第二个点:
指定旋转角度或 [参照(R)]:
已开始实体校验。
已完成实体校验。
```

实体经过旋转面操作后的结果如图 11-19 所示。

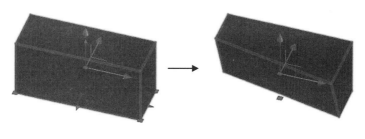

图 11-19　旋转面

11.2.9　倾斜面

倾斜面主要用于对实体的某个面进行倾斜处理，从而形成新的实体。选择【修改】|【实体编辑】|【倾斜面】命令，或者单击【常用】选项卡【实体编辑】面板中的【倾斜面】按钮，即可进行倾斜面操作，命令输入行提示如下：

```
命令: _solidedit
实体编辑自动检查: SOLIDCHECK=1
输入实体编辑选项 [面(F)/边(E)/体(B)/放弃(U)/退出(X)] <退出>: _face
输入面编辑选项
[拉伸(E)/移动(M)/旋转(R)/偏移(O)/倾斜(T)/删除(D)/复制(C)/颜色(L)/材质(A)/放弃
(U)/退出(X)] <退出>: _taper
选择面或 [放弃(U)/删除(R)]:                    //选择实体上的面
选择面或 [放弃(U)/删除(R)/全部(ALL)]:
指定基点:                                      //指定一个点
指定沿倾斜轴的另一个点:                        //指定另一个点
指定倾斜角度:
```

已开始实体校验。
已完成实体校验。

实体经过倾斜面操作后的结果如图 11-20 所示。

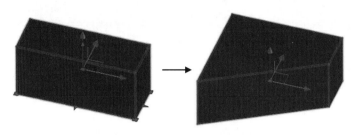

图 11-20　倾斜面

11.2.10　着色面

着色面可用于亮显复杂三维实体模型内的细节。选择【修改】|【实体编辑】|【着色面】菜单命令，或者单击【常用】选项卡【实体编辑】面板中的【着色面】按钮，即可进行着色面操作，命令输入行提示如下：

```
命令: _solidedit
实体编辑自动检查: SOLIDCHECK=1
输入实体编辑选项 [面(F)/边(E)/体(B)/放弃(U)/退出(X)] <退出>: _face
输入面编辑选项
 [拉伸(E)/移动(M)/旋转(R)/偏移(O)/倾斜(T)/删除(D)/复制(C)/颜色(L)/材质(A)/放弃
(U)/退出(X)] <退出>: _color
选择面或 [放弃(U)/删除(R)]: 找到一个面。          // 选择的面
选择面或 [放弃(U)/删除(R)/全部(ALL)]:
输入面编辑选项
[拉伸(E)/移动(M)/旋转(R)/偏移(O)/倾斜(T)/删除(D)/复制(C)/颜色(L)/材质(A)/放弃
(U)/退出(X)] <退出>: L                    //输入编辑选项
```

选择要着色的面后，打开如图 11-21 所示的【选择颜色】对话框。在该对话框中选择要着色的颜色后单击【确定】按钮。着色后的效果如图 11-22 所示。

图 11-21　【选择颜色】对话框

图 11-22 着色前后对比

11.2.11 复制面

复制面就是将面复制为面域或体。选择【常用】|【实体编辑】|【复制面】菜单命令，或者单击【常用】选项卡【实体编辑】面板中的【复制面】按钮，即可进行复制面操作，命令输入行提示如下：

```
命令：_solidedit
实体编辑自动检查：SOLIDCHECK=1
输入实体编辑选项 [面(F)/边(E)/体(B)/放弃(U)/退出(X)] <退出>：_face
输入面编辑选项
[拉伸(E)/移动(M)/旋转(R)/偏移(O)/倾斜(T)/删除(D)/复制(C)/颜色(L)/材质(A)/放弃
(U)/退出(X)] <退出>：_copy
选择面或 [放弃(U)/删除(R)]：找到一个面。         //选择复制的面
选择面或 [放弃(U)/删除(R)/全部(ALL)]：
指定基点或位移：                              //选择基点
指定位移的第二点：                            //选择第二位移点
输入面编辑选项
[拉伸(E)/移动(M)/旋转(R)/偏移(O)/倾斜(T)/删除(D)/复制(C)/颜色(L)/材质(A)/放弃
(U)/退出(X)] <退出>：C
```

复制面后的效果如图 11-23 所示。

图 11-23 复制面

11.2.12 抽壳

抽壳常用于绘制中空的三维壳体类实体，主要是将实体内部去除脱壳处理。选择【修改】|【实体编辑】|【抽壳】菜单命令，或者单击【常用】选项卡【实体编辑】面板中的【抽壳】按钮 ，即可进行抽壳操作，命令输入行提示如下：

```
命令：_solidedit
实体编辑自动检查：SOLIDCHECK=1
输入实体编辑选项 [面(F)/边(E)/体(B)/放弃(U)/退出(X)] <退出>：_body
输入体编辑选项
[压印(I)/分割实体(P)/抽壳(S)/清除(L)/检查(C)/放弃(U)/退出(X)] <退出>：_shell
选择三维实体：                      //选择实体
删除面或 [放弃(U)/添加(A)/全部(ALL)]：    //选择要删除的实体上的面
删除面或 [放弃(U)/添加(A)/全部(ALL)]：
输入抽壳偏移距离：
已开始实体校验。
已完成实体校验。
```

实体经过抽壳操作后的结果如图 11-24 所示。

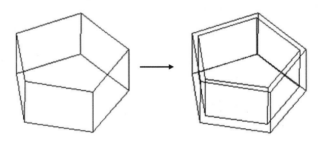

图 11-24　抽壳操作

11.3　制作三维效果

在 AutoCAD 早期版本中，三维图形的主要形式是线框模型。线框模型将一切棱边、顶点都表现在屏幕上，因此图形表达显得混乱而不清晰。但是在 AutoCAD 2024 中，用户可以消隐、着色、渲染任何状态下创建和编辑三维模型，并且可以进行动态观察。

11.3.1　消隐

【消隐】命令用于消除当前视窗中所有图形的隐藏线。

在菜单栏中选择【视图】|【消隐】命令，即可进行消隐，如图 11-25 所示。

11.3.2　渲染

渲染工具主要用来进行渲染处理，添加光源，使模型表面表现出材质的明暗效果和光照效果。AutoCAD 2024 中的【渲染】子菜单如图 11-26 所示，其中包括多种渲染设置。

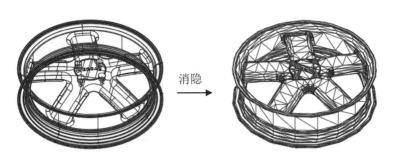

图 11-25　消隐

1. 光源设置

在菜单栏中选择【视图】|【渲染】|【光源】命令，打开【光源】子菜单，通过该子菜单中的命令可以新建多种光源。

选择【光源】子菜单中的【光源列表】命令，将打开【模型中的光源】选项板，如图 11-27 所示，在其中可以显示场景中的光源。

图 11-26　【渲染】子菜单　　　　图 11-27　【模型中的光源】选项板

2. 材质设置

在菜单栏中选择【视图】|【渲染】|【材质编辑器】命令，将打开【材质编辑器】选项板，如图 11-28 所示。单击【创建或复制材质】按钮，即可复制或新建材质，单击【打开或关闭材质浏览器】按钮，即可在弹出的【材质浏览器】选项板中查看现有的材质，如图 11-29 所示。将编辑好的材质应用到选定的模型上。

3. 渲染

设置好各参数后，在菜单栏中选择【视图】|【渲染】|【高级渲染设置】命令，可打开如图 11-30 所示的【渲染预设管理器】选项板，在该选项板中单击【渲染】按钮，即可渲染出图形，如图 11-31 所示。

图 11-28　【材质编辑器】选项板

图 11-29　【材质浏览器】选项板

图 11-30　【渲染预设管理器】选项板

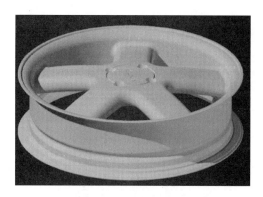

图 11-31　渲染后的图形

11.4　设计范例

11.4.1　绘制烟灰缸模型范例

📥 **本范例完成文件**：范例文件/第 11 章/11-1.dwg

⚙️ **范例操作**

`step 01` 新建文件，单击【绘图】面板中的【圆】按钮⊘，绘制半径为 30 的圆形，如图 11-32 所示。

step 02　单击【常用】选项卡【建模】面板中的【拉伸】按钮，拉伸圆形，距离为 16，如图 11-33 所示。

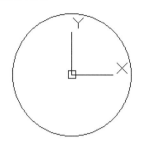

图 11-32　绘制圆形

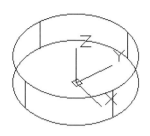

图 11-33　拉伸圆形

step 03　在上面绘制半径为 20 的圆形，如图 11-34 所示。

step 04　单击【移动】按钮，移动图形，距离为 4，如图 11-35 所示。

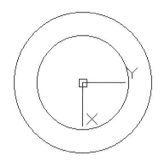

图 11-34　绘制圆形

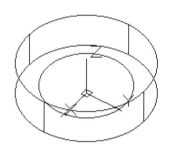

图 11-35　移动圆形

step 05　单击【拉伸】按钮，拉伸圆形，如图 11-36 所示。

step 06　单击【常用】选项卡【实体编辑】面板中的【差集】按钮，选择特征差集运算，如图 11-37 所示。

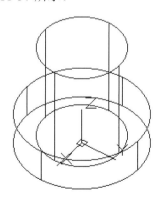

图 11-36　拉伸圆形

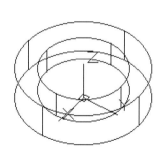

图 11-37　差集运算

step 07　单击【实体】选项卡【实体编辑】面板中的【圆角边】按钮，创建半径为 1 的倒圆角，如图 11-38 所示。

step 08 单击【常用】选项卡【坐标】面板中的 Y 按钮⤵，设置新坐标系，如图 11-39 所示。

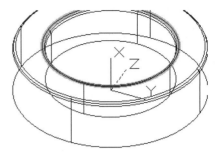

图 11-38　创建圆角特征 　　　　　　　　图 11-39　设置新坐标系

step 09 转换坐标系后，绘制半径为 3 的圆形，如图 11-40 所示。

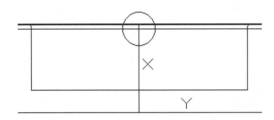

图 11-40　绘制圆形

step 10 单击【拉伸】按钮，拉伸图形，如图 11-41 所示。

step 11 单击【常用】选项卡【修改】面板中的【环形阵列】按钮，创建环形阵列，数量为 3，如图 11-42 所示。

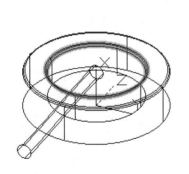

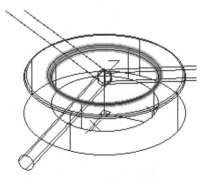

图 11-41　拉伸圆形 　　　　　　　　　图 11-42　阵列特征

step 12 单击【常用】选项卡【实体编辑】面板中的【差集】按钮，选择特征差集运算，如图 11-43 所示。

至此，完成烟灰缸模型的创建，如图 11-44 所示。

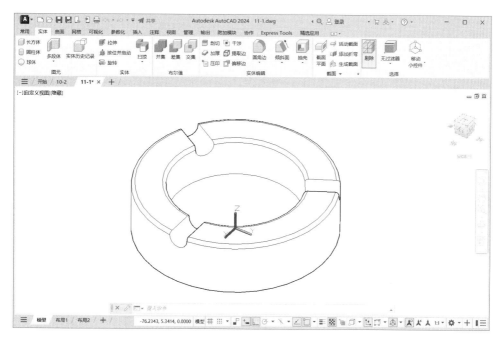

图 11-43 差集运算

图 11-44 烟灰缸模型

11.4.2 绘制吊环螺钉范例

📝 本范例完成文件：范例文件/第 11 章/11-2.dwg

⚙️ **范例操作**

step 01 新建文件，单击【绘图】面板中的【圆】按钮⊙，绘制半径为 10 的圆形，如图 11-45 所示。

step 02 单击【拉伸】按钮，拉伸圆形，高度为 4，如图 11-46 所示。

step 03 在下部绘制半径为 8 的圆形，如图 11-47 所示。

step 04 单击【拉伸】按钮，拉伸上一步绘制的圆形，高度为 5，如图 11-48 所示。

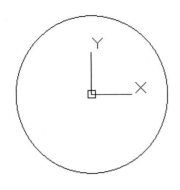

图 11-45　绘制半径为 10 的圆形

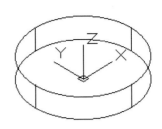

图 11-46　拉伸圆形

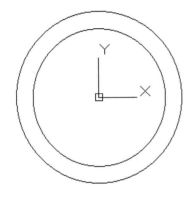

图 11-47　绘制半径为 8 的圆形

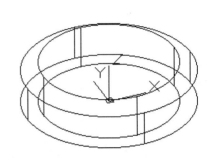

图 11-48　拉伸圆形

step 05 绘制半径为 5 的圆形，如图 11-49 所示。

step 06 单击【拉伸】按钮 ，拉伸上一步绘制的圆形，高度为 8，如图 11-50 所示。

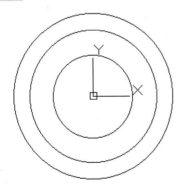

图 11-49　绘制半径为 5 的圆形

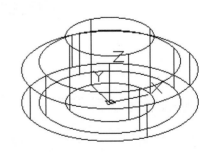

图 11-50　拉伸圆形

step 07 继续绘制半径为 6 的圆形，如图 11-51 所示。

step 08 拉伸上一步绘制的圆形，高度为 40，如图 11-52 所示。

step 09 单击【修改】面板中的【移动】按钮 ，向上移动上一步绘制的圆柱体，距离为 8，如图 11-53 所示。

step 10 继续在底部绘制半径为 2 的圆形，如图 11-54 所示。

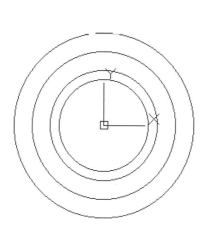

图 11-51　绘制半径为 6 的圆形

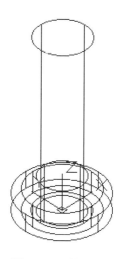

图 11-52　拉伸圆形

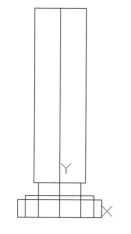

图 11-53　移动圆柱体

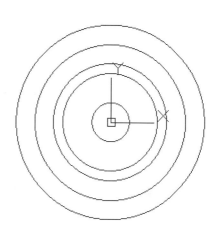

图 11-54　绘制半径为 2 的圆形

step 11 拉伸上一步绘制的圆形，高度为 52，如图 11-55 所示。

step 12 在底部接着绘制半径为 3 的圆形，如图 11-56 所示。

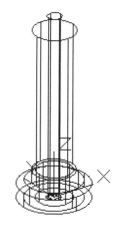

图 11-55　拉伸圆形

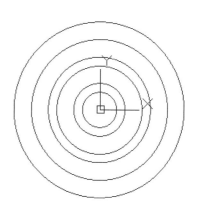

图 11-56　绘制半径为 3 的圆形

step 13 拉伸上一步绘制的圆形，高度为 6，如图 11-57 所示。

step 14 向上移动上一步绘制的圆柱体，距离为 52，如图 11-58 所示。

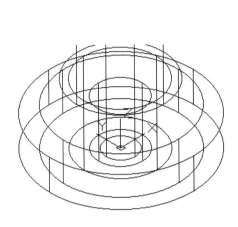

图 11-57　拉伸圆形

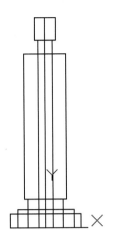

图 11-58　移动圆柱体

step 15 单击【常用】选项卡【实体编辑】面板中的【并集】按钮 🔳，选择特征并集运算，如图 11-59 所示。

step 16 在底部绘制六边形，内接圆形半径为 4，如图 11-60 所示。

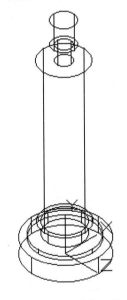

图 11-59　并集运算

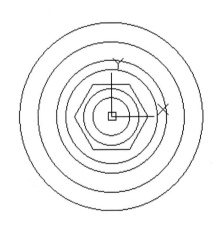

图 11-60　绘制六边形

step 17 拉伸六边形，高度为 2，如图 11-61 所示。

step 18 单击【常用】选项卡【实体编辑】面板中的【差集】按钮 🔳，选择特征差集运算，如图 11-62 所示。

step 19 在边缘绘制半径为 0.5 的圆形，如图 11-63 所示。

step 20 拉伸圆形，高度为 4，如图 11-64 所示。

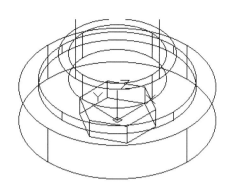

图 11-61　拉伸六边形

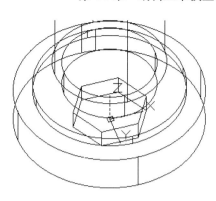

图 11-62　差集运算

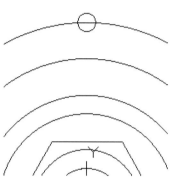

图 11-63　绘制半径为 0.5 的圆形

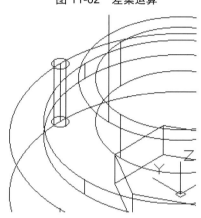

图 11-64　拉伸圆形

step 21 单击【常用】选项卡【修改】面板中的【环形阵列】按钮，创建环形阵列，数量为 36，参数设置和结果如图 11-65 所示。

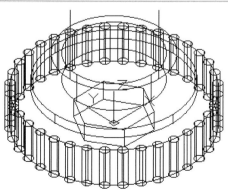

常用	实体	曲面	网格	可视化	参数化	插入	注释	视图	管理	输出	附加模块	协作	Express Tools	精选应用	阵列			
	项目数：	36	行数：	1	级别：	1						
极轴	介于：	10	介于：	1.5000	介于：	6.0000	基点	旋转项目	方向	编辑来源	替换项目	重置矩阵	关闭阵列
	填充：	360	总计：	1.5000	总计：	6.0000						
类型		项目		行 ▾		层级		特性			选项		关闭

图 11-65　创建环形阵列

step 22 单击【常用】选项卡【绘图】面板中的【螺旋】按钮，绘制螺旋线，顶面底面半径为3，高为6，圈数为8，如图11-66所示。

step 23 绘制半径为0.3的圆形，如图11-67所示。

step 24 单击【常用】选项卡【建模】面板中的【扫掠】按钮，创建扫掠特征，如图11-68所示。

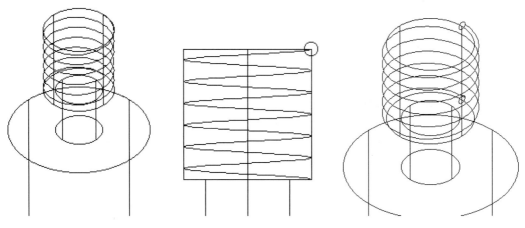

图 11-66 绘制螺旋线　　　图 11-67 绘制圆形　　　图 11-68 创建扫掠特征

step 25 选择特征差集运算，如图11-69所示。

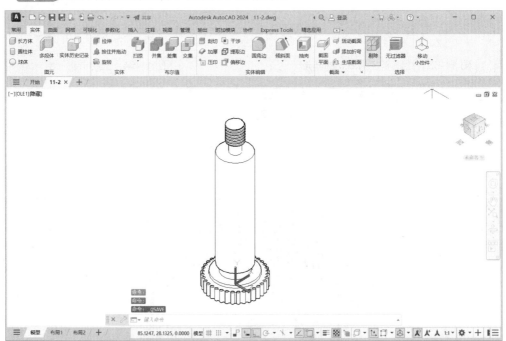

图 11-69 差集运算

至此，完成吊环螺钉的创建，如图11-70所示。

图 11-70　吊环螺钉

本 章 小 结

本章主要介绍了在 AutoCAD 2024 中绘制三维图形的方法，其中主要包括创建三维坐标和视点、绘制三维实体对象和三维实体的编辑与渲染等内容。读者通过学习本章，可以掌握绘制三维模型实体的方法，也可以对二维和三维绘图关系有进一步的了解。

第 12 章

综合设计范例

本章导言

在学习了 AutoCAD 2024 的主要绘图功能后，本章主要来介绍 AutoCAD 绘图的综合范例，以加深读者对 AutoCAD 绘图方法的理解和掌握，同时增强绘图实战经验。本章介绍了四个案例，分别是底座二视图的绘制、三居室平面图的绘制、水位控制电路图的绘制和洗手台三维模型的绘制，希望读者能认真学习并掌握。

12.1 绘制底座二视图范例

📖 **本范例完成文件：** 范例文件/第 12 章/12-1.dwg

12.1.1 范例分析

本节将介绍底座二视图的绘制。首先绘制主视图，显示底座的多种特征，之后绘制剖视图，范例效果如图 12-1 所示。

通过这个范例的操作，讲述齿轮模型二视图的绘制方法，以及各种绘图和修改命令的综合应用，可以熟悉以下内容。

(1) 主视图绘制。

(2) 剖视图绘制。

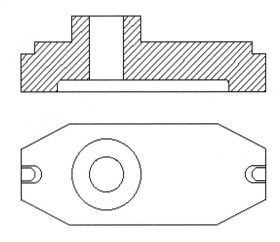

图 12-1 底座二视图

12.1.2 范例操作

step 01 新建一个文件，首先单击【绘图】面板中的【矩形】按钮 □，绘制 20×8 的矩形，如图 12-2 所示。

图 12-2 绘制矩形

step 02 在左侧绘制 1×1.4 的矩形和 0.6×1 的矩形，如图 12-3 所示。

step 03 单击【绘图】面板中的【圆】按钮 ⊙，在矩形端头绘制两个圆形，如图 12-4 所示。

step 04 单击【修改】面板中的【修剪】按钮 ✂，修剪图形，如图 12-5 所示。

step 05 单击【修改】面板中的【镜像】按钮 ⚊，镜像左侧的图形到右侧，如图 12-6 所示。

step 06 在中间绘制半径为 1.4 和 2.8 的同心圆，如图 12-7 所示。

step 07 单击【修改】面板中的【移动】按钮 ✛，向左移动同心圆，距离为 3，如图 12-8 所示。

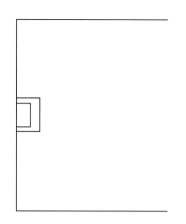

图 12-3　绘制两个矩形

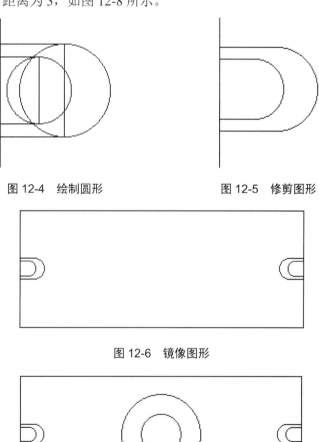

图 12-4　绘制圆形　　　　　图 12-5　修剪图形

图 12-6　镜像图形

图 12-7　绘制同心圆

step 08 单击【修改】面板中的【倒角】按钮 ⌐，创建距离为 4 和 2 的倒角，如图 12-9 所示，这样便完成了主视图的绘制。

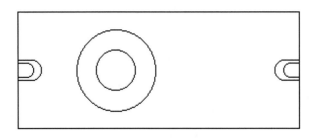

图 12-8 移动同心圆

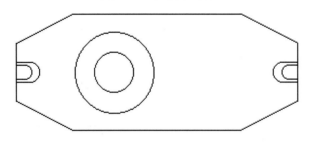

图 12-9 绘制倒角

step 09 下面绘制剖视图，在主视图上方绘制 20×4 的矩形，如图 12-10 所示。

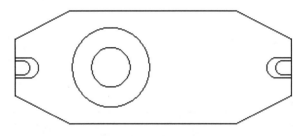

图 12-10 绘制矩形

step 10 在矩形中绘制 14×1 的矩形，如图 12-11 所示。

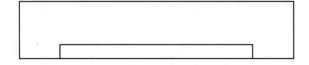

图 12-11 绘制内部矩形

step 11 单击【修改】面板中的【圆角】按钮，创建半径为 0.5 的圆角，如图 12-12 所示。

step 12 绘制 5.6×2 的矩形和连接直线，如图 12-13 所示。

图 12-12　绘制圆角

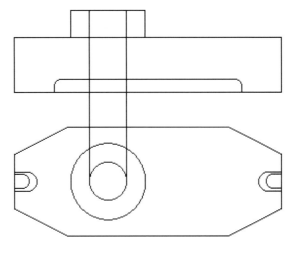

图 12-13　绘制矩形及连接直线

step 13 　单击【修改】面板中的【修剪】按钮，修剪图形，结果如图 12-14 所示。

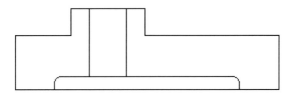

图 12-14　修剪图形

step 14 　绘制直线图形，如图 12-15 所示。

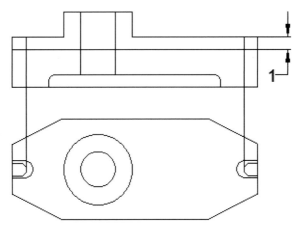

图 12-15　绘制直线

step 15 继续修剪图形，如图 12-16 所示。

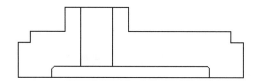

图 12-16　修剪图形

step 16 单击【绘图】面板或【绘图】工具栏中的【图案填充】按钮，填充剖面图形，参数设置如图 12-17 所示。

图 12-17　填充参数设置

至此，完成底座二视图的绘制，结果如图 12-18 所示。

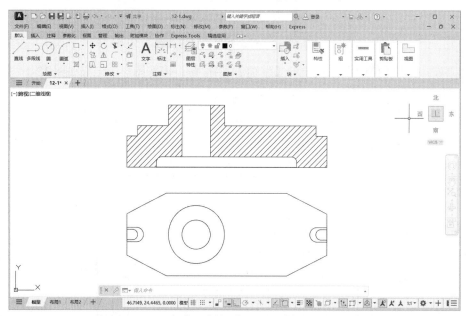

图 12-18　底座二视图

12.2　绘制三居室平面图范例

📥 本范例完成文件：范例文件/第 12 章/12-2.dwg

12.2.1　范例分析

本节将绘制三居室平面图，首先绘制客厅平面，再绘制厨房平面、书房平面、卫生间

平面和卧室平面，最后进行组合并标注尺寸，完成三居室平面图的绘制，结果如图 12-19
所示。

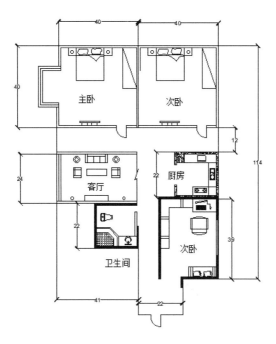

图 12-19 三居室平面图

通过这个范例的操作，讲述多种二维绘图命令的操作和技巧的综合运用，可以熟悉如
下内容。

(1) 绘制客厅平面。

(2) 绘制厨房平面。

(3) 绘制书房平面。

(4) 绘制卫生间平面。

(5) 绘制卧室平面。

(6) 标注尺寸。

12.2.2 范例操作

step 01 新建一个文件，首先绘制客厅。选择【绘图】|【多线】菜单命令，绘制水平
多线，长度为 40，如图 12-20 所示。

step 02 单击【修改】面板中的【复制】按钮，复制图形，距离为 24，如图 12-21
所示。

step 03 单击【绘图】面板中的【直线】按钮，绘制直线作为剖断线，如图 12-22
所示。

step 04 绘制间距为 1 的竖直直线作为落地窗，如图 12-23 所示。

step 05 单击【绘图】面板中的【矩形】按钮，在下方绘制 12×3 的矩形，然后单
击【绘图】面板中的【圆】按钮，在两侧绘制半径为 0.6 的圆形，如图 12-24 所示。

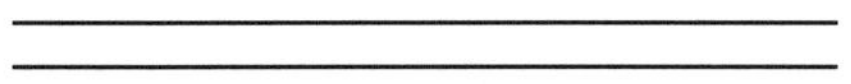

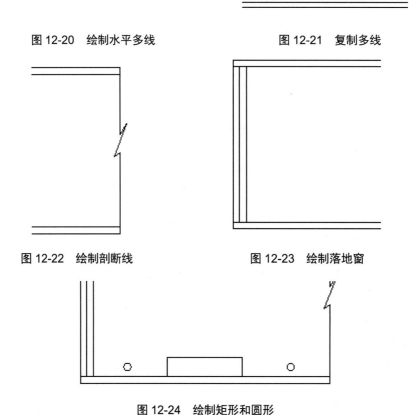

图 12-20　绘制水平多线　　　　　　图 12-21　复制多线

图 12-22　绘制剖断线　　　　　　图 12-23　绘制落地窗

图 12-24　绘制矩形和圆形

step 06 在上方绘制 9×1 的矩形，然后在两侧绘制 4×1 的矩形，再绘制直线图形，得到沙发图形，如图 12-25 所示。

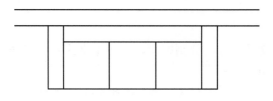

图 12-25　绘制沙发图形

step 07 复制图形，并绘制直线图形作为单人沙发，如图 12-26 所示。

step 08 复制单人沙发图形，如图 12-27 所示。

step 09 绘制半径为 1 和 1.5 的同心圆，作为装饰，如图 12-28 所示。

step 10 绘制 10×3 的矩形作为茶几，得到客厅平面图，如图 12-29 所示。

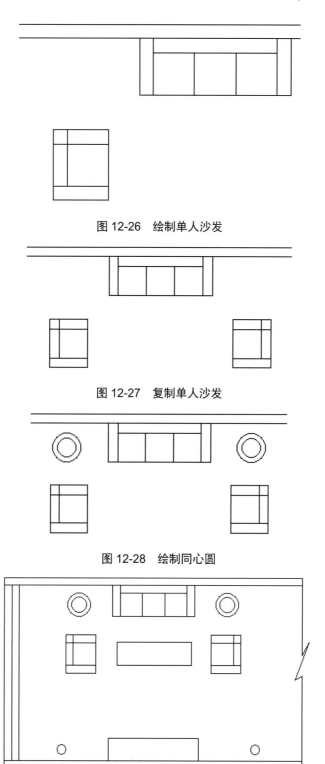

图 12-26 绘制单人沙发

图 12-27 复制单人沙发

图 12-28 绘制同心圆

图 12-29 客厅平面图

step 11 下面绘制厨房平面图。绘制多线，尺寸分别为 20 和 5，作为厨房墙体，如

图 12-30 所示。

step 12 绘制边长为 4 的正方形，如图 12-31 所示。

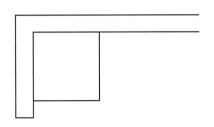

图 12-30　绘制厨房墙体　　　　　　　　　　图 12-31　绘制正方形

step 13 单击【绘图】面板中的【图案填充】按钮，填充墙体图形，参数设置和结果如图 12-32 所示。

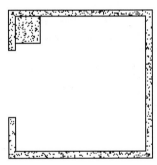

图 12-32　填充墙体图形

step 14 绘制宽度为 4 的矩形图形，作为灶台台面，如图 12-33 所示。

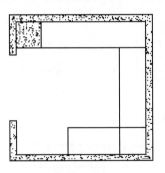

图 12-33　绘制矩形图形

step 15 绘制 4×3 的矩形，并创建半径为 0.4 的圆角，如图 12-34 所示。复制下边线，距离为 0.2，如图 12-35 所示。

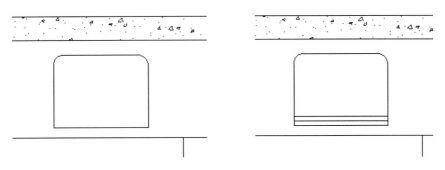

图 12-34　绘制圆角矩形　　　　　　　　图 12-35　复制下边线

step 16 绘制 2.6×5.6 的矩形，然后绘制两个 2×2 的矩形，如图 12-36 所示。然后给小矩形绘制半径为 0.2 的圆角，如图 12-37 所示。

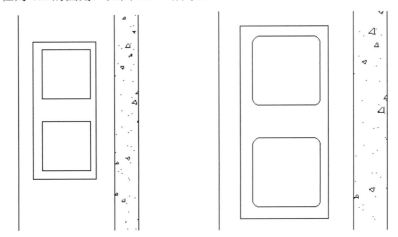

图 12-36　绘制矩形　　　　　　　　图 12-37　为小矩形绘制圆角

step 17 绘制 1.4×0.2 的矩形，并进行旋转，如图 12-38 所示。然后修剪图形，得到水槽图形，如图 12-39 所示。

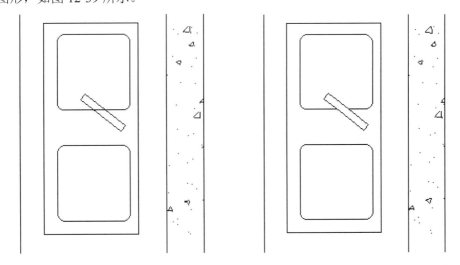

图 12-38　绘制并旋转矩形　　　　　　　图 12-39　修剪图形

step 18 绘制 6×2 的矩形，然后绘制半径为 0.3、0.4 和 0.7 的同心圆，如图 12-40 所示。接着绘制直线，得到燃气灶图形，如图 12-41 所示。

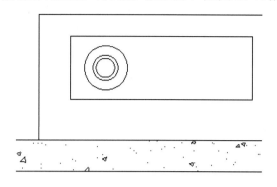

图 12-40 绘制矩形和同心圆

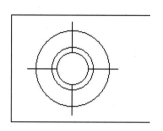

图 12-41 燃气灶图形

step 19 镜像燃气灶图形，如图 12-42 所示；这样就完成了厨房平面图的绘制，如图 12-43 所示。

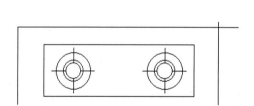

图 12-42 镜像燃气灶图形

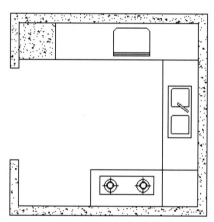

图 12-43 厨房平面图

step 20 接下来绘制书房平面图。首先绘制多线，尺寸为 4、18、30 和 40，作为书房墙体，如图 12-44 所示。

step 21 绘制窗户图形，如图 12-45 所示。

step 22 填充墙体图形，参数设置和结果如图 12-46 所示。

step 23 绘制 6×12 的矩形，然后再绘制 4×20 和 20×4 的矩形，如图 12-47 所示。接着绘制直线图形，得到书架图形，如图 12-48 所示。

step 24 绘制 0.5×6 的矩形，并旋转图形 5°，得到显示屏图形，如图 12-49 所示。

step 25 绘制 2×5 的矩形，然后绘制直线图形，得到键盘图形，如图 12-50 所示。

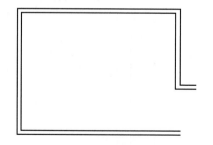

图 12-44 绘制书房墙体

图 12-45　绘制窗户图形

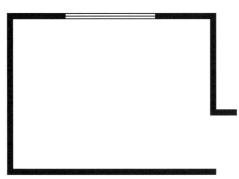

图 12-46　填充墙体图形

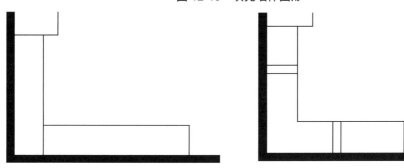

图 12-47　绘制矩形

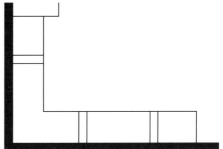

图 12-48　书架图形

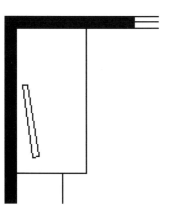

图 12-49　显示屏图形

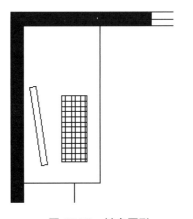

图 12-50　键盘图形

step 26 绘制样条曲线，然后绘制 1×0.5 的矩形，作为鼠标，如图 12-51 所示。

step 27 绘制 5×7 的矩形，如图 12-52 所示。然后绘制圆弧，再绘制 5×1 的矩形和 2×7 的矩形，继续绘制圆弧，得到电脑椅图形，如图 12-53 所示。

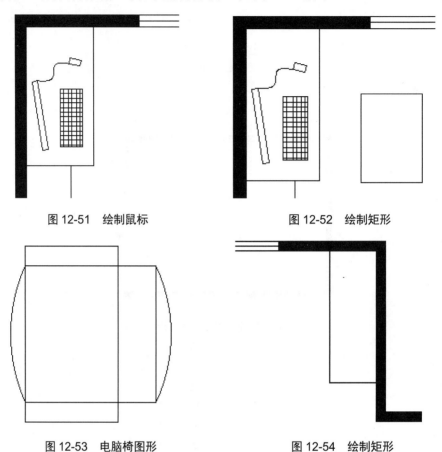

图 12-51 绘制鼠标 　　　　　　　　　　　图 12-52 绘制矩形

图 12-53 电脑椅图形 　　　　　　　　　　图 12-54 绘制矩形

step 28 绘制 5×14 的矩形，如图 12-54 所示。继续绘制直线图形，然后绘制样条曲线并进行复制，完成书房平面图的绘制，如图 12-55 所示。

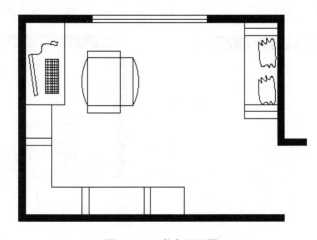

图 12-55 书房平面图

step 29　下面绘制卫生间平面图。绘制尺寸分别为 20 和 10 的多线，作为卫生间墙体，如图 12-56 所示。

step 30　绘制 1×12 的矩形作为推拉门，如图 12-57 所示。

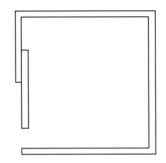

图 12-56　绘制卫生间墙体　　　　　　　　　　图 12-57　绘制推拉门

step 31　绘制矩形，然后绘制半径分别为 1.3 和 1.5 的同心圆，再绘制 3×0.2 的矩形和 0.5×1.4 的矩形，如图 12-58 所示。最后修剪图形作为洗手盆，如图 12-59 所示。

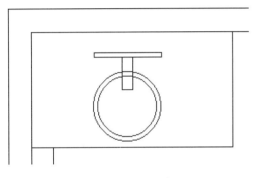

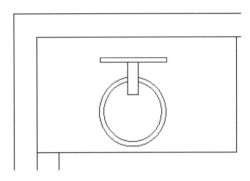

图 12-58　绘制圆和矩形　　　　　　　　　　图 12-59　洗手盆图形

step 32　绘制长度为 6，角度为 45°的直线和水平直线，如图 12-60 所示。偏移图形，距离为 0.5，然后再次偏移图形，距离为 2，如图 12-61 所示。接着填充图形，设置参数，得到淋浴房图形，如图 12-62 所示。

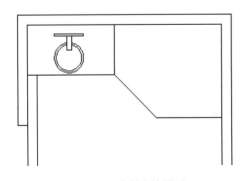

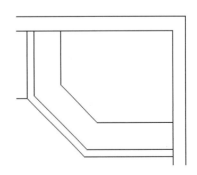

图 12-60　绘制直线图形　　　　　　　　　　图 12-61　偏移图形

step 33　绘制 2×4 的矩形，然后创建半径为 0.4 的圆角，如图 12-63 所示。接着偏移矩形图形，距离为 0.2，如图 12-64 所示。

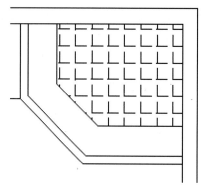

图 12-62　淋浴房图形

图 12-63　绘制圆角矩形　　　　　　　　　　图 12-64　偏移图形

step 34 绘制半径为 0.2 的圆形，然后绘制水平直线，如图 12-65 所示。再绘制斜线和竖直直线，如图 12-66 所示。

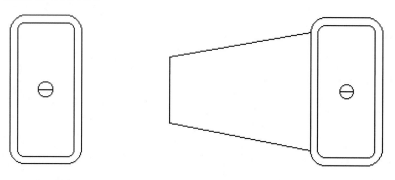

图 12-65　绘制圆和直线　　　　　　　　　　图 12-66　绘制直线图形

step 35 创建半径为 0.5 的圆角，如图 12-67 所示。然后偏移图形，距离为 0.2，得到马桶图形，如图 12-68 所示。

step 36 填充墙体图形，得到卫生间平面图，如图 12-69 所示。

step 37 下面绘制卧室平面。首先使用【多线】命令绘制卧室墙体，如图 12-70 所示。

step 38 绘制半径为 5 的圆形和直线，然后修剪图形，得到门图形，如图 12-71 所示。

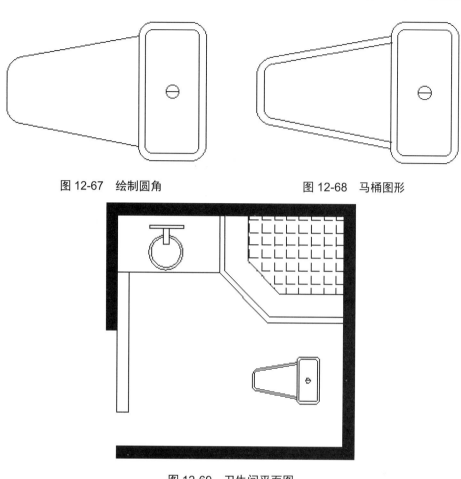

图 12-67　绘制圆角　　　　　　　　　图 12-68　马桶图形

图 12-69　卫生间平面图

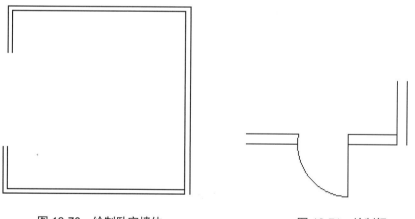

图 12-70　绘制卧室墙体　　　　　　　图 12-71　绘制门

step 39　绘制直线图形，然后偏移图形，距离为 1，再修剪图形，得到飘窗图形，如图 12-72 所示。

step 40　绘制 10×0.8 的矩形和直线图形，作为电视墙，如图 12-73 所示。

step 41　绘制 14×16 的矩形作为床，如图 12-74 所示。

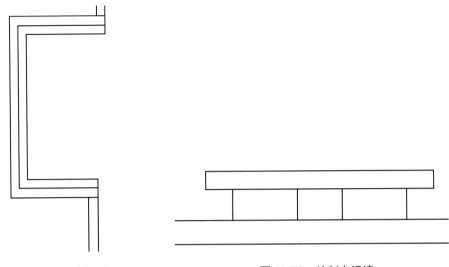

图 12-72 飘窗图形　　　　　　　图 12-73 绘制电视墙

step 42 绘制 4×4 的两个小矩形，然后绘制半径为 0.7 的两个小圆形，作为床头柜，如图 12-75 所示。

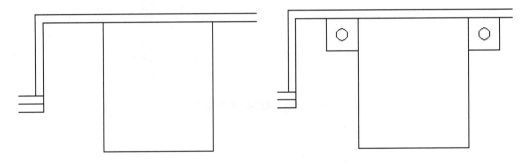

图 12-74 绘制床　　　　　　　图 12-75 绘制床头柜

step 43 绘制样条曲线作为被子，如图 12-76 所示。接下来，绘制样条曲线作为枕头，并进行复制，如图 12-77 所示。

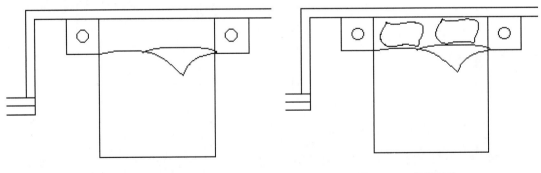

图 12-76 绘制被子　　　　　　　图 12-77 绘制枕头

step 44 绘制 7×20 的矩形，然后绘制斜线作为衣柜，如图 12-78 所示。这样就完成了卧室平面布置图，如图 12-79 所示。

图 12-78　绘制衣柜　　　　　　　图 12-79　卧室平面布置图

step 45 最后来组合完成三居室平面布置图。将前面绘制的平面图形复制后都放在一起，如图 12-80 所示。

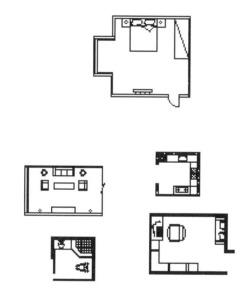

图 12-80　复制各实例平面图形

step 46 再复制一个卧室平面图，如图 12-81 所示。

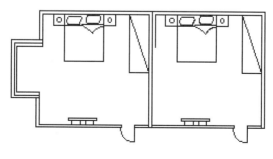

图 12-81　复制卧室平面图

step 47 绘制长度为 12 的竖直直线，然后将客厅移动到直线末端，如图 12-82 所示。

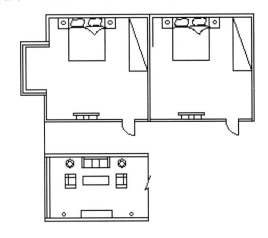

图 12-82　移动客厅平面图

step 48 同样移动厨房平面图形，如图 12-83 所示。

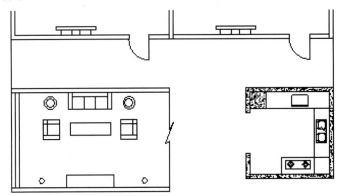

图 12-83　移动厨房平面图

step 49 将书房平面旋转-90°，如图 12-84 所示。将卫生间旋转 180°，如图 12-85 所示。然后移动这些平面图形，如图 12-86 所示。

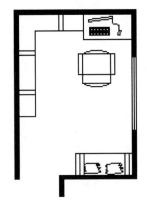

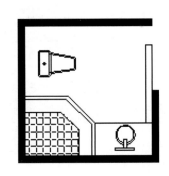

图 12-84　旋转书房平面图　　　　　　图 12-85　旋转卫生间平面图

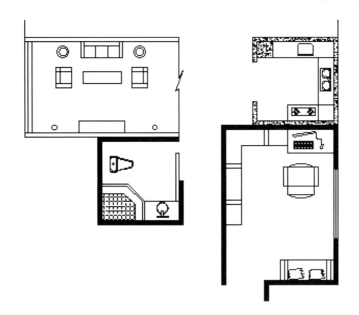

图 12-86　移动平面图形

step 50 绘制直线图形作为过道，如图 12-87 所示。然后绘制入户门，如图 12-88 所示。修剪图形，结果如图 12-89 所示。

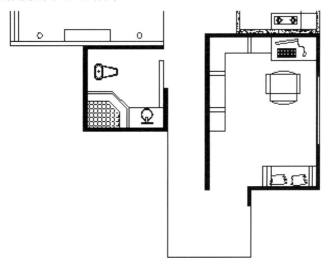

图 12-87　过道平面图

step 51 单击【默认】选项卡【注释】面板中的【多行文字】按钮 A，添加文字，如图 12-90 所示。

step 52 单击【默认】选项卡【注释】面板中的【线性】按钮，添加建筑尺寸，得到三居室平面布置图，如图 12-91 所示。

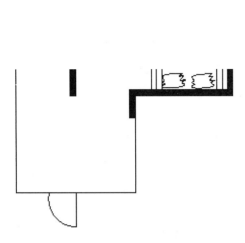

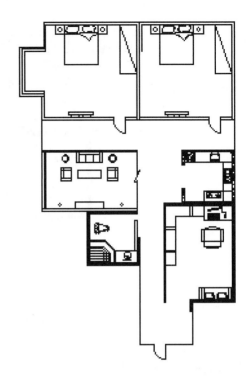

图 12-88　入户门平面图　　　　　　图 12-89　修剪平面图

图 12-90　添加文字

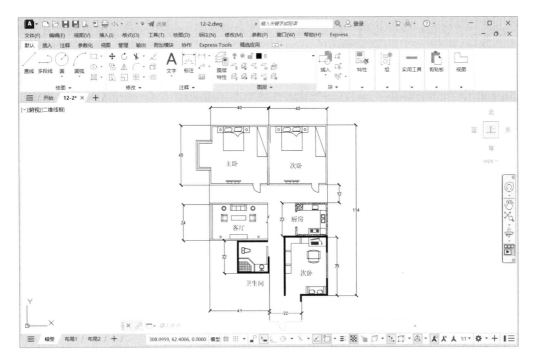

图 12-91 三居室平面布置图

12.3 绘制水位控制电路图范例

📁 **本范例完成文件：范例文件/第 12 章/12-3.dwg**

12.3.1 范例分析

本节将介绍一个水位控制电路图的绘制过程，首先绘制电气元件，再绘制电路线路，可以使用【复制】命令简化绘制过程，绘制好的水位控制电路图如图 12-92 所示。

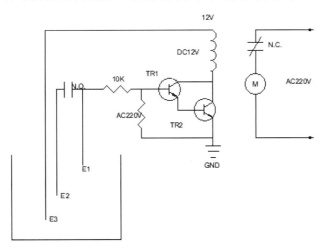

图 12-92 水位控制电路图

通过水位控制电路图范例的操作，讲述各种电气元件以及电气线路的绘制方法，可以熟悉如下内容。

(1) 电气元件的绘制。

(2) 电气线路的绘制。

12.3.2 范例操作

step 01 ▶ 新建文件，单击【绘图】面板中的【直线】按钮 ，首先绘制直线图形，如图 12-93 所示。接着添加引线，如图 12-94 所示。

图 12-93 绘制直线图形　　　　　图 12-94 绘制引线

step 02 ▶ 在外侧绘制圆形轮廓，得到电气元件，如图 12-95 所示。

step 03 ▶ 复制图形，如图 12-96 所示。

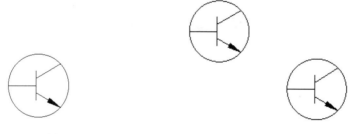

图 12-95 绘制圆形　　　　　图 12-96 复制图形

step 04 ▶ 绘制圆形，如图 12-97 所示。然后绘制直线图形，如图 12-98 所示。修剪图形，得到电感元件，如图 12-99 所示。

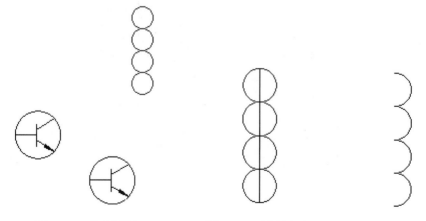

图 12-97 绘制圆形　　　　图 12-98 绘制直线　　　图 12-99 修剪图形

step 05 绘制直线图形，如图 12-100 所示。

step 06 旋转复制图形，如图 12-101 所示。

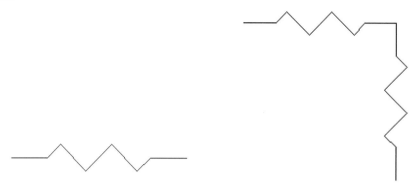

图 12-100　绘制直线图形　　　　图 12-101　旋转复制图形

step 07 绘制水平直线图形，如图 12-102 所示。

step 08 绘制竖直直线图形，如图 12-103 所示。

图 12-102　绘制水平直线图形　　　　图 12-103　绘制竖直直线图形

step 09 绘制连接线路，如图 12-104 所示。

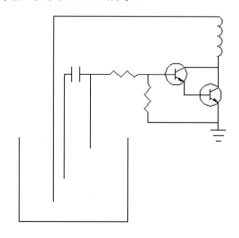

图 12-104　绘制连接线路

step 10 添加引线，如图 12-105 所示。

step 11 绘制直线图形，如图 12-106 所示。

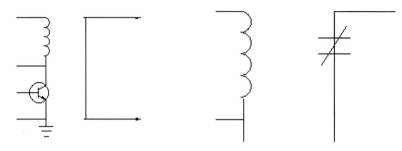

图 12-105 添加引线   图 12-106 绘制直线图形

step 12 绘制圆形，如图 12-107 所示。

step 13 修剪图形，如图 12-108 所示。

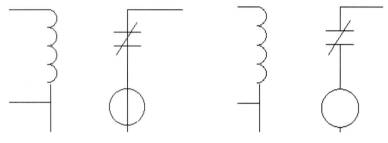

图 12-107 绘制圆形   图 12-108 修剪图形

step 14 单击【默认】选项卡【注释】面板中的【多行文字】按钮 **A**，添加文字注释，得到水位控制电路图，如图 12-109 所示。

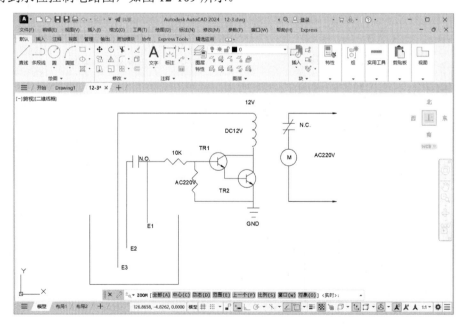

图 12-109 水位控制电路图

12.4　绘制洗手台三维模型范例

📓 本范例完成文件：范例文件/第 12 章/12-4.dwg

12.4.1　范例分析

本节将介绍洗手台模型的三维建模过程，首先创建洗手台主体和台盆，再创建水龙头等细节特征，从而完成范例。洗手台模型最终效果如图 12-110 所示。

通过这个洗手台三维模型范例的操作，讲述三维拉伸命令和三维零件创建技巧的综合运用，可以熟悉如下内容。

(1) 拉伸命令的使用。

(2) 布尔并集运算。

(3) 布尔差集运算。

图 12-110　洗手台三维模型最终效果

12.4.2　范例操作

step 01 新建一个文件，单击【绘图】面板中的【圆】按钮⊙，绘制半径为 20 的圆形，如图 12-111 所示。

step 02 单击【绘图】面板中的【矩形】按钮▢，在圆形上方绘制 60×30 的矩形，如图 12-112 所示。

step 03 单击【常用】选项卡【建模】面板中的【拉伸】按钮▤，拉伸图形，距离为10，如图 12-113 所示。

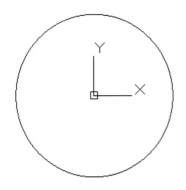

图 12-111　绘制圆形

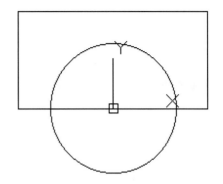

图 12-112　绘制矩形

step 04　使用矩形工具和圆工具，绘制 30×30 的矩形和圆形，如图 12-114 所示。

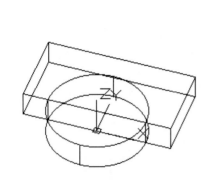

图 12-113　拉伸图形

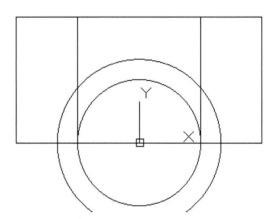

图 12-114　绘制矩形和圆形

step 05　拉伸图形，距离为 50，如图 12-115 所示。

step 06　选择所有特征进行并集运算，如图 12-116 所示。

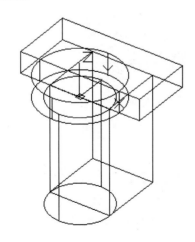

图 12-115　拉伸图形

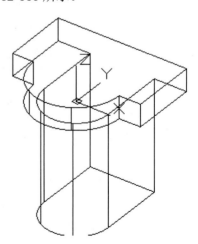

图 12-116　并集运算

step 07　单击【球体】按钮，创建半径为 20 的球体，如图 12-117 所示。

step 08 向上移动球体图形，距离为 18，如图 12-118 所示。

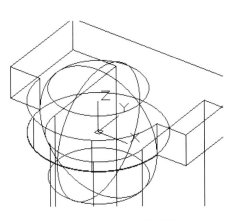

图 12-117 创建球体

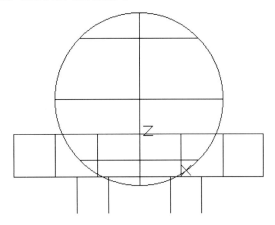

图 12-118 移动球体

step 09 选择特征进行差集运算，如图 12-119 所示。

step 10 绘制 12×4 的矩形，如图 12-120 所示。

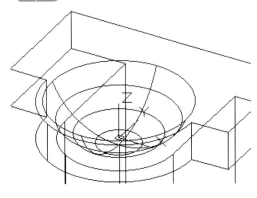

图 12-119 差集运算

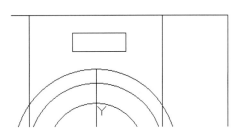

图 12-120 绘制矩形

step 11 在矩形两端绘制圆形，如图 12-121 所示。

step 12 拉伸图形，距离为 1，如图 12-122 所示。

图 12-121 绘制圆形

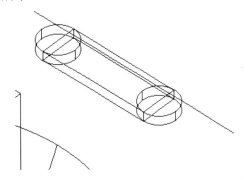

图 12-122 拉伸图形

step 13 选择特征进行并集运算，如图 12-123 所示。

step 14 绘制半径为 1.8 的三个圆形，如图 12-124 所示。

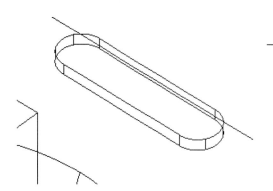

图 12-123　并集运算

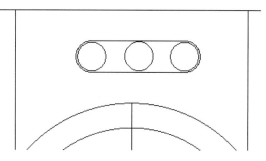

图 12-124　绘制三个圆形

step 15▶ 绘制 3×10 的矩形，如图 12-125 所示。

step 16▶ 拉伸圆形，距离为 5，如图 12-126 所示。

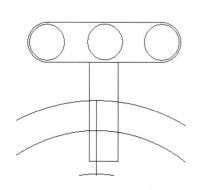

图 12-125　绘制矩形

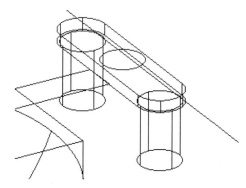

图 12-126　拉伸圆形

step 17▶ 拉伸矩形，距离为 1，如图 12-127 所示。

step 18▶ 拉伸另外的圆形，距离为 3，如图 12-128 所示。

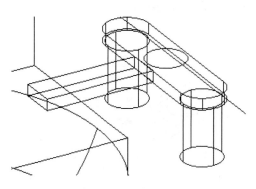

图 12-127　拉伸矩形

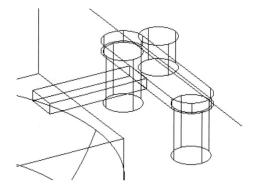

图 12-128　拉伸圆形

step 19▶ 创建半径为 1 的倒圆角，如图 12-129 所示。

至此，完成洗手台三维模型的创建，如图 12-130 所示。

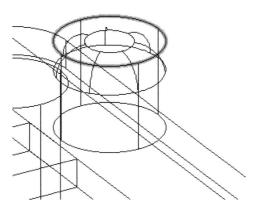

图 12-129 创建倒圆角

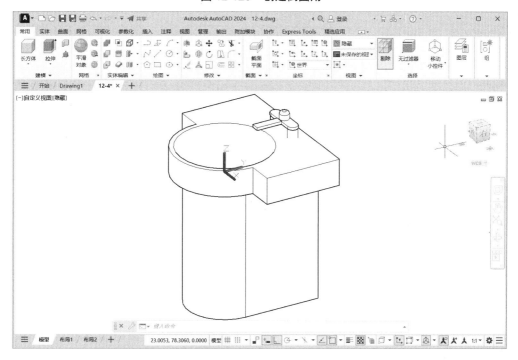

图 12-130 洗手台三维模型

本 章 小 结

本章主要介绍了使用 AutoCAD 2024 进行底座二视图、三居室平面图、水位控制电路图和洗手台三维模型的绘制方法,分别从 AutoCAD 最常用的领域入手,通过四个范例绘制过程的详细讲解,使读者对 AutoCAD 绘制二维图形和三维模型有一个整体的认识,另外,还需注意的是电气图和机械图有较大的差别,要注意进行区别对待。